教学做一体化实训教材

电子产品制作

综合教程

廖轶涵　主编　陈永强　商怀超　副主编

DIANZI CHANPIN ZHIZUO

ZONGHE JIAOCHENG

化学工业出版社
·北京·

本书突出教、学、做一体化，强化教学实践性和职业性，以工作过程为导向，以电子产品制作、调试等工作任务为载体，共设计了 18 个学习情境，内容包括声光音乐门铃、循环音乐流水彩灯、电子门铃、助听器、语音放大器、爬行器、直流稳压电源、数字秒表、51 最小系统板、红外通信收发系统、智能抢答器、PM2.5 检测仪等的制作与调试。书中涉及的电子产品通俗易学、便于操作，且制作成本低，内容体现职业特色，紧密结合医疗器械产品，对接行业规范与发展需求。

本书适合作为本科、高职高专院校电子技能实训课程的教材，也适合作为电路、模拟电子技术、数字电子技术、电子产品组装与调试、电子产品分析与制作等课程的配套实验、实训教材，还可供电子产品制作爱好者参考。

图书在版编目（CIP）数据

电子产品制作综合教程/廖轶涵主编. —北京：化学
工业出版社，2019.9（2022.8 重印）
ISBN 978-7-122-34739-8

Ⅰ.①电…　Ⅱ.①廖…　Ⅲ.①电子工业-产品-生产
工艺-教材　Ⅳ.①TN05

中国版本图书馆 CIP 数据核字（2019）第 123955 号

责任编辑：刘　哲　　　　　　　　　　　　装帧设计：张　辉
责任校对：宋　夏

出版发行：化学工业出版社（北京市东城区青年湖南街 13 号　邮政编码 100011）
印　　装：北京捷迅佳彩印刷有限公司
787mm×1092mm　1/16　印张 14¾　字数 379 千字　2022 年 8 月北京第 1 版第 3 次印刷

购书咨询：010-64518888　　售后服务：010-64518899
网　　址：http://www.cip.com.cn
凡购买本书，如有缺损质量问题，本社销售中心负责调换。

定　　价：42.00 元

前　言

本书基于"以立德树人为根本，以服务发展为宗旨，以促进就业为导向，崇尚敬业务实，增强安全意识，加强技术技能培养"的指导思想，以工作过程为导向，以电子产品制作与调试的工作任务为载体，共设计了18个学习情境，具有以下特点。

第一，内容体现职业特色与应用性。充分激发学生的学习兴趣和积极性，既在安全文明生产管理、常用元器件识别与检测、印制电路板图设计、元器件焊接与装配、产品故障判断与排除、常用仪表与仪器操作、仿真软件与单片机常用软件使用等电子基本知识与技能方面获得直观的学习效果，又在团队合作、观察与逻辑推理能力等综合素质方面得到培养。

第二，技能训练遵循职业教育和学生身心发展规律。本书分为基础篇、提高篇、综合篇与拓展篇，旨在建立安全生产理念，形成良好的职业意识，培养高度职业责任感等综合素养。基础篇侧重于训练学生作为操作者的基本技能，提高篇侧重于培养学生成为技术员的基本素质，综合篇倾向于培养学生成为基层技术管理者的综合能力，拓展篇重点培养专业创新思维与系统管理能力。通过四个阶段的学习与训练，逐步提高电子产品设计、制作与调试过程中的各项能力，与高素质技能应用型人才培养目标和专业相关技能领域的岗位要求吻合。

第三，知识具有时效性、前沿性。不仅体现本学科的基本理论与技能，更反映生产企业前沿的新知识与成果，如SMT现代表面贴装技术，使学生未出校门就已了解到其生产流程，扩大知识面，且节约教学成本；EWB仿真，为实际电子产品的测量、调试、故障处理等引导正确方向，且弥补了实际产品破坏性故障不方便设置的缺点。

第四，操作步骤详尽易学，突出做中学、学中做。让学生有章可循，知道要做什么、该怎样做、如何才能做好，促进学以致用、用以促学、学用相长。

第五，产品对接行业规范与发展需求，紧密结合医疗器械产品。如助听器制作与调试、药品仓库控制电路设计与调试、病房呼叫控制系统制作与调试、心电模拟信号发生器设计与制作、PM2.5检测仪设计与制作等。

本书适合作为本科、高职高专院校电子技能实训课程的教材，并适合作为电路、模拟电子技术、数字电子技术、电子产品组装与调试、电子产品分析与制作等课程配套实验、实训教材，也可供电子产品制作爱好者作参考资料。

本书由上海健康医学院廖轶涵任主编，编写学习情境一至十、十四、十八与附录一、四、五、六；陈永强任副主编，编写学习情境十一、十二、十五、十六；商怀超任副主编，编写学习情境十三、十七与附录二、三；廖康强参与全书审定工作，并提出许多建议；吕榕锋参与编写学习情境二课后技能训练题，并对全书文字与格式作校对；陈锡辉参与编写学习情境八，并参与部分学习情境电子产品的制作与调试；沈丽蓉绘制学习情境八的图稿。

由于编者水平有限，书中疏漏与不妥之处，敬请广大读者批评与指正，以便于我们完善该书。

编　者

2019年3月

目　录

基　础　篇

学习情境一　5S 管理学习与运用 ·· 2
　一、基本内容 ··· 2
　二、主要内涵 ··· 2
　三、实施意义 ··· 3
　四、实施目标 ··· 4
　五、实施要领 ··· 5
　六、运用实例 ··· 6
　【思考题】 ·· 9
　【延伸学习】　5M 因素 ·· 9

学习情境二　焊接技术学习与训练 ·································· 10
　一、焊接技术演变 ·· 10
　二、常用焊接工具简介 ·· 11
　三、手工焊接技术 ·· 18
　四、浸焊技术 ··· 24
　五、现代波峰焊技术 ··· 25
　六、现代表面贴装技术 ··· 26
　【习题与技能训练题】 ··· 33
　【延伸学习】　各类 PCB 焊接流程 ·································· 35

学习情境三　声光音乐门铃制作 ·································· 37
　一、工作原理 ··· 37
　二、元器件选择与识别 ··· 38
　三、电路制作 ··· 39
　四、数据测量 ··· 40
　五、故障判断 ··· 40
　【故障排除题】 ··· 42
　【延伸学习】　常见音乐芯片 ······································· 44

学习情境四　循环音乐、流水彩灯制作 ···························· 47
　一、原理识读 ··· 47
　二、元器件识别与检测 ··· 48
　三、印制电路板装配 ··· 63
　四、功能测试 ··· 64
　五、数据测量 ··· 65
　【训练题】 ··· 65
　【延伸学习】　数码管 ··· 66

提 高 篇

学习情境五　电子门铃制作与调试 ………………………………………… 70

一、原理图识读 ……………………………………………………………… 70

二、元器件识别与检测 ……………………………………………………… 71

三、元器件清单编制 ………………………………………………………… 72

四、面包板元器件布置图设计与绘制 ……………………………………… 72

五、印制电路板图设计与绘制 ……………………………………………… 73

六、电路制作 ………………………………………………………………… 74

七、电路调试与测量 ………………………………………………………… 75

八、仿真软件调试、测量与故障模拟 ……………………………………… 79

【训练题】 …………………………………………………………………… 86

【延伸学习】 表面贴装元器件 …………………………………………… 88

学习情境六　助听器制作与调试 …………………………………………… 99

一、原理图识读 ……………………………………………………………… 99

二、元器件识别与检测 ……………………………………………………… 99

三、印制电路板装配 ………………………………………………………… 102

四、调试与测量 ……………………………………………………………… 103

五、EWB仿真调试、测量与故障模拟 …………………………………… 105

学习情境七　语音放大器制作与调试 ……………………………………… 108

一、原理图识读 ……………………………………………………………… 108

二、元器件识别与检测 ……………………………………………………… 109

三、印制电路板装配 ………………………………………………………… 113

四、调试与测量 ……………………………………………………………… 114

五、仿真调试、测量与故障模拟 …………………………………………… 116

学习情境八　爬行器组合机械装配 ………………………………………… 120

一、原理图 …………………………………………………………………… 120

二、元器件识别与检测 ……………………………………………………… 121

三、印制电路板装配 ………………………………………………………… 124

四、塑料底板装配 …………………………………………………………… 126

五、爬行器功能测试 ………………………………………………………… 127

六、工作流程分析 …………………………………………………………… 127

七、数据测量与波形观察 …………………………………………………… 128

八、机械传动部分装配 ……………………………………………………… 129

学习情境九　直流稳压电源制作与调试 …………………………………… 131

一、原理图 …………………………………………………………………… 131

二、方框图 …………………………………………………………………… 132

三、元器件识别与检测 ……………………………………………………… 132

四、元器件功能表编制 ……………………………………………………… 133

五、印制电路板图设计与绘制 ……………………………………………… 133

六、电路制作 ………………………………………………………………… 134

七、通电前检查 ……………………………………………………………… 135

八、通电前准备工作 …………………………………………………………………… 136

九、通电测试 ……………………………………………………………………………… 137

十、波形观测 ……………………………………………………………………………… 138

十一、质量指标测量 ……………………………………………………………………… 139

十二、仿真软件测试 ……………………………………………………………………… 140

综 合 篇

学习情境十　药品仓库控制电路设计与调试 …………………………………………… 144

一、控制要求 ……………………………………………………………………………… 144

二、控制流程识读与方框图设计 ………………………………………………………… 145

三、原理图设计 …………………………………………………………………………… 145

四、发光二极管限流电阻参数设计 ……………………………………………………… 145

五、元器件识别与检测 …………………………………………………………………… 146

六、元器件功能表编制 …………………………………………………………………… 148

七、EWB仿真辅助设计 …………………………………………………………………… 148

八、印制电路板图设计与绘制 …………………………………………………………… 148

九、控制电路制作 ………………………………………………………………………… 149

十、温控电路分析 ………………………………………………………………………… 149

十一、通电前准备工作 …………………………………………………………………… 149

十二、通电调试与测量 …………………………………………………………………… 149

学习情境十一　病房呼叫控制系统制作与调试 ………………………………………… 152

一、原理图 ………………………………………………………………………………… 152

二、元件识别 ……………………………………………………………………………… 152

三、元件检测 ……………………………………………………………………………… 155

四、电路板设计与制作 …………………………………………………………………… 157

五、电路调试与测量 ……………………………………………………………………… 158

学习情境十二　数字秒表制作与调试 …………………………………………………… 160

一、原理图 ………………………………………………………………………………… 160

二、元件识别 ……………………………………………………………………………… 161

三、元件检测 ……………………………………………………………………………… 162

四、电路制作 ……………………………………………………………………………… 164

五、电路调试与测量 ……………………………………………………………………… 164

六、仿真模拟 ……………………………………………………………………………… 165

学习情境十三　51最小系统板制作与调试 ……………………………………………… 166

一、单片机常用开发软件简介 …………………………………………………………… 166

二、51单片机最小系统板制作 …………………………………………………………… 170

三、51单片机引脚功能及简单操作流程 ………………………………………………… 172

【简单题】 ………………………………………………………………………………… 174

拓 展 篇

学习情境十四　红外通信收发系统设计与调试 ………………………………………… 176

一、设计要求与步骤 ……………………………………………………………………… 176

　　二、总方框图设计 ……………………………………………………… 177
　　三、信号产生模块设计 ………………………………………………… 177
　　四、红外光发送模块设计 ……………………………………………… 177
　　五、红外光接收模块设计 ……………………………………………… 178
　　六、高通滤波器 ………………………………………………………… 178
　　七、功率放大器 ………………………………………………………… 178
　　八、系统调试 …………………………………………………………… 178
　　九、元器件清单 ………………………………………………………… 179
学习情境十五　心电模拟信号发生器设计与制作 ……………………… 180
　　一、设计要求 …………………………………………………………… 180
　　二、设计思路 …………………………………………………………… 180
　　三、主振荡电路设计 …………………………………………………… 183
　　四、心电波形电路设计 ………………………………………………… 183
　　五、电阻网络设计 ……………………………………………………… 184
　　六、系统调试 …………………………………………………………… 185
学习情境十六　智能抢答器设计与制作 ………………………………… 186
　　一、设计要求 …………………………………………………………… 186
　　二、抢答器方框图设计 ………………………………………………… 186
　　三、电路设计 …………………………………………………………… 187
　　四、芯片识别与检测 …………………………………………………… 189
　　五、制作与调试 ………………………………………………………… 190
　　六、元器件清单 ………………………………………………………… 191
学习情境十七　PM2.5检测仪设计与制作 ……………………………… 192
　　一、PM2.5检测仪原理框图 …………………………………………… 192
　　二、PM2.5检测仪硬件模块 …………………………………………… 192
　　三、PM2.5检测仪软件流程设计 ……………………………………… 198
　　四、PM2.5检测仪制作与调试 ………………………………………… 199
学习情境十八　安全文明生产管理 ……………………………………… 202
　　一、安全用电 …………………………………………………………… 202
　　二、安全要素 …………………………………………………………… 206
　　三、实训安全 …………………………………………………………… 208
　　【讨论题】 ……………………………………………………………… 209
附录 ………………………………………………………………………… 210
　　附录一　电子装配工艺指导卡 ………………………………………… 210
　　附录二　PM2.5检测仪电路原理图 …………………………………… 212
　　附录三　PM2.5检测仪源程序 ………………………………………… 213
　　附录四　心电监护使用中易忽略的问题 ……………………………… 222
　　附录五　医院专用电子设备一览 ……………………………………… 223
　　附录六　万用表的检测 ………………………………………………… 224
参考文献 …………………………………………………………………… 226

基础篇

学习情境一 5S管理学习与运用

【学习目标】

1. 掌握5S管理基本内容。
2. 掌握5S管理与ISO9000、TPM（Total Productive Maintenance）、TQM（Total Quality Management）等其他管理活动的关系。
3. 训练网络资料获取、分析与整理能力，学习5S管理运用实例。
4. 学习5S管理主要内涵、实施意义与目标，掌握其实施要领，并在今后的学习与工作中训练5S管理执行能力。

一、基本内容

5S管理起源于日本，最开始是指在生产现场中对人员、机器、材料、方法等生产要素进行有效、规范化的管理，从而保证企业品质、提高竞争力的管理方法。

20世纪80年代，5S管理在日本企业中得到广泛推行，通过运用它使生产企业获得成功之后，又盛行于服务行业中。简单地说，5S就是五个日语单词罗马音Seiri、Seiton、Seiso、Seiketsu、Shitsuke的总称。

5S管理相当于中国企业开展的文明生产活动，是在ISO9000、全面生产维护TPM及全面品质管理TQM之外，另一种引导企业走向优质的管理活动。英语可归纳为五个以S开头的单词Structuralize、Systematize、Sanitize、Standardize、Self-discipline，简称5S法。中文对应组织、整顿、清洁、规范、自律，又称五常法。

综上所述，5S管理基本内容可概括如下：

日语	英语	中文	实训场所举例
せいり	Structuralize	组织	按要与不要区分，及时清理垃圾与不用物品
せいとん	Systematize	整顿	合理分类放置常用物品，快速找到需要物品
せいそう	Sanitize	清洁	不准带的物品禁入，保证各处环境整洁清爽
せいけつ	Standardize	规范	制度与规范公开透明，经常督促，定期检查
しつけ	Self-discipline	自律	每天运用五常法，养成习惯，提高文明素质

二、主要内涵

（一）1S"组织"内涵

① 将工作场所所有物品区分为"必要的"与"不必要的"。

② 把必要物品与不必要物品明确、严格地加以区分。

③ 不必要的物品，包括低频率使用物品、生活垃圾、不再具有使用价值物品和工作垃圾等，应尽快整理放到远离工作现场的指定地点。

即应有正确的价值意识，不是以原购买价值，而是以使用价值、使用频率为标准衡量

"必要"与"不必要"的物品。

（二）2S"整顿"内涵

① 留在工作现场的必要物品分门别类、排列整齐放置在近处默认地点，方便相关人员随时取用。

② 所用物品数量、规格、放置地点等有效标识，定期核查数量、检查质量，保证物品品质，并要求全员统一遵守。

（三）3S"清洁"内涵

① 工作过程中定期或完成工作任务后，及时将现场清扫干净。

② 保持工作现场处处干净、整齐、明亮。

（四）4S"规范"内涵

将前面的 3 个 S 常组织、常整顿、常清洁管理制度化、规范化，做到公开透明，全员皆知，落实到日常工作中，经常督促与检查，并与员工考评制度建立联系。

（五）5S"自律"内涵

通过工作例会或晨会等方式，反复强调，经常提醒，使员工养成按规定行事的良好工作习惯，提高文明礼貌素质，增强团队协作意识。

三、实施意义

（一）提高员工文明素质

想象一下，一个没有实施 5S 管理的机械零件加工厂，可能会到处脏乱。例如地板上粘着垃圾、油渍或切屑等，日久变成污黑一层；已加工零件与耗材箱到处摆放；常用工具、计量器具不知放在何处。

而实施 5S 管理活动之后，通过规范管理现场各种要素，能快速营造一目了然的安全工作环境，如图 1-1 所示，让员工养成良好的工作习惯，最终提高员工文明素质。比如：

① 培养认真、细致、严谨的工作态度；

② 培养遵守制度或规定的良好意识与习惯；

③ 培养勤于收拾、分类整理与放置的工作习惯，自觉维护安全的工作环境，使工作现场整洁清爽；

④ 培养讲文明、讲礼貌、讲信用、讲实效的理念。

图 1-1　井井有条的机械零件加工厂

资料显示，日本这样一个自身自然资源缺乏的国家，在 20 世纪二三十年的时间里能跻身世界经济强国，靠的就是这种工作步调紧凑、工作态度严谨的作风，并称 5S 管理为最重要的基础工程。其他国家逐步意识到 5S 管理的重要性后，也迅速效法推广。因此，5S 管理现在已经成为一种普遍运用于工作现场的管理方法，无论生产企业、服务行业，甚至于公共场所，均通过运用它获得了明显的管理效果。

（二）提高企业管理水平

① 5S 管理是现场管理的基础，是全面生产维护 TPM 的前提，是全面品质管理 TQM 的第一步，也是 ISO9000 有效推行的保证。

② 5S管理能够营造一种"人人积极参与，事事遵守标准"的良好氛围。有了这种氛围，推行ISO、TQM及TPM更容易获得员工的支持与配合，有利于调动员工积极性，形成强大推动力。

③ 实施ISO、TQM、TPM等活动的效果是隐蔽的、长期性的，一时难以看到显著效果，而5S管理活动的效果立竿见影。如果在推行ISO、TQM、TPM等活动过程中导入5S管理，可以通过在短期内获得显著效果来增强员工信心。

④ 5S管理水平的高低，体现着管理者对现场管理认识水平的高低，继而决定着现场管理水平的高低；而现场管理水平的高低，又制约着ISO、TPM、TQM活动能否顺利、有效地推行。因此，通过5S管理活动，能从现场管理着手改善企业"体质"，达到事半功倍的效果。

（三）提高企业工作效益

长期运行5S管理，能给企业带来直接与间接效益，也可归纳为5个S，即Sales，Saving，Safety，Standardization，Satisfaction。

① 5S管理是最佳推销员（Sales） 干净整洁的企业能让客户建立信任感，乐于下订单；能吸引很多人来企业参观学习，这将产生良好的宣传效应，提升企业知名度；清洁明朗的环境能留住员工并吸引优秀人才来工作，从而提高企业竞争力。

② 5S管理能培养节约行为（Saving） 经常保养与清理能有效维护设备，延长其使用寿命；降低不必要的材料、工具浪费；减少寻找工具、材料等的时间，提高工作效率。

③ 5S管理对安全有保障（Safety） 创造宽敞明亮、整洁有序的工作现场，异常现象容易发现，能消除安全隐患；所有设备都进行及时检修、清洁，将预先发现问题，消除不安全因素；遵守作业标准，不会造成杂乱无章而发生工伤事故；消防设施齐全，消防通道无阻塞，万一发生危险，能让员工迅速撤离，员工生命有保障。

④ 5S管理是标准化的推动者（Standardization） 人员、设备、工具、材料等所有现场要素均遵循标准作业与规范操作原则，大家都按照标准生产或统一规定执行任务，程序稳定，则品质稳定，能顺利实现标准化生产，如期完成任务目标，并提高员工品质意识。

⑤ 5S管理形成令人满意的职场（Satisfaction） 工作在明亮、清洁的场所，让人心情舒畅，员工更有满意感；员工人人参与改善工作环境，更有成就感；创造良好工作气氛的活动中能增强员工凝聚力。

四、实施目标

（一）1S"组织"目标
① 腾出空间，让有限空间得以充分利用。
② 防止各类物品误用、误送，提高工作效率。
③ 创造整洁清爽的工作现场。

生产过程或工作中经常有一些残余物料、待修品、返修品、报废品滞留在现场，既占据地方，又阻碍生产与工作，包括一些已无法使用的工具、量具、机器设备与耗材等，如果不及时清除，会使现场变得凌乱。现场摆放不要的物品是一种浪费，因为：
① 即使宽敞的工作场所，长年乱堆放，也将变得窄小；
② 棚架、橱柜等被杂物占据而减少使用价值；
③ 增加寻找工具、零件等物品的困难，浪费时间；
④ 物品杂乱无章地摆放，增加盘点困难，成本核算将失准。

因此，要有决心，对不必要的物品应断然地及时加以处置，掌握安全原则，放置到指定地点。

（二）2S "整顿" 目标

① 工作场所一目了然。

② 整整齐齐的工作环境。

③ 减少寻找物品的时间。

④ 消除过多的积压物品。

因为这是提高工作效率的基础。

（三）3S "清洁" 目标

① 清除垃圾与脏污，保持工作现场干净、明亮。

② 工作环境干净，保证生产或产品品质。

③ 减少工业伤害。

"清洁" 就是使工作现场保持没有垃圾、没有脏污的状态。虽然经过 1S 常组织与 2S 常整顿，需要物品能马上找到，但是被取用物品应达到能被正常使用的状态才行。而要达到这种状态，就应以清扫为第一目的，尤其目前强调高品质、高附加价值产品的制造，更不允许有垃圾或灰尘的污染，造成品质不良。

也就是说，每个人都应参与所辖工作范围的清扫，做到全员责任化。

（四）4S "规范" 目标

维持上面 3 个 S 的成果，做到制度化、公开化，定期检查、及时反馈，并与考评挂钩。

5S 活动一旦开始，不可在中途变得含糊不清。如果不能贯彻到底，又会形成另外一个污点，而这个污点会造成企业或公司内保守而僵化的气氛，最终形成做什么事都是半途而废的印象。要打破这种局面，唯有花费更长的时间来改正，因此，制度建立后就必须坚决执行。

（五）5S "自律" 目标

① 培养员工自觉遵守各项规定的良好习惯。

② 提升人员素质，培养员工对任何工作都认真、负责的态度。

③ 培养员工每日自我检查、长期坚持成自然的习惯，提高文明素质。

五、实施要领

（一）1S "组织" 要领

① 在自己工作场所范围内全面检查，包括看得到和看不到的。

② 制定 "要" 和 "不要" 的物品统一判别标准。

③ 将不要的物品及时清除出工作现场，包括清理垃圾。

④ 对需要的物品根据使用频度，决定日常用量及放置位置。

⑤ 制定废弃物品的处理方法。

（二）2S "整顿" 要领与重点

1. 要领

① 1S "组织" 环节中有用物品与暂时不用物品的整理、无用物品与垃圾的清理工作要落实。

② 各类物品的名称、数量与规格等均应标示清楚。

③ 需要物品明确放置场所，保证相关人员知晓其分类标准与放置地点。

④ 各类物品摆放整齐、有条不紊。

⑤ 不同用途的工作区域需划线定位，并标志清楚。

换一句话说，就是应掌握整顿 "3 要素"：场所、方法、标识。

放置场所——物品放置场所原则上要 100％ 设定。即物品的保管要定点、定容、定量；生产线或工作现场附近只能放置真正需要或常用的物品。

放置方法——易取，即不超出所规定范围。在放置方法上多下功夫。

标识方法——放置场所和物品原则上一对一标示。即物品标示和放置场所标示一一对应；某些标示方法全公司要统一；在标示方法上多下功夫。

同时，还应兼顾整顿"3 定"原则：定点、定容、定量。

定点——放在哪里合适。

定容——用什么形状、什么颜色的容器。

定量——规定合适的数量。

2. 重点

① 整顿结果要成为任何人都能立即取出所需物品的状态。

② 要站在新人和其他人员的立场来看，某种物品该放在什么地方更明确。

③ 要想办法使物品达到能立即取出使用的状态。

④ 使用某种物品后，要恢复其到原存放位置，没有恢复或误放位置时能马上知道。

（三）3S"清洁"要领

① 工作场所室内、室外均建立清扫责任区。

② 建立清扫标准，作为规范让全员遵守。

③ 一个时段或每天打扫，清理脏污。

④ 定期调查污染源，予以杜绝或隔离。

⑤ 定期进行全公司大清扫，保证每个地方干净整洁。

（四）4S"规范"要领

① 制定符合实际情况的 5S 具体实施条例，将其转化为全员容易学习与落实的规则与规定。

② 督促落实前 3S 工作。

③ 制定现场安全目视化管理标准，每天检查并督促落实。

④ 制定人员评价、考核方法。

⑤ 制定奖惩制度，落实执行。

⑥ 高层主管经常带头巡查，带动全员重视 5S 活动。

（五）5S"自律"要领

① 制定服装、臂章、工作帽等不同工作性质人员的识别标准。

② 推动各种精神提升活动，如工作例会或晨会。

③ 制定文明礼仪守则，如例行打招呼、礼貌活动等。

④ 推动各种物质激励活动，保证全员遵守规章制度。

⑤ 强化教育与培训，如新进人员学习 5S 管理与实践活动。

⑥ 每日自我检查，长期养成习惯。

六、运用实例

5S 管理的效果快速、明显，实施方法易于操作，因此在很多领域都得以逐步运用；但是，每个企业、行业或场所性质不同，在运用中应该根据实际情况，活学活用，切忌生搬硬套；并且，应将 5S 理论转换成可实际操作的具体条例，便于员工快速学习与遵守运用。

（一）实训室实例

电子工艺实训室将 5S 管理用于日常管理与维护中，以保证设备正常运转，工具完好使用，环境明亮、整洁，培养学生良好的职业工作习惯。

1. 组织

每位学生有自己固定的工位，无特殊情况下，每次实训课程不得随意变换工位。每个工位的仪器、仪表等都有编号，不得随意将自己工位的有用物品借用他人。每次提前 10 分钟进入实训室，及时按类别检查自己工位所属的"必要物品"，如各种仪器、仪表、工具、耗材等的数量与质量，有问题者课前找老师解决。实训课期间，以两节课为周期或根据某一项任务完成时间，定期清理"不要物品"，如剪下的元器件引脚、太短而不便于继续捏拿的焊锡丝等工作垃圾，清理至指定处。定期清理生活垃圾，如餐巾纸、矿泉水瓶等扔到垃圾袋里。

2. 整顿

检查或使用仪器时，遵循"先总后分"的合闸顺序，即先合总闸漏电断路器，再按下数字万用表、单相调压器、直流稳压电源、信号发生器、示波器等其他仪器的电源开关。检查或使用工具时，应按正确的操作要领，如电烙铁按外观检查、内部检查、通电检查的顺序进行，不得违规操作损坏工具或伤害他人。提前准备当次实训课程需要的通用耗材，到指定地点取用，用后归回原位。实训课后，将现场用到的所有实训"有用物品"按类别整理到指定地点，方便他人迅速找到。图 1-2 为某门实训课程结束后要求整理的一个现场。

3. 清洁

上课期间，不得在现场产生与实训课程无关的物品或生活垃圾，如带入食物、零食等。课后，每人清扫各自工位附近，值日生彻底打扫实训室所有区域。课后，将所用仪器按"先分后总"的原则断电，仪器与仪表的相关按钮回归到安全位置，如数字万用表拨盘开关转到"AC750V"，指针式万用表拨盘开关转到"AC500V"等。工具清点数量，检查质量，放回到工具盒，再将工具盒放回原位。仪器、仪表连接线分类扎好，放回原位。需评定分数的

图 1-2　实训课程结束后现场一

电子产品按指定位置上交。不再用到但仍有使用价值的耗材按要求整理并回收到指定地点。将桌面清理干净，椅子放回原位，保持通道顺畅，详见图 1-3 示例。

4. 规范

前面已详述课前、课中、课后应遵守的事项，每人负责自己工位，组长负责全组区域，相关班干部负责实训室，如图 1-4 所示。所有同学相互督促、共同遵守，老师定期检查，下

图 1-3　实训课程结束后现场二

图 1-4　整洁干净的实训台

次课讲评不足之处，历次检查结果按一定比例统计到实训课程成绩中。

5. 自律

保持衣装整洁，穿着合适的鞋（鞋底有绝缘作用，不可以穿拖鞋）进入实训室。操作手电钻等电动工具时，不宜穿有飘带或绳子外露的服装，应扎紧袖口，长发者应扎紧长发。每次实训课保持良好的状态，既互相帮助，又互相督促，长期养成好习惯，习惯成自然，以此素质走入工作岗位。

以上为电子工艺实训室管理具体操作要领，它是以5S理论为基础衍生出来的管理制度，各项制度不是孤立的，而是互有关联，故执行时应将实训室作为一个整体来考虑，大家共同运作。

（二）生产企业实例

某电子厂为了创造明亮、清洁、整齐的工作环境，如图1-5所示，保证电子产品的生产品质，做了相应规定：

图1-5 某电子厂工作现场

① 员工必须穿着无尘服等才可进入各生产现场，防止灰尘进入产品；

② 员工必须戴着防静电手套或配穿防静电脚环才可接触元器件与电子产品，以排除静电损害；

③ 物料部、焊接装配线、质量检验线、维修部、抗老化测试线、包装车间等各区域明确分开，以保证各处职能明确，正常运作；

④ 各机构定期、重要生产现场每隔半小时清理一次垃圾，以保证环境整洁有序、一目了然；

⑤ 作业过程中，根据工艺流程定人、定时、定点检验产品，以保证品质合格率；

⑥ 及时整理资料与产品，做到相关人员均明确各类产品的放置地点，如检验后正常产品放入到黑色盒子，待维修产品放入黄色盒子，报废产品放置于红色盒子；

⑦ 安排专人定期对设备、工具等进行检查与维护，以保证生产正常运转。

稽核人员每天上下班定时检查、其余时间不定时抽查上述各项，检查结果与人员考评相联系。

（三）服务行业实例

某饭店借鉴5S准则为基础管理条例，每月将日常检查结果作为评定奖励与进行惩罚的依据之一，严格执行，确保员工操作规范。

每天开店营业之前，要求所有员工按分工不同穿着各自的工作服，整理仪容；经理首先要检查各处环境是否合格，召集相关人员开晨会，点评头一天各项工作的不足之处，常整顿以提高对外竞争力；然后领班带着服务员等在室外做早操，既锻炼身体又提升精神与胆量，更有利于加强内部团结。平时经理、主厨、领班等管理人员以身作则，要求员工之间既要竞争，又要互相帮助。

厨房里，要督促每个员工常自律，不违背良心，严格遵守规章制度，保证每一份菜品安全、卫生、美味；对每天用到的食材与储存容器、碗碟、其他厨房用品等，要求按类存放到指定地点，用完及时归位，方便下次取用；每次营业高峰过后或每小时都必须做清洁与消毒；营业繁忙时，管理人员会顶岗，让员工先吃饭。

在顾客就餐区，领班、点菜员、服务员、传菜员等，对待顾客要使用礼貌用语、态度温和；顾客提出问题时，尽力回答，帮助他们；顾客生气时，诚恳地向客人道歉，用微笑希望对方原谅。上菜时，身体不要接触菜品，保证卫生并不影响顾客食欲。每张餐桌顾客结账后，收拾餐桌时，顾客未用过的物品，如湿餐巾、牙签等需分捡出来；将餐具及时送到洗碗区域清洗、消毒；不要的杂物及时清理，转盘擦干净，桌布换干净的，桌椅摆放整齐，地面保持清洁。每个就餐时间段结束，服务员需将顾客就餐区打扫整理完毕，才可交班。营业结束时，领班带头清理现场，打扫卫生，工作区域保持常清洁。要求每天一小扫，五天一大扫，力求给顾客创造一个舒适、卫生、满意的就餐环境。

【思考题】

5S 管理学习体会，从以下三个方面总结：
① 5S 管理的基本内容；
② 5S 管理的实施必要性；
③ 结合身边实例、社会兼职经历或实训过程等，具体说明如何遵循 5S 管理规范。

【延伸学习】 5M 因素

在电子产品制造过程中，有几个因素始终是保证质量的关键，它们是 5M，即 Man 生产者，Machine 生产设备，Material 生产材料，Method 生产方法，Management 生产管理。

① Man 生产者，是生产的主体与关键　对于复杂的电子产品制造过程来说，流水线上每个工位上的工人都在从事简单劳动，每个工人插装的元器件种类不会超过 5 种，数量不会超过 20 件，但是经过这些工人集体劳动生产出来的是含有大量科技成分的电子产品。可见，电子产品的设计者和生产的管理者就是产品生产的关键。现代化的电子生产过程，从最初的电路设计，到产品试制，再到规模化的生产，每个环节都离不开人的因素。

② Machine 生产设备，是提高生产效率的有力保证　大规模的电子产品生产线，要用到很多精密的机械设备，比如锡膏印刷机、贴片机、再流焊机、波峰焊机、自动检测设备等，这些设备虽然造价高，但大大提高了生产的自动化程度，节省了人力资源，使产品质量稳定、产量提高。在小规模生产、新产品试验和产品维护时，电烙铁、电动吸锡枪、热风焊台等手工工具也是非常重要的生产装备。

③ Material 生产材料，是产品小型化、环保化的基础　电路板、电子元器件、焊料、助焊剂等，都是电子产品生产的基本材料。电路板的多层化和电子元器件的小型化，使电子产品越来越小巧，越来越精密。焊接材料也由原来的铅锡合金逐渐无铅化，使其对人的伤害越来越小，产品越来越环保。

④ Method 生产方法，是影响资金投入与产品功能的重要因素　根据不同的生产成本与科技含量，各种电子产品有大规模、小规模的生产方法，因此，选择适当的生产方法，是非常重要的。

⑤ Management 生产管理，是产品制造的中枢神经　大到工具的安排，小到每个工位的操作，都需要管理者事前认真地规划与设计。作业指导书或电子装配工艺指导卡，详细地规定了某工序要做的工作，工人应按照指导卡的指令进行操作。只有合理安排工序，并在生产中做好管理工作，才能保证产品的质量与数量，达到生产的最优化配置。

学习情境二　焊接技术学习与训练

【学习目标】

1. 掌握安全用电技能。
2. 掌握电烙铁的分类、特点、结构、质量检测方法、操作姿势与使用注意事项。
3. 掌握尖嘴钳、斜嘴钳、剥线钳、镊子、手动吸锡器、螺丝刀的用途、操作姿势与使用注意事项。
4. 熟悉电动吸锡器、热风焊台、放大镜灯的应用领域与使用注意事项。
5. 熟悉印制电路板、万能板的用途，掌握焊盘、焊孔、焊料、焊剂的功能，并结合焊接工具掌握手工 THT（Though Hole Technology）与 SMT（Surface Mounting Technology）技能。
6. 了解浸焊、波峰焊与 SMT 的工艺流程。

一、焊接技术演变

电子工业是 20 世纪新兴起的行业，经过几十年发展，已经成为世界经济最重要的支柱性产业。与其他工业比较，电子工业始终既是技术密集型又是劳动密集型产业，它的产品直接反映世界科学技术发展水平，它所吸纳的劳动力人数已经在全人类劳动力中占有很大的比重，它的每一个技术进步都提高了人民的生活质量。

电子产品已经深入人们的生活，成为现代化生活不可缺少的、重要的组成部分。那么，具有如此神奇功能的电子产品，是怎样制造出来的？

各种电子产品都是由电子元器件组成的，按照预先的原理性设计，把电子元器件连接起来，在电源的作用下，电路就能够实现特定的电气功能。

收音机是家用电子产品之一，图 2-1～图 2-3 是几台不同年代的产品。比较它们的功能，应该说差别并不是很大，但是拆开它们，就会发现这三台收音机的内部电路和结构发生了很大变化。

图 2-1　电子管收音机外观与内部构造

图 2-1 是 20 世纪 50 年代后期生产的电子管收音机。其电路的核心元件是真空电子管。这台收音机里共使用了 6 只电子管，故又称六管收音机。这些电子管被安装在钢板制造的支

架上面，还有部分电路元器件被安装在钢板支架下面，元器件之间通过焊片与导线连接。

图 2-2 是 20 世纪 70 年代生产的半导体分立元器件收音机。该收音机的电子元器件大部分都有引线管脚，用 THT（Though Hole Technology）通孔插装技术装配焊接在印制电路板上，印制板起到了承载、连接电路的作用，用干电池作电源就能进行工作。这代电子产品体积变小，重量减轻，功耗降低，出现了可以随身携带的便携机。

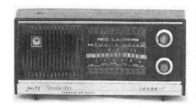

图 2-2　分立元件收音机外观与内部构造

图 2-3 是近年来生产的集成电路收音机。可以看出，印制电路板上的每一个元器件都比以前的产品发生了明显变化。除了采用集成电路外，很多分立元器件不再是靠引线管脚穿过电路板焊接，而是电阻、电容没有引线，直接贴焊在印制电路板上；集成电路的引线变短了，同样采用贴焊连接方式。

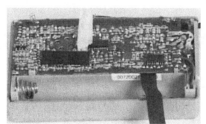

图 2-3　集成电路收音机外观与内部构造

其实，从工作原理角度分析，这三台收音机的电路原理基本上没有差别，但其内部构造与焊接技术却不同。现代电子产品与以前的电子产品相比，在操作功能、技术性能、结构、体积、重量、功率消耗等各个方面都已经取得巨大进步。在过去的几十年里，电子产品的制造技术已经从手工焊接、浸焊、波峰焊全面转变成以 SMT（Surface Mounting Technology）表面贴装技术为核心的第四代主流焊接技术工艺。

二、常用焊接工具简介

（一）电烙铁

1. 分类

电烙铁是电子产品制作和电器维修的必备工具之一，主要用途是焊接元器件与导线。对于便携式电烙铁而言，按结构和功能可分为内热式电烙铁、外热式电烙铁、吸锡电烙铁、恒温电烙铁、调温电烙铁、双温电烙铁等，图 2-4 所示为常见的几种电烙铁外形；按功率分为小功率电烙铁和大功率电烙铁，如 20W、35W、45W、75W、100W 等多种。

下面主要讲述 20W 内热式电烙铁，因为它结构小巧，各部件方便维修与更换，故成为手工焊接训练中常用的焊接工具。

2. 特点

焊接训练中，主要使用 20W 或 35W 的内热式电烙铁。它具有发热快、体积小、重量轻、

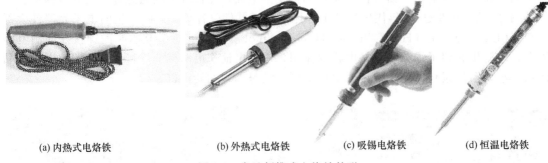

| (a) 内热式电烙铁 | (b) 外热式电烙铁 | (c) 吸锡电烙铁 | (d) 恒温电烙铁 |

图 2-4　常见便携式电烙铁外形

耗电低、价格低等优点，适用于电阻器、晶体管等小型电子元器件在印制电路板上的焊接。20W 内热式电烙铁的实际功率相当于 25～40W 的外热式电烙铁，烙铁头温度达 350℃左右。

3. 结构

如图 2-5 所示，内热式电烙铁主要由烙铁头、连接杆、手柄、烙铁芯等组成，其关键部件烙铁芯置于连接杆内，再插入烙铁头内部，通电后产生的热量能迅速从内部传递到烙铁头，故称内热式电烙铁。

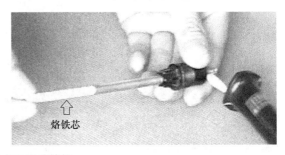

图 2-5　内热式电烙铁结构

4. 检测方法

检测电烙铁分三步：外观检查、内部测量、通电检查。

① 外观检查　外观检查主要是用眼睛查看电烙铁结构中外部的三个部件。

a. 电烙铁头焊接部位表面应干净、平整，无氧化现象。

b. 烙铁头和连接杆之间应有夹紧铁环且能紧固住这两个部位。

c. 手柄应安装牢靠，无破裂现象；导线应安装到位且没有破损现象。

② 内部测量　内部测量主要是用仪表测量电烙铁结构中放置于内部的关键部件烙铁芯。

a. 万用表打到合适的欧姆挡位。如测量 20W 内热式电烙铁时，数字万用表可拨到 20kΩ 挡，指针式万用表转到 Ω×100 挡后校零。

b. 如图 2-6 所示，红、黑表笔接触电烙铁电源插头的两个电极片。如果电烙铁使用单相三孔插头，则测量点为接火线、零线的两个电极片。

c. 测量数值应与烙铁芯冷态电阻理论值相吻合。如 20W 内热式电烙铁的烙铁芯冷态电阻理论值为 2.42kΩ，则说明正常。

若电阻为 0，则可能是烙铁芯短路或电源线扭绞在一起等，此时绝对不允许通电，必须排除故障；若电阻为 ∞，则可能是烙铁芯断路、电源线松动或中间某部位断线等。

③ 通电检查

a. 将电烙铁接通 220V 电源。

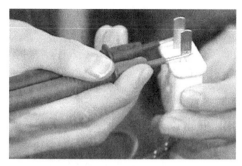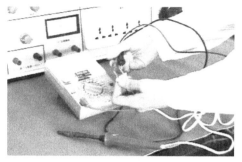

图 2-6　电烙铁内部测量示范

b. 片刻后，用鼻子去闻电烙铁头是否开始有热气，或用手在电烙铁头附近感觉温度是否逐渐升高。

c. 当烙铁头接触少许松香焊剂，能看到松香烟雾越来越浓时，则说明电烙铁能正常使用。

d. 给电烙铁焊接部位上锡，应能正常熔化焊锡丝。如熔化速度较慢，则检查烙铁头焊接部位是否局部氧化变黑，并做相应处理，可用合适工具去除氧化物，重新上锡使用。

5. 握法

在电子产品焊接中，电烙铁握法主要有三种。

① 握笔法，也称立握法，如图 2-7 (a) 所示。这种姿势最常用，适用于在工作台往印制电路板上焊接元器件。目前生产线上焊接或维修电子产品主要采用此法。

② 正握法，也称平握法，如图 2-7 (b) 所示，主要适用于弯曲状烙铁头或中功率电烙铁。

③ 反握法，如图 2-7 (c) 所示，主要适用于功率较大，即较重的电烙铁。

(a) 握笔法　　　　　　　　(b) 正握法　　　　　　　　(c) 反握法

图 2-7　电烙铁握法

6. 使用与保养注意事项

① 电烙铁供电电压必须与其额定工作电压相同。

② 初次使用时，应将烙铁头焊接部位镀上一层锡，可阻止使用过程中产生氧化现象。

③ 不要随意敲击烙铁头或用尖嘴钳等工具夹击连接杆，以防电烙铁变形。

④ 不要随意将电源线与手柄扭转，以免内部电源线接头部位扭绞在一起，造成短路现象。

⑤ 当烙铁头焊接部位处有较多焊锡时，应当刮到烙铁架的锡渣槽内。

⑥ 烙铁头焊接部位要经常保持清洁。使用一段时间或间隔一段时间不用，表面可能氧化变黑，此时应用镊子轻轻地刮掉污物，或用合适的工具去除氧化膜，用焊锡丝重新上锡后再使用，以避免焊点不良。

⑦ 工作中暂时不用时，应将电烙铁置于烙铁架上，以免烫坏工作台等其他物品。

⑧ 工作结束不再使用电烙铁时，应及时拔掉电烙铁电源插头，并关闭工作电源。

（二）尖嘴钳

常用的是钳身长 5in❶（约 130mm）或 6in（约 150mm）、带塑胶绝缘手柄、有刀口的普通尖嘴钳；对于更精细的焊接，还可用到 4in 带弹簧的微型尖嘴钳，如图 2-8（a）所示。握法有平握法、立握法两种，如图 2-8（b）、（c）所示。

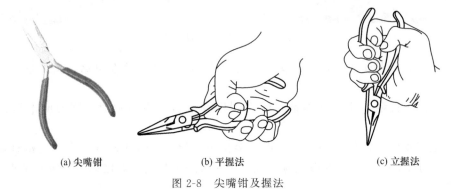

(a) 尖嘴钳   (b) 平握法   (c) 立握法

图 2-8　尖嘴钳及握法

在焊接训练中，尖嘴钳主要用于完成以下工作任务：

① 导线及元器件的弯角成形；

② 没有专用的剪切工具时，用来剪切较细的导线或元器件引脚；

③ 没有专用的夹持工具时，用来夹持元器件引脚或导线，并辅助散热。

（三）斜嘴钳

常用的是钳身长约 110mm 或 5in（约 130mm）、带塑胶绝缘手柄的斜嘴钳，如图 2-9（a）所示。采用平握法，是专用的剪切工具，用于剪切导线或元器件引脚。剪切时刀口应朝下，防止剪下的线头飞出，伤人眼部。

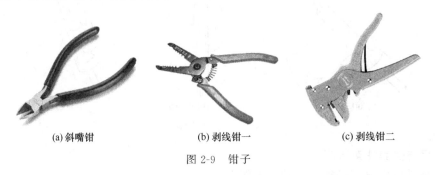

(a) 斜嘴钳   (b) 剥线钳一   (c) 剥线钳二

图 2-9　钳子

（四）剥线钳

焊接训练中可用到的剥线钳品种较多，常用的有钳身长 140mm 或 170mm、带塑胶绝缘手柄的剥线钳，如图 2-9（b）所示，或如图 2-9（c）所示的鸭嘴形剥线钳等。

剥线钳主要用于剥脱导线端部的绝缘层，其钳口有多个不同尺寸的口径，适合不同粗细的导线。操作方法如下：

① 根据导线直径，目测选择剥线钳合适尺寸口径的刀口；

---

❶ 1in＝25.4mm。

② 一只手将导线放入已选定刀口内，目测确定要剥线的长度；

③ 另一只手握着钳柄合拢，将导线夹住，缓缓用力使导线绝缘皮被割开；

④ 两手相向运动，使导线绝缘皮慢慢剥落；

⑤ 松开剥线钳手柄，保证导线金属内芯整齐露出，其余绝缘层完好无损。

使用剥线钳时，首先应学会选择合适口径的刀口，口径太小易切断导线金属内芯，口径太大不能将绝缘皮剥脱。

（五）镊子

焊接训练中可根据需要选用多种头部形状的镊子，图 2-10 所示为几种常用类型。其中，图 2-10（a）、(c) 均为防静电镊子，可避免静电流对电子产品造成损伤；图 2-10（b）、(d) 均为不锈钢镊子，强度高，使用寿命长。

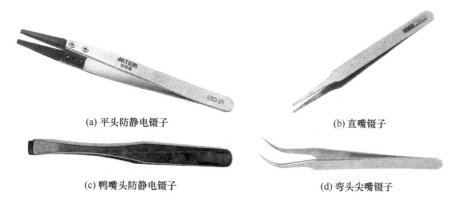

(a) 平头防静电镊子   (b) 直嘴镊子

(c) 鸭嘴头防静电镊子   (d) 弯头尖嘴镊子

图 2-10　常用镊子

镊子是专用的夹持工具，用来镊取较微小的元器件，或焊接时可夹持导线和元器件辅助散热。如果夹持集成块芯片，应当使用防静电镊子。使用时注意其头部应对正吻合，如有偏差应及时修理。

（六）螺丝刀

螺丝刀又称起子、旋具，按柄部材料不同，分为木柄与塑料柄等；按头部形状的不同，分为一字形和十字形两种，分别用于旋紧或拆卸一字槽与十字槽的螺钉。操作时应使螺丝刀头部尺寸与螺丝钉的槽相吻合，以免损坏。

（七）吸锡器

1. 手动吸锡器

手动吸锡器大部分为活塞式。按照吸筒壁材料，可分为塑料吸锡器和铝合金吸锡器，如图 2-11（a）、(b) 所示。吸锡器由于吸嘴常接触高温，通常采用耐高温塑料制成。手动吸锡器具有轻巧、价格便宜的优点，主要由吸嘴、滑杆活塞、按钮、弹簧等组成。

图 2-12（a）所示为手动吸锡器内部构造，吸锡器内压紧的弹簧在释放弹力时，带动滑杆活塞产生抽吸作用，将熔化的焊锡抽入到吸锡器筒内。

活塞

按钮

(a) 塑料手动吸锡器   (b) 铝合金手动吸锡器

图 2-11　手动吸锡器

手动吸锡器必须借助电烙铁让焊料熔化，才能拆除印制电路板上损坏的电子元器件与焊错位置的导线，如图 2-12（b）所示，操作方法如下：

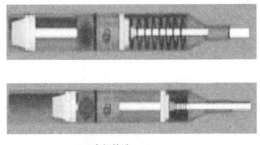

(a) 内部构造   (b) 使用方法

图 2-12　手动吸锡器构造与使用

① 先将吸锡器滑杆活塞向下压至卡住；

② 电烙铁蘸取少量松香焊剂，加热印制电路板待拆焊点至焊料熔化；

③ 迅速将吸锡器嘴贴住焊点，并按动吸锡器按钮，此时焊锡被吸入筒内；

④ 一次吸不干净，可重复操作几次，但注意不要过热，以免损坏元器件或造成焊盘铜箔脱落。

手动吸锡器在使用一段时间后，吸筒内壁必须清理干净，否则内部活动部分会被焊锡渣卡住。

2. 电动吸锡器

电动吸锡器呈手枪式结构，如图 2-13（a）所示，故又名电动吸锡枪，主要由真空泵、发热芯组件、吸锡头、储锡筒等组成。它具有吸力强、连续吸锡等优点，且操作方便、工作效率高，是集电动、电热吸锡于一体的新型除锡工具。

电动吸锡器的工作原理是：吸锡枪接通电源预热 5min 左右后，吸锡头温度升到最高；如图 2-13（b）所示，用吸锡头内孔贴紧待拆焊点使焊锡熔化，并轻轻拨动引脚；待引脚松动瞬间、焊锡充分熔化时，扣动吸锡器扳机，则内部电泵产生真空吸力，快速吸掉焊点上的焊料。它比手动吸锡器的性能更好，双面印制电路板插线孔里的焊料也能吸掉。

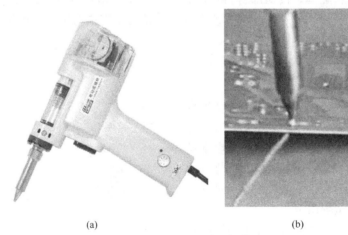

(a)   (b)

图 2-13　电动吸锡枪

根据元器件引脚粗细，可选用不同规格的吸锡头。标配吸锡头内径 1mm，外径 2.5mm。若元器件引脚间距较小，可选用内径 0.8mm、外径 1.8mm 的吸锡头；若焊点大或引脚粗，可选用内径 1.5～2.0mm 的吸锡头。

（八）热风焊台

如图 2-14 所示，热风焊台是根据电子技术的发展和广大从事电子产品研究、生产、维修人员的需求，开发研制生产的一种高效实用多功能产品。它采用微风加热除锡的原理，能快捷干净地拆卸和焊接各类元器件，尤其是拆卸 SMT 电路板上的集成电路。图 2-14（a）所示的焊嘴主要用于拆卸元器件等，图 2-14（b）所示的焊刀主要用于焊接贴片元器件。

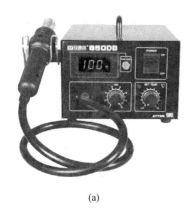

(a)   (b)

图 2-14　热风焊台

热风焊台受控制台控制，根据需要可以分别调整热风温度和强度，并有数字直观显示热风温度，故也称热风筒、数显热风枪、拆焊台等，它具有以下优势：

① 瞬间可拆下各类元器件，包括分立、双列及表面贴片元器件；

② 热风头不直接接触印制电路板，使印制电路板免受损伤；

③ 所拆印制电路板过孔及元器件引脚干净、无锡；

④ 热风温度与强度能调整，适合各类印制电路板；

⑤ 除拆卸与焊接外，尚能满足热缩管处理、热能测试等多种需要热能的场合。

拆卸面积较大的集成电路，如图 2-15（a）所示，把热风嘴扣到芯片上方，选择合适的温度和强度进行加热；当芯片的全部引脚同时被加热到焊料充分熔化的温度时，插在芯片引脚下面的弹性细钢丝就会将芯片弹起来。对于 SO、SOL 封装的小型集成电路，如图 2-15（b）所示，使用针式热风嘴环绕芯片，直接吹融引脚上的焊料，也可以将芯片拆除下来。

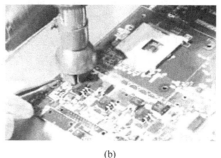

(a)   (b)

图 2-15　热风筒拆焊贴片集成块

热风焊台在使用时应注意以下几点，以保证安全操作与正常维护：

① 第一次使用时可能会冒白烟，这是正常现象；

② 切勿将热风焊台的风嘴直接对准人，防止高温灼伤；

③ 每次应根据需要选用合适的风嘴，调节合适的温度与需要风量，控制风嘴到印制电路板的合适距离；

④ 工作中短时间内不用热风焊台时，应将风量调到最小，温度调至旋钮中间位置，使加热器处于保温状态，并将热风手柄置于金属支架上；

⑤ 热风焊台的内部有过热自动保护开关，当焊嘴过热时该开关自动开启，停止加热，此时需将风量旋钮调至最大，延时 2min 温度下降后，焊台加热恢复正常。

使用完毕，注意机身冷却。掌握正确的关机方法，长时间不用时，温度旋钮调至最低，风量保持 1～2min；关闭电源开关，焊台仍会自动短暂送出冷风片刻，在此冷却阶段，不要拔掉电源插头。

（九）放大镜灯

随着电子产品的日益小型化，元器件的体积越来越小，故在元器件识别与焊接、线路板检测与维修过程中，放大镜灯便应运而生。

按光源分类，放大镜灯分为 LED、荧光灯，荧光灯又分为青玻与白玻系列产品；按灯面形状分为方形与圆形放大镜灯；按支撑方式分为广角夹式与台式放大镜灯。图 2-16（a）所示为青玻方形广角夹式放大镜灯，图 2-16（b）所示为白玻圆形台式放大镜灯。

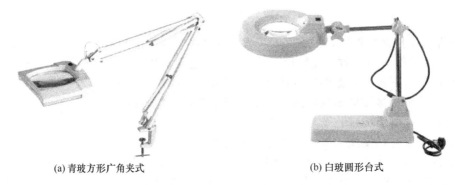

(a) 青玻方形广角夹式　　　　　　　　(b) 白玻圆形台式

图 2-16　放大镜灯

放大镜灯使用注意事项如下：

① 电源电压应与额定工作电压相符；

② 改变放大镜灯的方向与位置时，应稍放松调节臂旋钮，待调整好后再旋紧，千万不可强行拉动，以免损坏部件；

③ 该灯一般采用预热启动方式，即打开电源开关后，灯管预热 1.5s 左右才正常点亮；

④ 灯管不亮时，检查电源插头是否插好，或检查灯管是否老化需要更换；

⑤ 放大镜灯设有异常状态保护，当灯管出现异常，如灯开路、灯漏气等，电子回路将自动关机。

三、手工焊接技术

焊接是利用比焊件熔点低的焊料与焊件一同加热，在焊件不熔化的条件下，熔融焊料润湿金属表面，并在接触面上形成合金层，从而达到牢固连接的过程。

手工焊接技术是制造电子产品的第一代焊接技术，但随着电子产品性能升级与技术更新，目前该技术主要转型用于电子产品样机装配、电子产品维护与保养。

（一）预备知识

1. 电路板简介

① 印制电路板　以电路原理图为基础，通过化学蚀刻等专门工艺，在一定尺寸的敷铜板上形成导线与焊盘，实现元器件之间电气连接关系的线路板，简称印制板，英文 Printed Circuit Board，简称 PCB。

② 万能板　专门用于焊接训练及简单电路制作的印制线路板，在板上已预先钻好尺寸统一、整齐排列、互相独立的若干焊盘。

2. 焊盘、焊孔简介

① 焊盘　印制板上供元器件引脚或导线安装之用的铜箔面，有圆形、方形、长方形焊盘。通孔安装印制电路板一般以圆形焊盘为主，表面贴装印制电路板一般以方形、长方形为主，焊接点即在此处形成。

② 焊孔　焊盘中心的小孔，用来插装元器件引脚或导线，主要针对通孔安装技术而言。

3. 焊料、焊剂简介

① 焊料　是一种熔点比被焊金属低，在被焊金属不熔化的条件下，能润湿被焊金属表面，并在接触界面处形成合金层的物质，通常是以锡为主的合金共晶焊料。与其他焊料相比，它具有以下优点：

a. 熔化温度低，可减少对元器件的热损伤；

b. 加热时直接由固态变为液态，可防止焊料凝固时连接点晃动，造成虚焊；

c. 熔化后流动性好，表面张力小，浸润性好，有利于提高焊接质量；

d. 电气性能优良，机械强度高，价格低。

② 焊剂　是一种焊接辅助材料，故又称助焊剂。它的主要作用如下：

a. 降低焊料表面张力，有利于迅速传递热量，促进焊料流动；

b. 有助于去除被焊金属表面的氧化物，并防止焊接时金属再次被氧化；

c. 去除杂质，清洁焊件表面；

d. 润湿和扩展，促进焊料与焊件间形成光滑、光亮的合金层。

电子产品焊接训练中，通常用松香焊剂，它是一种传统的助焊剂。普通松香在湿热条件下长期放置会发白，但添加活性物质和改性后则可扩大其使用范围，如氢化松香、聚合松香、马来松香等。如自制松香焊剂，可按质量1∶3的比例将1份固体状纯松香溶入到3份重量的纯酒精中，让其慢慢融化在一起后就能使用，但注意仍需用密闭容器装置，防止酒精挥发。

③ 松香芯焊锡丝　为满足环保要求，目前市场上有无铅焊锡丝、松香芯焊锡丝、免清洗焊锡丝、水溶性焊锡丝等。

其中，将以锡金属为主的合金焊料做成空心细丝，中间加入适当比例的高品质松香焊剂，则成为市面上销售的松香芯焊锡丝。这种焊锡丝焊接润湿性佳，焊点可靠，各种技术性能指标优良，因此用途非常广泛。其外径有多种尺寸，THT 焊接训练中多用直径为 0.8mm 或 1.0mm 的焊锡丝，SMT 焊接训练中多用直径 0.5mm 或 0.8mm 的焊锡丝，有条件者甚至可用直径 0.3mm 的焊锡丝。

（二）手工 THT 通孔插装技术

将元器件引脚插入印制电路板安装面对应的安装孔，用电烙铁等工具、焊锡丝等焊料以一定方式，将引脚与印制电路板焊接面的焊盘固定的技术，称为通孔插装技术，英文简称 THT（Though Hole Technology）。

这种技术的优点是投资少，工艺相对简单，基板材料及印制线路工艺成本低，适应范围广等，适用于不苛求体积小型化的产品。THT手工焊接步骤主要有准备工作、焊接五步法、处理工作。

1. 准备工作

① 去氧化膜与污物（新元器件不用） 这主要用锉刀或细砂纸等来完成。

② 成形 用带圆弧的尖嘴钳头部或镊子的合适位置夹住元器件引脚，距引脚根部一定长度处成形。为了防止元器件引脚从根部折断或把引脚从元器件本体中拉出，引线成形折弯处距离引脚根部长度为1.5～5mm，折弯半径不小于2倍引脚直径。成形时应将元器件有型号或参数的一面尽量朝着查看方便的方向，并尽可能按着从左至右的顺序读出，便于日后检查与维修。成形有卧式与立式两种方法，如图2-17所示。对于卧式的元器件，其两端引脚弯折长度应对称，两引脚要平行，两引脚距离应与印制电路板上两焊盘孔间距离相等，便于元器件自然插入。

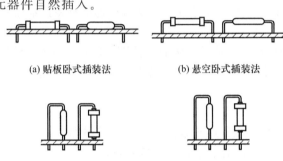

(a) 贴板卧式插装法　　(b) 悬空卧式插装法

(c) 贴板立式插装法　　(d) 悬空立式插装法

图2-17　元器件成形与插装方法

③ 搪锡（新元器件不用） 应均匀上锡于元器件引脚将要焊接的部位。

④ 插件 元器件有卧式插装与立式插装两种方法。将元器件水平插装在印制电路板上，称为卧式插装法，电阻器、二极管等轴向对称元器件常采用此法。图2-17（a）所示的元器件自然贴住印制电路板，装插间隙小于1mm，称为贴板卧式插装法。此法稳定性好，适用于防振动要求高的产品。图2-17（b）所示的元器件离印制板有一定距离，一般为3～5mm，称为悬空卧式插装法。此法有利于元器件散热，适用于发热元器件的安装，如功率大于1W的电阻器。将元器件垂直于印制板安装，称为立式插装法。图2-17（c）所示为贴板立式插装法，图2-17（d）所示为悬空立式插装法。立式插装法具有安装密度大、占用面积小、易于拆卸等优点，电容器、三极管等常用此法。当然，元器件到底应采用哪种插装方法，还要视产品的具体要求、结构特点、装配密度等具体情况而定。

2. 焊接五步法

① 准备施焊 认准焊点位置，烙铁头和焊锡丝靠近，处于随时可焊接状态。注意烙铁头焊接部位应保持干净，且没有氧化变黑现象。

② 预热焊件 烙铁头接触待焊接的元器件引脚，加热元器件引脚与焊盘。如果是采用图2-5所示的内热式电烙铁烙铁头，注意其头部焊接部位的斜切面应贴紧引脚。根据焊盘大小、引脚粗细、环境温度高低变化，应灵活调整预热时间长短，保证达到预热温度且不损坏元器件。

③ 放入焊锡 当被焊元器件引脚与焊盘经过加热达到一定温度后，立即将焊锡丝放在元器件引脚处熔化。注意焊锡丝、烙铁头分别放在被焊元器件引脚的对称两侧，而不是直接放到烙铁头上。

④ 移开焊锡 熔化适量的焊锡后，迅速移走焊锡丝。

⑤ 移开烙铁 待熔化焊锡的扩展范围达到要求，即流体状焊锡充分包围住整个焊盘与引脚，且焊锡丝内的松香熔解到尚余烟未了时，移走电烙铁。此时撤走电烙铁，能避免焊点出现毛刺或俗称的"拉尖"现象。注意撤走电烙铁的速度与方向，以保证形成接近圆锥形的

焊点，焊点光滑并有一定亮度。

图2-18对应示范了焊接五步法操作，各步骤所用时间掌握得当，对保证焊接质量至关重要，只有通过反复实践才能逐步掌握。此法适用于初学者，或焊盘与元器件引脚较粗时用。

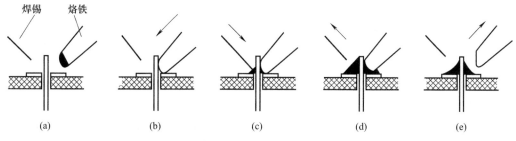

图2-18　手工焊接五步法

一个良好的焊点应必须具有足够的机械强度和优良的导电性能，焊接五步法操作通常在几秒至十几秒内完成。在焊点形成的短时间内，焊料和被焊金属会经历三个变化阶段：熔化的焊料润湿被焊金属表面阶段；熔化的焊料在被焊金属表面扩展阶段；熔化的焊料渗入焊缝，在接触界面形成合金层阶段。

3. 处理工作

① 让焊点自然冷却后，才可移动焊接的电路板，防止元器件引脚移动。

② 有条件者，用纯酒精或其他有机溶剂清洗焊点，除去松香等助焊剂残余物。

③ 剪脚。元器件引脚太长会扎手，太短易导致虚焊。在形成接近圆锥形的焊点后，尚能微微看见元器件引脚，以保证焊接质量。

4. 焊接三步法

当焊接操作非常熟练时，对于热容量需求较小的元器件，或使用较高功率如$50\sim100\,\text{W}$的电烙铁时，可将"焊接五步法"操作步骤调整为"焊接三步法"。

① 准备施焊　认准焊点位置，烙铁头和焊锡丝靠近，处于可焊接状态。

② 预热与加入焊锡丝　在被焊件的对称两侧，同时放上电烙铁与焊锡丝，熔化焊料。

③ 移开焊锡与烙铁　当焊点形成的瞬间，移走焊锡丝与电烙铁。注意焊锡丝要先撤走。

5. 拉焊技术

焊接分立元器件可采用"焊接五步法"或"焊接三步法"，而对于多引脚器件，如集成块IC芯片，为加快速度可采用"拉焊技术"。

① 将脱脂棉折成小团，体积比集成块IC略小。如果比芯片大，则焊接时棉团将碍事。

② 将小脱脂棉团浸泡于少量纯酒精中待用。

③ 拿镊子的那只手戴上防静电护腕；用防静电镊子将芯片夹到电路板上，使芯片引脚与对应焊盘精确对位，目视难分辨时还可以放到放大镜灯下观察。

④ 烙铁头保持清洁；电烙铁熔化少量焊锡，将芯片对角线上两点或四点定位。

⑤ 印制电路板倾斜放置在某支撑物上，$70°<$倾斜角度$<90°$，不要让其滑动。

⑥ 给烙铁上锡，让焊锡丝融化并粘在烙铁头上，直到融化的焊锡呈球状将要掉下来时停止上锡，此时，焊锡球的张力略大于自身重力。

⑦ 迅速用电烙铁拉动焊锡球沿芯片引脚从上到下慢慢滚落，同时用镊子轻轻按酒精棉球，让芯片核心保持散热；滚到头时将电烙铁提起，不让焊锡球粘到周围焊盘上。至此，芯片一边的引脚已经焊好，待该边焊锡冷却凝固后，其他各边按照此法继续操作。

⑧ 用酒精棉球将电路板上仍有的松香焊剂处擦干净，或用毛笔蘸纯酒精将芯片引脚之间的松香刷去；用吹气球加速酒精蒸发或让电路板自然风干。

⑨ 在放大镜灯下观察，用镊子轻轻拨动引脚，如有松动则为虚焊，要补焊；如有焊锡粘连则为碰焊，可用吸锡带处理多余焊锡。

6. 焊接注意事项

① 万能板的焊盘要处理干净，且焊孔应在焊盘中心位置。

② 焊锡量要适度，应形成以焊盘为底面、接近标准圆锥形的焊点，圆锥高度即元器件引脚伸出印制电路板的高度，一般为 2～3mm，且焊点要光亮。

③ 掌握好焊锡的吸入、移走时刻及方向。焊锡丝应滞后于电烙铁或与电烙铁同时吸入，但超前于电烙铁离开，吸入及离开方向均为 45°左右。

④ 掌握好电烙铁的进入、撤走时刻及方向。电烙铁进入方向为 45°左右，撤走时垂直向上提 2～3mm，再以 45°左右方向撤走，或直接以 45°左右方向撤走。

⑤ 在印制电路板上焊接时，注意电烙铁放在某个待焊接焊盘上的位置，应从四周无其余焊盘或导线的方向进入。

7. 良好焊点的质量与工艺要求

① 焊点具有良好的电气性能，接触电阻小，无虚焊、假焊。

② 焊点具有一定的机械强度，焊点牢固。

③ 焊点具有良好的光泽度且表面光滑，不应凹凸不平或有毛刺。这主要取决于焊接时焊剂的温度，应使焊锡丝充分熔化；还与撤走电烙铁的时刻有关，应在焊锡扩展范围达到要求而松香还有微微烟雾时拿走。

④ 焊料要适量，焊点大小均匀，无碰焊、搭焊。

⑤ 焊点表面要清洁，无助焊剂等残留物。

⑥ 焊接温度与时间应适当，不要烫坏元器件与印制电路板的焊盘铜箔。

（三）手工 SMT 表面贴装技术

1. 焊接分立元器件

用电烙铁手工焊接 SMT 元器件，是一件比较精细的工作。要求焊接操作者掌握熟练的焊接技巧和经验；烙铁头焊接部位应光洁平整，不能有损伤，对于初学者，尖端足够细更好；对焊料也有一定要求，一般选择直径 0.5mm 或 0.8mm 的焊锡丝。

在焊接电阻、电容、二极管等两端分立元器件时，操作步骤如下。

① 如图 2-19（a）所示，在电路板的一个焊盘上熔化一点焊锡，将烙铁头停在该焊盘上。注意分立元器件体积较小，焊锡量要控制适当。

② 如图 2-19（b）所示，迅速用镊子夹住待焊元器件，将其推到该焊盘中间位置。

③ 如图 2-19（c）所示，待光滑、光亮焊点形成，撤走电烙铁。初学者焊点形状为斜度很小的坡状；熟练操作后，尽量形成稍有弧度凹陷的焊点形状。

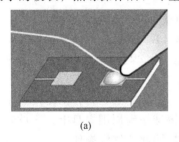
(a)

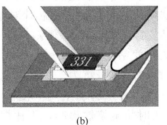
(b)

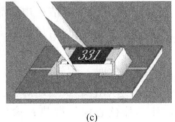
(c)

图 2-19 焊接贴片分立元器件

④ 待焊点冷却，拿开镊子。

⑤ 用"焊接三步法"完成另外一端焊盘的焊接。

2. 焊接集成电路

① 在焊接 SO、SOL、QFP 型等集成电路时，要点是必须保证芯片的每个电极引脚和印制电路板上的焊盘准确对位，且全部引脚要平整地贴紧对应焊盘，如图 2-20 所示。

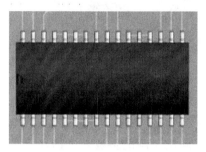  

焊盘准确对位　　引脚贴紧焊盘

图 2-20　集成电路引脚对位要求

② 定位准确后，用电烙铁固定芯片靠端头的几条引脚，如图 2-21 所示，然后再焊接全部引脚。

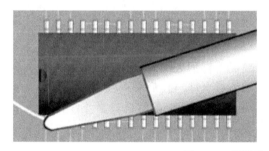 

图 2-21　焊接集成电路对角线引脚

③ 与焊接分立元器件不同的是，在焊接集成电路的电极引脚时，烙铁尖将沿着芯片的周边，以较快速度滑过各个电极引脚，方法类似前面所述的"拉焊技术"。集成电路的引脚很细，它的热容量也很小，因此，当电烙铁尖在引脚上滑过时，在助焊剂的作用下，焊料就能很好地浸润。

④ 如果焊接时间过长，焊锡丝中间的助焊剂过度挥发，则可能出现引脚间连焊短路现象。此时，可用吸锡带将多余焊料吸走，如图 2-22 所示。

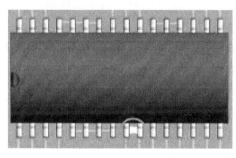 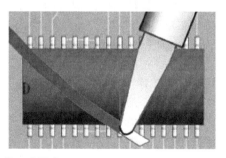

图 2-22　吸锡带处理连焊点

⑤ 涂一点助焊剂，用电烙铁将该焊点修补好，如图 2-23 所示。

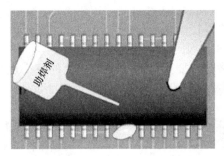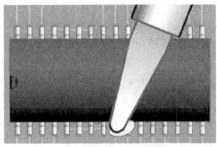

图 2-23　修补连焊点

四、浸焊技术

浸焊技术是第二代焊接技术，主要适用于小批量通孔插装元器件电子产品的装配。焊接前应准备焊锡、焊锡槽、印制电路板、元器件、剪刀等。确保印制电路板上已插好元器件，而且插装的引脚与印制电路板焊接面弯成一定角度，以保证元器件在浸焊过程中不要发生掉落或松动移位现象。

（一）浸焊工艺组成

浸焊工艺主要由锡槽加热、印制电路板预处理、浸焊、冷却、焊点检查、清洗共六个工序组成。

1. 锡槽加热工序

第一次使用时，先在锡槽底部放入少量松香焊剂，再加入焊料，预计熔化后的焊料占锡槽容积的 60%～70%；通电加热到 250℃ 保温，当焊料全部熔化后即可使用。

注意以后再使用，应及时添加焊料。每次使用前，如果液态焊料表面不干净或有氧化层，可用不锈钢刀刮去表面一层。使用过程中也要及时清理，以保持液态焊料表面清洁。

2. 印制电路板预处理工序

浸焊前，首先将印制电路板焊接面上未插装的元器件焊孔用牛皮纸胶带贴紧，以防浸焊过程中液态焊锡堵住焊孔。对不耐受高温或半开放式元器件，也要用耐高温胶带封好。

然后，将插着元器件引脚的印制电路板焊接面放在助焊剂槽内浸润，或用刷子蘸取助焊剂后均匀涂抹。注意板的焊接面不要附着太多助焊剂。

3. 浸焊工序

用夹子夹住印制电路板放入锡槽，注意保持板的水平度，防止元器件引脚松动或掉落，并保证焊点大小均匀；或在锡槽上放置一个合适尺寸的支架，再将板搁置于支架上。

印制电路板在锡槽内的浸焊时间为 3～5s，浸入深度为印制电路板厚度的 50%～70%。

4. 冷却工序

浸焊后，从锡槽中夹出印制电路板，迅速让其通风冷却。注意在此过程中，不能让印制电路板互相碰撞、接触，更不可以叠加，避免元器件引脚移动而导致焊点变形。

5. 焊点检查工序

当印制电路板冷却后，将板移至检查工位，目测板的焊接面，检查所有焊点是否存在漏焊、虚焊、搭焊等现象。如有不完善之处，需及时修正。

6. 清洗工序

对焊接质量合格的印制电路板做清洁处理，保持板面干净，无助焊剂残留。

（二）浸焊安全事项

在整个浸焊工艺操作过程中，特别要注意安全，避免高温烫伤。任何时候人体的任何部位不要触碰锡槽。用刮刀刮液态焊料时要小心。夹电路板在锡槽内浸焊时，人体应距离锡槽30～50cm，以免锡槽溅出焊料伤人；不要接触刚浸焊的印制电路板。

五、现代波峰焊技术

为了提高通孔式焊接电子产品的生产效率和印制电路板的焊接工艺质量，大规模生产的工厂里多采用波峰焊接技术，它是第三代焊接技术。

在波峰焊机内，将熔化的软钎焊料经电动泵或电磁泵喷流成设计要求的焊料波峰，也可通过向焊料池注入氮气来形成波峰；让已插好元器件的印制电路板焊接面直接通过这种高温液态焊锡波峰，实现元器件引脚与印制电路板焊盘之间的电气连接，故称波峰焊。

（一）波峰焊工艺组成

以波峰焊工艺为主的电子产品制作流程主要由选件、成形与插装、喷涂焊剂及预热、波峰焊接、冷却、检查与清洗六道工序组成。

1. 选件工序

由专用的元器件检测仪或测试架对待焊接元器件的参数、质量进行鉴别，将符合要求的元器件送入下一工序。

2. 成形与插装工序

一般采用流水作业形式。半自动插装时，生产线上配备若干台半自动插装机，每个操作工人独立管理一台；每台插装机完成一定种类与数量的元器件成形、插装工作，做简单的重复操作；若干台插装机互相配合，完成印制电路板所有元器件的成形与插装任务。

全自动插装是由计算机按预先设定的程序去控制先进的插装机，自动完成元器件的成形与插装。它不仅可以提高生产效率和产品质量，还能大大减轻工人的劳动强度，降低元器件插装出错率。

当然，不是所有的元器件都能进行自动插装。一般要求元器件的外形与尺寸尽量简单一致，方向易于识别，且具有互换性。一些电子产品在自动插装完成后，还需要手工补足剩余元器件的成形与插装。

3. 喷涂焊剂与预热工序

插好元器件的印制电路板通过传送带缓慢地进入波峰焊机，经过泡沫波峰焊剂，助焊剂选用波峰、发泡或喷射的方法涂敷到印制电路板焊接面，以提高被焊元器件引脚与印制电路板焊盘表面的润湿性，并去除氧化物。

大多数助焊剂必须达到并保持一个活化温度，才可以在焊接时保证焊点的完全浸润，因此涂敷助焊剂之后，印制电路板要经过一个预热区，通过逐渐提高 PCB 温度使助焊剂活化；一般预热温度 90～100℃，双面板和多层板的热容量较大，比单面 PCB 需要更高的预热温度；PCB 预热走过的长度为 1～1.2m。

预热过程还能减小组装元器件进入波峰时产生的热冲击，蒸发掉所有可能吸收的潮气或稀释助焊剂的载体溶剂。这些物质不去除的话，它们会在经过波峰时沸腾并造成焊锡溅射，或者产生蒸汽留在焊锡里面，形成中空的焊点或砂眼。

目前，波峰焊机基本上采用热辐射方式进行预热，最常用的有强制热风对流、电热板对流、电热棒加热及红外加热等。其中，强制热风对流被认为是大多数工艺里最有效的热量传递方法。

4. 波峰焊接工序

印制电路板继而进入熔化的焊料波峰上，当运动的 PCB 与焊料波峰接触做相对运动时，板的焊接面受到一定压力，焊锡在器件引脚周围产生涡流，将所有助焊剂与氧化膜的残余物去除，同时焊料润湿引脚和焊盘，形成近锥形焊点。

5. 冷却工序

印制电路板上经高温焊接后的焊点尚处于半凝固状态，若受到振动则会影响焊点质量，故应先风冷却，再转入下一工序。

上述第3、4、5道工序均在密闭外罩的波峰焊机中完成。

6. 检查与清洗工序

PCB冷却后，用专用设备将过长的元器件引脚一次性剪除，检查焊点质量并根据需要人工修补焊点，用超声波进行清洗PCB，清洗出来的板用高压风枪吹干，再次全面检验，则完成波峰焊所有工艺流程。

目前，在清洗PCB时，还在使用一种全自动的在线式PCB刷板机。该机采用旋钮式调节夹具，能根据PCB板大小灵活调节夹紧尺寸；采用液压泵自动供给洗板水，安全卫生；采用XY轴方式进行全方位无死角清洗。

（二）双波峰无铅焊机

为了焊接插装元器件的印制电路板，目前已采用双波峰焊机，该机能喷流两个形态不同的焊锡波峰。如图2-24（a）所示，紊乱波由许多细小的小波峰组成，它能保证印制电路板上细小的元器件都浸润到焊锡。双波峰焊机的另一个焊锡波峰是宽平波，如图2-24（b）所示，宽平波能冲刷板上多余的焊料，形成饱满圆润的焊点。印制电路板依次通过紊乱波、宽平波进行焊接。

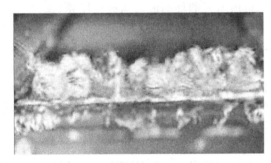 

(a) 紊乱波　　　　　　　　　　　　　　　　(b) 宽平波

图 2-24　双波峰

为了符合环保要求，一种新型的无铅波峰焊机应运而生，其预热温度为 $100\sim130℃$，预热区长度为 $90\sim150cm$，焊接温度为 $250\sim260℃$。

随着电子制造业的蓬勃发展，无铅焊机将在未来逐渐代替现在的传统波峰焊方式。

六、现代表面贴装技术

（一）概念

SMT（Surface Mounting Technology，表面贴装技术）是将表面贴装形式的元器件，即新型片状结构、微型化无引线或短引线的元器件，按照电路要求，用专用的焊锡膏贴附在预先制作好的印制电路板（Printed Circuit Board，PCB）表面，运用再流焊等工艺，在其基板上实现安装的贴焊工艺技术。

（二）特点

SMT是20世纪80年代国际上最热门的新一代电子安装技术，被誉为电子安装技术的一次革命。它与传统的通孔插装技术THT（Through Hole Technology）生产的产品相比，具有高密集、高可靠、高性能、高效率、低成本等优点，目前在计算机、通信、军事、工业自动化、消费类电子等领域的新一代电子产品中已得到广泛运用。

① 安装密度高、体积小、重量轻　表面安装元器件（SMC & SMD）的体积小、重量轻，不受引线间距的限制，可在印制电路板两面进行贴装，或与有引线元器件混合组装，从而大大提高电子产品的安装密度。采用 SMT 的电子产品体积缩小 40%～60%，重量减轻 60%～80%。

② 具有优良的电性能，高频特性好　表面安装元器件无引线或短引线，因此其寄生电感和电容均很小，自身噪声小，能减少电磁与射频干扰。无引线陶瓷封装片状载体（Leadless Ceramic Chip Carrier，LCCC）没有外引线，只有内部芯片压焊丝，电性能效果尤其显著。

③ 提高生产效率　利用 THT 安装的电路板，元器件间必须留有较大的间隙，才能保证自动插装机抓住元器件后能准确插入通孔，这需要将印制板扩大 40%。表面安装元器件外形规则、小而轻，便于自动贴装机吸装系统利用真空吸头吸取，适合自动化生产。而且真空吸头尺寸小于元器件，不用加大元器件的安装间隙，可增大组装密度，最终提高生产效率。

④ 降低生产成本，便于实现自动化　SMT 是将元器件平贴在印制电路板表面，取消了 THT 中元器件定位的通孔，组装前也无需将元器件引线预整形和剪切，减少了生产工序并节约大量金属材料；SMT 可双面安装，减少了 PCB 层数；SMT 多采用自动化生产，能提高生产效率。这些都有效地降低了生产成本。

⑤ 提高可靠性，加强抗振性　SMT 直接贴焊在印制板上，即元器件主体与焊点均在电路板同一面上，具有良好的耐机械冲击与抗振能力；消除了元器件与印制板之间的二次互连，减少了因连接而引起的桥接、虚接等故障。SMT 的元器件配置都经过计算机的周密设计与优选，其热平衡能事先控制与调节，这些都提高了电子产品的可靠性。

（三）安装工艺

根据电子产品复杂程度与设备资金投资力度，表面贴装工艺有三种层次的工艺流程，即手动流程、半自动流程、全自动流程。

1. 手动流程

该流程资金投入少，主要适用于实验室层面，生产较简单的 SMT 电子产品，或装配刚研发的电子产品。分为施加焊锡膏、贴装元器件、再流焊接三个环节，配备一块与电子产品配套的金属网板、适当的贴片工具、一台四温区再流焊炉即可生产。除元器件在再流焊炉中焊接外，其余环节工作均由人工完成。

① 施加焊锡膏　施加焊锡膏也称锡膏印刷，由简易锡膏印刷机完成，如图 2-25（a）所示，网板是根据印制电路板的设计文件用薄铜板定做而成，其上有许多镂空图形。操作要领如下。

a. 网板被安装在框架上，就像一张厚蜡纸平铺在油墨印刷机上。将需要加工的印制电路板定位于网板下面，保证网板的镂空图形和印制板上的焊盘准确定位。

b. 如图 2-25（b）所示，把适量焊锡膏抹在刮板上，再用刮板在网板上均匀涂抹，让焊锡膏从网板上漏印到印制电路板的焊盘上。

c. 如图 2-25（c）所示，掀起网板就可以取出印制电路板。如果印制电路板面积较小，有可能黏附在网板下面，此时，应小心地揭下来，保证焊锡膏未移位。

焊锡膏是用锡铅合金粉末调配适量助焊剂等制成。如果焊锡膏不经常使用，应该将其储存在 15℃ 以下的低温环境里。使用前，应将焊锡膏从冰箱取出来恢复到室温，并根据需要

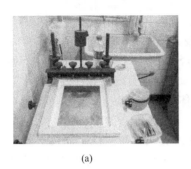 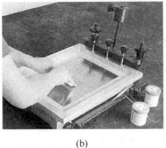 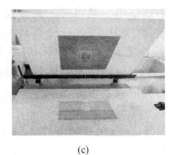

(a)   (b)   (c)

图 2-25　简易锡膏印刷机

添加少许稀释剂，不断搅动焊锡膏，使之保持均匀和一定的流动性，它才能被准确地漏印到 PCB 上。

② 贴装元器件　贴装元器件简称贴片，需用到尖嘴镊子或真空吸笔等工具。如图 2-26 所示，以元器件类别为序，或按印制板图从上到下的装配顺序，人工将元器件依次小心地放置于对应焊盘上，尤其是集成电路，需要非常细心地将所有引脚准确对位。这样，元器件就被半流体状的焊锡膏附着在焊盘上，此时不可以大力晃动 PCB，以防元器件移位。

 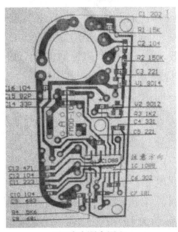

(a) 手工贴片操作   (b) 贴片顺序图之一

图 2-26　手工贴装元器件

贴片过程中，注意要识别清楚各元器件的参数、极性、朝向等，以避免不必要的返工损失。

③ 再流焊接　再流焊接也称回流焊接，如图 2-27 所示，将已贴片的印制电路板平放在

 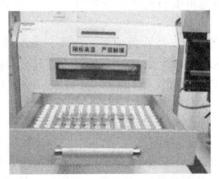

图 2-27　四温区再流焊炉

小型台式再流焊炉的搁架上，关紧抽屉，设置时间与温度等参数，启动四温区再流焊炉。焊接完成后，让印制板自然冷却，拉开搁架，取出 PCB，转入下一工序，如插装、焊接通孔元器件工序等。

2. 半自动流程

主要适用于小型企业，资金投入有所增加，用于元器件种类、数量较少但批量生产的 SMT 为主的电子产品。分为锡膏印刷、贴片、再流焊三个环节，如图 2-28 所示，需配备锡膏印刷机、小型贴片机、有通风设备的再流焊炉。每个环节由人工操作相应的设备完成，各环节之间通过人工来协调传送。

  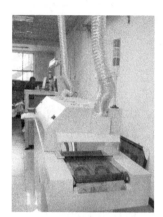

(a) 锡膏印刷机　　　　　　　(b) 小型贴片机　　　　　　　(c) 可通风再流焊炉

图 2-28　SMT 半自动流程设备

3. 全自动流程

主要适用于较大型企业，资金投入多，用于生产复杂、高性能、大批量双面 SMT 或 SMT 为主的电子产品。分为锡膏印刷、贴片、再流焊、检测、返修等环节，如图 2-29 所示，需配备全自动锡膏印刷机、多台元器件贴片机〔包括高速多功能贴片机对 BGA（Ball Grid Array 锡球栅格阵列）等集成电路进行贴片操作〕、良好通风效果且具备七温区以上的再流焊机、焊接质量自动检测装置（如光学检测仪）、BGA 返修台等造价高的设备组成 SMT 电子产品装配生产流水线。前三个环节各设备之间有导轨相连运送操作对象，每台设备根据产品具体要求，人工通过计算机预先设定好程序来控制完成相应工作任务。

图 2-29　SMT 全自动流程部分设备

① 锡膏印刷　在采用 SMT 技术的电子产品装配流水线中，通常第一道工序是由锡膏印刷机完成。它的任务是在印制电路板需要贴装电子元器件的位置上，涂敷适量的膏状铅锡焊料。锡膏印刷的网板一般由薄钢板或薄铜板制成，网板上面按照电路板的要求，已经精确施刻出焊盘图形。膏状铅锡焊料是用颗粒状的铅锡粉末、助焊剂和添加剂调配而成。

锡膏印刷的工作原理与学校里印刷考卷的油墨印刷机相似，只不过是将蜡纸换成网板，把油墨换成锡膏。网板覆盖在精确定位的印制电路板上，刮刀将锡膏均匀地从网板上推过，镂空的焊盘图形上就被均匀地印上一层焊锡膏。图 2-30 所示为锡膏印刷步骤。

(a)
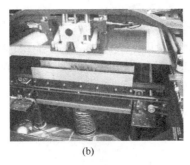
(b)
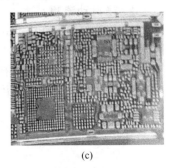
(c)

图 2-30　锡膏印刷

a. 如图 2-30（a）所示，自动传送系统将印制电路板送到锡膏印刷机工作台导轨上。

b. 如图 2-30（b）所示，通过红外线感应装置，电路板被精确定位在网板下面。电动机启动，驱动网板下方的 Z 轴升起，将印制板固定，使所有焊盘与对应网孔准确对位。

c. 启动按钮，半流体状焊锡膏由储锡筒经导管注入到刮刀处，开始锡膏印刷。这一步骤与前面所述半自动流程相同。

d. 锡膏印刷完成后，印制电路板被传送系统输送出来，电路板的焊盘上被均匀涂敷一层锡膏，如图 2-30（c）所示。

e. 印制电路板经传送带被扫描条码后，送入下一工序。

② 贴片　SMT 贴片机是根据电路板的设计文件编程而工作的，它把电路板各部分所需要的电子元器件精确贴装到正确位置上，如图 2-31（a）所示。一般 SMT 分立元器件，如电阻、电容、二极管、三极管等，如图 2-31（b）所示，采用纸质盘状编带包装置于工料架上，通常每盘有 2500～5000 个。每台贴片机可以同时贴装多达几十种元器件，如图 2-31（c）所示，机械手依次从料盘或编带中拾取元器件，贴放到正确的位置上，元器件由于焊锡膏的黏合力而不会移动。如果印制电路板比较复杂，元器件种类比较多，可以由几台贴片机组成流水作业方式来完成。

(a)
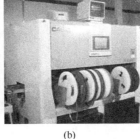
(b)
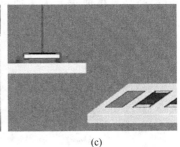
(c)

图 2-31　分立元器件贴片

集成电路一般用芯片托盘包装，一只机械手从芯片托盘上拾取集成电路，如图 2-32（a）所示；如图 2-32（b）所示，通过红外线光学定位确保精度后，用另一只机械手把芯片准确贴装到电路板上。如电脑主板的数据控制芯片和 CPU 插座等大规模集成电路，需用到这种贴装精度很高的高速多功能贴片机。

(a)

(b)

图 2-32　集成电路贴装

③ 再流焊　完成了复杂的贴片工序之后，电路板一般采用再流焊机进行焊接。再流焊机的工作原理是，导轨传送电路板通过一条温度隧道，由石英玻璃管或石英陶瓷板提供红外线热源，电脑控制风扇电机形成不同温度的热风微循环。已经被贴装到印制电路板上的SMC元器件，经过逐渐加温，焊锡膏熔化，在焊盘上浸润，焊点逐渐形成。

如图 2-33 所示，印制电路板进入再流焊机，在其中经过由低到高再到低的不同温区加热，使贴片元器件牢牢地焊在电路板上。

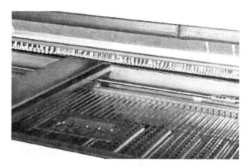

图 2-33　多温区再流焊机

再流焊机内部的温度是被严格设定的，各个温区的温度应该是均匀、准确的。一般说来，再流焊的温度变化过程可以分为预热、再流焊和冷却 3 个温区。为提高对温度的控制能力，还可以进一步细分温区，如把预热细分为升温、保温和快速升温 3 个温区。高档次的再流焊机内，一般都可以分成 7 个温区以上，如设备上标示 Hotflow 9，则表示有 9 个温区。

按照以前的焊接工艺，印制电路板在经过焊接之后，如图 2-34 所示，要用纯酒精、去离子水或其他有机溶剂进行清洗，但很难根本解决能源消耗和污染排放等问题。现在很多厂家都采用免清洗助焊剂进行焊接，省去了清洗步骤，更加环保。

④ 检测　电子产品的功能越来越强，电路越来越复杂，集成度的提高和贴片技术的大量运用，使印制电路板的装配密度极大提高，因此，对装配焊接完成的电路板进行测试，必须采用智能化、自动化的手段。

对贴片元器件部分，主要采用 AOI（Automatic Optical Inspection Machine）自动光学检测仪。如图 2-35（a）所示，右边显示器是加工合格的产品样板照片，左边显示器是正在接受检测的产品照片。

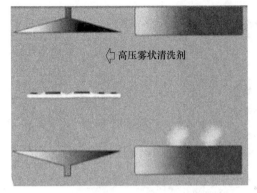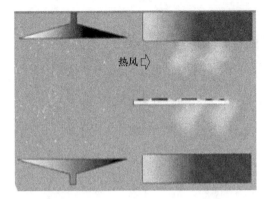

图 2-34 雾化清洗

当自动检测时，光线从不同方向照射待测产品，通过摄像头自动扫描 PCB，采集多张图像合成就能自动生成其立体化图片，与数据库合格参数进行比较，可以准确地发现贴片和焊接缺陷，并在显示器上自动将缺陷标示出来，方便返修。

如图 2-35（b）所示，对于混装印制电路板的通孔插装部分元器件，则采用自动在线测试装置。焊接完成的电路板经过一次翻转，进入自动在线测试装置，控制顶针向电路各部分注入电信号，从相应的输出端判断电压、电流、频率或逻辑是否正确。经测试合格的电路板，被允许进入下一道工序，不合格的被挑出来进行返修。

(a) AOI自动光学检测仪   (b) 自动在线测试装置

图 2-35 印制电路板质量检测

机器对印制电路板进行初步检测之后，还要人工检测，每个工人负责检查电路板的一部分，可借助放大镜灯完成工作。每个工位上有一张工艺卡，用文字与图形清楚标示应检查部分，同时工位上还放有一块模板，画出需检查区域。

⑤ 返修 越来越多的大规模集成电路采用 BGA 封装方式，采用自动贴片机和再流焊机可以完成 BGA 芯片的高质量贴片与焊接，但如果光学检测发现贴片与焊接有瑕疵时，可以使用简易的红外焊接设备来进行修整。

该设备的工作原理是，用上下两个红外线热源分别加热印制电路板两面，从而可对 BGA 芯片进行拆取与精确焊接。具体操作步骤如下：

a. 如图 2-36（a）所示，对电路板上 BGA 芯片所在位置进行局部加热，在焊料熔化后，用吸嘴将芯片吸取下来；

b. 摘取下来的芯片锡珠已熔化，必须先把芯片焊盘清理干净，然后均匀涂抹助焊剂；

c. 使用专用设备将锡珠恢复到芯片上去；

d. 如图 2-36（b）所示，把芯片放到 PCB 上，局部加热大约 1min，即修复 BGA 芯片。

对于分立元器件在贴片与焊接中的缺陷，可通过人工用前面所述的焊接工具来修整处理。

(a)

(b)

图 2-36　红外焊接设备

【习题与技能训练题】

(1) 填空题

① 内热式电烙铁的主要组成部分中，关键部件是_____。

② 尖嘴钳在焊接训练中完成的工作任务有_____，剪切较细的导线或元器件引脚，夹持元器件引脚并辅助散热。

③ 斜嘴钳是专用的_____工具，操作时其刀口中应_____。

④ 剥线钳用于_____，操作时应目测导线选择_____。

⑤ 镊子是专用的_____工具，其头部如果有偏差应_____。

⑥ 手动吸锡器需借助电烙铁才能_____电子元器件等，电动吸锡器是集电动、电热吸锡于一体的新型_____。

⑦ 热风焊台采用微风加热除锡原理，能快捷地_____各类元器件；使用时切勿将_____，防止高温灼伤。

⑧ 放大镜灯可用于元器件识别与焊接，及线路板的_____。

(2) 选择题

① THT 焊接中，焊锡丝的吸入、离开方向与时刻应做到（　　　）。

A. 焊锡丝先于电烙铁吸入、离开，方向任意

B. 焊锡丝滞后于电烙铁吸入、离开，吸入方向为 45° 左右，离开方向任意

C. 焊锡丝滞后于电烙铁或与电烙铁同时吸入，但超前于电烙铁离开，吸入及离开方向均为 45° 左右

D. 焊锡丝先于电烙铁吸入，滞后于电烙铁离开，吸入方向为 45° 左右，离开方向任意

② THT 焊接操作中，电烙铁的进入、撤走方向应做到（　　　）。

A. 电烙铁进入方向为 45° 左右，撤走方向任意

B. 电烙铁进入方向为 45°左右，撤走时垂直向上提 2～3mm，再以 45°左右方向撤走

C. 电烙铁进入方向任意，撤走时应垂直向上离开

D. 电烙铁进入方向为 45°左右，撤走时应水平方向离开

③ THT 焊接中，一个良好的焊点应做到（　　）。

A. 足够的机械强度和优良的导电性能

B. 焊锡量适度，焊点光亮

C. 焊点接近标准圆锥形，以焊盘为底面，圆锥高度即元器件引脚伸出印制电路板的高度，一般为 2～3mm

D. 焊点是一个光亮且圆滑的馒头形

(3) 技能讨论题

结合教材与网络资料，探讨以下两个问题。

① 电烙铁的检测方法。

② 按"故障现象—查找方法—故障原因—解决方法"的思路，描述电烙铁的维修过程。

(4) 技能分步训练

① 用"焊接五步法"在万能板或印制电路板上训练 40 个焊点，焊点之间允许有空焊盘间隔。

② 用"焊接五步法"在万能板上焊接 20 个电阻，10 个卧装，10 个立装，焊点之间允许有空焊盘间隔。

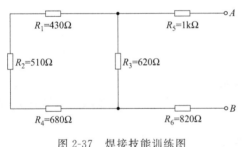

图 2-37　焊接技能训练图

③ 按图 2-37 完成下列操作：

第一步　用万用表检测 $R_1 \sim R_6$ 电阻器的实际值；

第二步　用"焊接三步法"按照图 2-37 焊接好电路，电阻器间的电气连线可用焊锡或镀锡铜线完成；

第三步　用万用表测量 A、B 间电阻，在误差允许范围内，看与理论计算值是否相符。

④ 用"焊接三步法"在万能板上焊接 5×5 排列的独立焊点矩阵，且焊点间不允许有空焊盘。

⑤ 用"焊接三步法"20min 内在万能板上焊接 10 个电阻，要求 6 个卧装，4 个立装，且相邻焊点间不允许有空焊盘。

(5) 技能综合训练一

① 选取一块合适的 THT 印制电路板，上面有电阻、电容、普通二极管、发光二极管、三极管等，在规定时间内完成焊接装配任务。

② 选取一块合适的 SMT 印制电路板，上面有电阻、电容、普通二极管、发光二极管、三极管等，且规格、参数最好与①中相同以对比学习、训练，在规定时间内完成焊接装配任务。

(6) 技能综合训练二

在图 2-38 基础上，设计一个能测量电阻、电流与电压的电路，可完成电压与电位测量，可完成 KCL、KVL、叠加定理、戴维南定理验证。U_1、U_2 由调节范围 0～30V 的双路直流稳压电源提供。测量直流电流的数字万用表最大量程为 20mA。选择合适的电阻 R_1、R_2、R_3 参数，设计实验方案与记录表格。所有测试点与线路连接点可借助插针与短路帽完成。

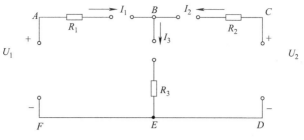

图 2-38   定理验证电路

(7) 技能综合训练三

以教材内容为线索,借鉴网络资料,举例说明一个电子产品的 SMT 全自动生产流程,可用 PPT 等软件编辑完成。

【延伸学习】   各类 PCB 焊接流程

目前,由于多种因素影响,并不是所有的元器件都制造成贴片元器件规格,故经常遇到的电子产品内部的 PCB 并不是简单的纯表面贴装 PCB。 如考虑到功能使用方便,手机、笔记本电脑等电子产品的接插口部分等仍是以 THT 方式完成焊接任务。

PCB 一般可分为单面表面贴装、双面表面贴装、单面 SMT 与 THT 混装、双面 SMT 与 THT 混装四类。 下面就几种常见 PCB 焊接流程加以说明。

对于双面表面贴装 PCB,按照 SMT 工作流程,先焊接完成一面,再焊接另一面。

单面混装的 PCB,先焊贴片元器件,用高温胶纸粘住这些表面贴装的元器件后,再焊插装件。 以电脑主板为例,表面贴装元器件焊接完成后,需经过手工插装一些机器难以插装的元器件,如电源插座、总线插槽等,再送入波峰焊机完成焊接任务。

双面混装的 PCB 可采取两种流程。 第一种,先焊好一面的表面贴装元器件;另一面用胶粘好贴片元器件,这可以通过点胶机完成,如图 2-39(a)所示;安装好插装元器件后,经过波峰焊机完成电路板其余部分的焊接。 第二种,先将两面的贴片元器件都焊接好,最后少量的插装元器件以手工焊接方式完成。

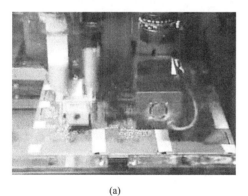

(a)

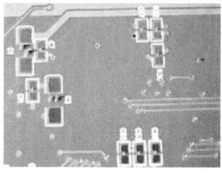

(b)

图 2-39   点胶机

上面讲到的点胶机作用是,用点在 PCB 上的胶将贴片元器件先粘在电路板上,如图 2-39(b)元器件焊盘之间的小红点所示,使还未被焊接的元器件不会从电路板上掉下来，便于采用波峰焊机进行焊接。

　　总之，如果在 PCB 的同一面既有插装件，又有贴片元器件，应先焊贴片元器件，如图 2-40（a）所示黄色实线包围部分，用再流焊机完成；后焊插装元器件，如图 2-40（b）所示黄色实线包围部分，元器件数量多且能经受高温，就用波峰焊机，插装元器件少、或元器件规格特殊又不能耐受高温，则以手工完成焊接任务。

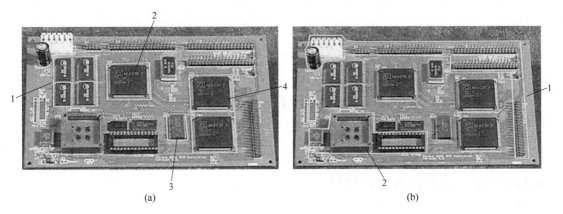

(a)　　　　　　　　　　　　　　(b)

图 2-40　SMT 与 THT 混装 PCB

1～4—黄色实线

学习情境三 声光音乐门铃制作

【学习目标】

1. 掌握安全用电技能。
2. 掌握简单电路原理图与方框图识读能力。
3. 掌握根据电路原理图合理选择元器件的技能。
4. 掌握电子元器件识别与质量检查技能。
5. 掌握手工制作简单电子产品技能。
6. 掌握简单电路数据测量与故障判断技能。
7. 掌握万用表电阻挡与直流电压挡的正确操作技能。
8. 培养观察与逻辑推理能力。
9. 培养语言组织与表达能力。

门铃是现代家庭中向主人通报来客的电子产品。这里介绍的声光音乐门铃采用专用音乐集成电路，再配少量分立元器件组成。只要摁一下按钮，就自动奏出一支乐曲或发出各种不同的模拟音响；同时，装在机壳面板上的发光二极管还会随乐曲节奏闪闪发光，起到装饰和光显示功能。

一、工作原理

（一）原理图

声光音乐门铃电路如图 3-1 所示，其核心器件是一片有 ROM 记忆功能的音乐集成电路 A。ROM 是"只读存储器"Read-Only Memory 的英文缩写，即存储器内容已经固定，只能把内容"读"出来。A 内存储什么曲子，完全由 ROM 的内容决定。

音乐集成电路 A 是一种大规模 CMOS（Complementary Metal Oxide Semiconductor）电路，即互补对称金属氧化物半导体集成电路，虽然其内部线路很复杂，但只要弄清楚其外接引脚功能就可使用，下面着重介绍。

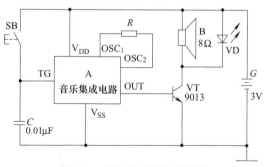

图 3-1　声光音乐门铃原理图

图 3-1 中，V_{DD} 和 V_{SS} 是外接电源的正、负极引脚。OSC_1、OSC_2 是内部振荡器外接振荡电阻器两引脚。对于需外接 RC 振荡元件的音乐集成电路，外接电阻器或电容器可调整乐曲演奏速度及音调。有些音乐集成电路将振荡元件全部集成在芯片内部，不需外接元器件，这时振荡频率就无法在外面调节。TG 是触发端，一般采用高电平（直接与 V_{DD} 相连）或正脉冲（通过按钮开关 SB 接 V_{DD}）触发均可。OUT 是乐曲信号输出端。一般需外接一只晶

体三极管 VT，功率放大后推动扬声器 B 发声。也有一些音乐集成电路本身输出功率较大，可直接推动扬声器发声。

声光音乐门铃工作过程如下：每按动一下按钮开关 SB，音乐集成电路 A 的触发端 TG 便通过 V_{DD} 获得正脉冲触发信号，A 开始工作，其输出端 OUT 输出一遍存储的音乐电信号，经三极管 VT 功率放大后，驱动扬声器 B 发出优美动听的乐曲声；与此同时，并接在 B 两端的发光二极管 VD 也会随乐曲节奏闪闪发光。

电路中，C 是交流旁路电容器，作用是防止音乐集成电路受杂波感应误触发。因为 TG 引脚输入阻抗很高，当按钮开关 SB 引线较长，特别是引线与室内 220V 交流电电线靠得较近时，每开关一次电灯或家用电器，就会造成集成电路误触发，使门铃自鸣一次。有了电容器 C，就能有效消除这种外干扰，使门铃稳定、可靠工作。实际使用中，C 也可用一只 300～510Ω 的 1/8W 碳膜电阻器来代替，也可将 C 直接跨接在 V_{DD} 与 TG 引脚之间，即并接在 SB 两端。

（二）方框图

广义地讲，方框图是表示电路、程序、工艺流程等内在联系的图形。方框内表示各独立部分的功能、性能或作用等，方框之间用实线或表示方向的箭头连接起来，指明各部分之间的电路信号走向或相互关系。

运用方框图分析电路的优点是，可以将电路原理图转换成若干功能模块，对于初学者而言，能更简单明了地分析电路工作原理，能更直观地获知各模块的功能，从而清楚模块与模块之间的相互作用。

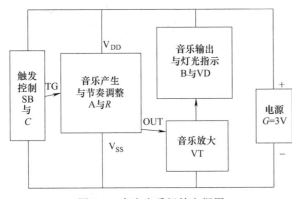

图 3-2　声光音乐门铃方框图

由此，图 3-1 声光音乐门铃原理图可转换为图 3-2 所示的方框图，共有 5 个功能模块。每个模块在方框内注明其完成的功能，以及完成此功能的主要元器件，模块之间用箭头表示电信号流程。

音乐集成电路 A 有许多系列，工作时的外围元器件配置种类及参数将稍有不同，如果用方框图分析，仅需要修改方框内元器件名称等内容，而方框之间的信号流程不需要改变。

二、元器件选择与识别

① 观察声光音乐门铃样品，判断音乐芯片所属系列与型号。
② 根据声光音乐门铃原理图，按类别列出所需元器件的项目代号，填在表 3-1 中。

表 3-1　声光音乐门铃装配清单

名称	项目代号	型号或参数	数量	备注
音乐芯片			1 片	
三极管			1 只	
瓷片电容器			1 个	
扬声器			1 个	
按钮			1 个	
电池正负极连片			1 块	

名称	项目代号	型号或参数	数量	备注
电池正极片			1 片	
电池负极弹簧片			1 个	
电源正极连线			1 根	
电源负极连线			1 根	
塑料前框			1 个	
塑料后盖			1 个	
装配图纸			1 张	

③ 按装配清单领取所需元器件与其他耗材，识别元器件参数，检查质量并完成表 3-1 其余内容。

三、电路制作

除按钮开关 SB 外，其余元器件均以音乐集成电路 A 的印制电路板为基板，以扬声器 B 和 3V 电池盒为固定支架，全部焊接装配在一个大小合适的塑料盒内。为考虑外壳安装方便，所有元器件建议均为卧式安装。

塑料前框安装扬声器的位置事先已钻有若干小孔，是方便扬声器对外良好放音。塑料后盖合适位置处开着一个 ϕ5mm 的小孔，如果安装发光二极管 VD，则可让其伸出来。对于按钮引线较短且远离照明电路导线的楼房居民来讲，0.01μF 的旁路电容器可省去不用。

焊接时要特别注意：因为音乐集成电路 A 均系 CMOS 电路，所以电烙铁外壳必须要有良好的接地装置。如无接地保护，也可拔去电烙铁电源插头，利用其余热焊接，这样可避免集成电路被外界感应电场击穿，而造成永久性损坏。焊接所用电烙铁功率不宜超过 30W，且在电路板或元器件上停留时间应尽可能短，尤其是扬声器的两个接点不宜高温，以免烫坏。残余助焊剂一定要清理干净。

此声光音乐门铃的优点是不用调试就能正常工作。由于静态时电路耗电仅为 0.1～1μA，工作时电流一般为 150～180mA，故用电很节省，两节新的 5 号或 7 号干电池一般可用半年至一年时间。

实际使用时，将门铃小盒挂在室内墙壁或者门背面，按钮开关则通过双股软塑电线引至房门外，在门框的适当位置，一般距离地面 1.5～1.7m 处固定。

图 3-3（a）所示为其中一款声光音乐门铃的印制电路板装配线路图，瓷片电容器容量为 104，即 0.1μF。图 3-3（b）所示为该产品内部装配样品，下面介绍这款产品具体的制作步骤与注意事项。

① 制作声光音乐门铃时，特别要注意保护音乐芯片，焊接时电烙铁应远离芯片，且不能用手去触摸芯片。

② 装配三极管。采用卧装成形，引脚 E、B、C 从印制电路板安装面正确插入，在焊接面将各引脚焊接到位，三个引脚之间不能碰焊。

③ 装配电容器。卧式贴装，最好在焊接面能看见参数。

④ 装配扬声器。注意不要触碰扬声器中间的两个焊片，这是厂家焊好的引出线。焊接时间不宜过长，以免烫坏扬声器外侧两焊片。

⑤ 安装按钮。按钮需用数字万用表合适挡位检查调试好。与印制电路板相接的按钮连接线头，需事先做搪锡处理。

⑥ 安装电池片。电池正极片、负极弹簧片、正负极连片正确安装在塑料后盖中。正极片、负极弹簧片需先搪锡，再焊电源正、负极连线。

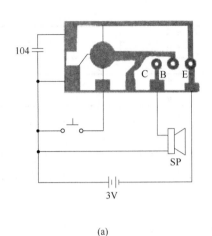

(a)

(b)

图 3-3　声光音乐门铃装配图

⑦ 考虑到产品应可靠焊接，注意利用等电位点的焊点。如图 3-3 所示，将电源正极连线、一根按钮连线、一根扬声器连线均焊接在正极片上，则更具有抗拉度。

⑧ 仔细检查后，通电测试。

四、数据测量

当通电测试声光音乐门铃装配成功后，则进行如下数据测量。

① 仪表准备。将万用表调到 DCV 合适挡位。

② 稳压电源 3V 供电。万用表黑表棒接门铃电源负极片，红表棒依次接三极管 VT 的 E、B、C 引脚，记录静态工作电压；同时，从直流稳压电源的电流显示窗口读取静态电流，将数据填于表 3-2 中。

表 3-2　电压与电流记录表

测量状态	U_E	U_B	U_C	I
通电				
通电并摁按钮				

③ 摁按钮使门铃发出声音时，记录此时的工作电压与电流。注意摁一次，测量一个引脚电压，故需操作三次完成。

五、故障判断

如果声光音乐门铃装配完成，通电测试不成功，则进行故障判断与排除。按"故障现象—查找方法—故障原因—解决方法"的思路，描述维修过程。下面举例说明。

（一）故障举例 1

故障现象　无声。摁按钮时，门铃不发出声音。

查找方法　运用目测法，将故障产品与原装配图进行比较，用眼睛直观查出印制板故障。

故障原因　如图 3-4（a）所示，三极管发射极 E 旁的印制导线有一段脱落损坏。这有可能是曾经发现三极管引脚焊错，在拆除三极管过程中，由于拆焊技能不过关导致。如图 3-4（b）所示，该故障将导致供电不正常。当三极管发射极 E 引脚旁印制导线不存在时，相当于将电源负极部分切断，使音乐芯片等功能模块得不到电，不能输出音乐信号。

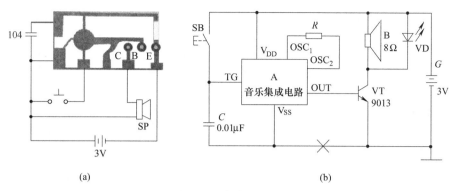

(a)　　　　　　　　　　　　　　(b)

图 3-4　故障举例 1

解决方法　如果印制导线损坏较长,则用合适直径的单芯导线,截取一段合适长度,导线两头用剥线钳剥去绝缘皮,用电烙铁将其焊接在损坏处,俗称飞线。如果印制导线损坏很短,则直接用电烙铁融化适量焊锡连接。

(二)故障举例 2

故障现象　音乐不受控制。只要通电,还没有摁按钮,音乐就会响起,且不能停止。

查找方法　运用目测法,先检查按钮的操作钮部位无问题,再将故障产品与原装配图进行比较,查出焊点故障。

故障原因　如图 3-5(a)所示,按钮连线两头在印制电路板焊盘上碰触短路,导致误触发。按钮连线是多芯软导线,在焊接时应事先做搪锡处理,将其变成合适长度并且束紧的线头,否则很容易碰焊到其他焊点。如图 3-5(b)所示,该故障导致通电则触发,相当于将原理图中的电源正极与音乐集成电路 A 的触发端 TG 直接连接,按钮失去作用。

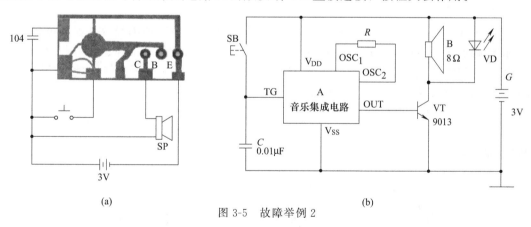

(a)　　　　　　　　　　　　　　(b)

图 3-5　故障举例 2

解决方法　将出问题的按钮连线头拆焊下来,剪去一小段;用剥线钳剥去 3~5mm 绝缘层,用手捻线将线头拧紧,用电烙铁搪锡线头;重新焊接到指定焊盘处。

(三)故障举例 3

故障现象　音量较小。通电操作按钮时,扬声器能发出正确音乐,但音量比正常产品小。

查找方法　用万用表直流电压挡检查供电电压是否正常;再用目测法将故障产品与原装配图进行比较,查出装配故障。

故障原因　如图 3-6(a)所示,三极管引脚装配错误,导致音量减小。三极管发射极 E

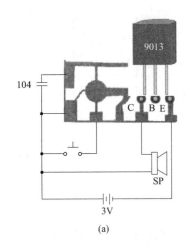
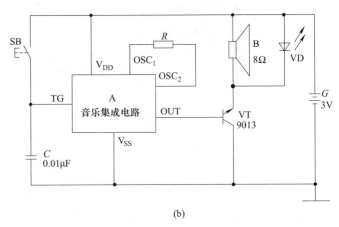

(a)　　　　　　　　　　　　　　　　　　　　(b)

图 3-6　故障举例 3

错插在印制电路板的 C 焊孔里，使发射极 E 与集电极 C 反向焊接在印制电路板上。如图 3-1 所示，三极管 VT 如果采用 S9013，则其正向运用时的电流放大倍数为 60～300；而如图 3-6 (b) 所示，当发射极 E 与集电极 C 处于反向运用状态时，管的放大能力大大减弱，故造成音量明显减小。

解决方法　用电烙铁、吸锡器小心拆焊三极管，检查质量完好后，引脚正确插装，重新焊接到位。

上面以实际产品故障为例，系统地说明了产品故障现象、查找方法、故障原因与解决方法。对于初学者而言，最简单易学的方法是目测法，将故障品与产品样品或装配图进行比较，直观地发现问题所在。在实际训练中，应结合原理图与方框图分析故障原因，才能提高排除故障的能力。

注意某故障现象如"产品无声"可能是不同模块的不同故障原因导致，如电源供电不正常、按钮触点接触不良、音乐集成电路因静电损坏、三极管虚焊与损坏、扬声器内部断线等故障原因，都能造成产品不能发出声音。同一故障原因如果维修不及时，可能小故障变成大故障，在不同时段导致不同的故障现象。

【故障排除题】

观察图 3-7～图 3-11，根据提示找出产品故障，并按"故障现象—查找方法—故障原因—解决方法"的思路，描述维修过程。

1. 参见图 3-7，完成故障排除题 1 的维修过程描述。

故障现象　无声。_____。

查找方法　_____。

故障原因　_____。

解决方法　_____。

2. 参见图 3-8，完成故障排除题 2 的维修过程描述。

故障现象　无声，如果不及时排除故障，将带来严重后果：当用电池供电时，将导致电池过热；若用直流稳压电源供电，将造成其正负极短路，没有保护装置的电源将烧毁。

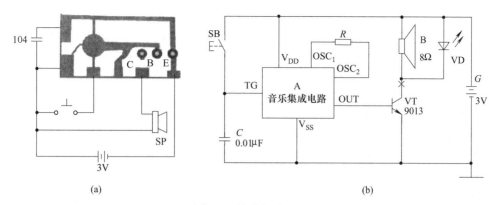

(a)   (b)

图 3-7 故障排除题 1

查找方法 _____。
故障原因 _____。

解决方法 在图 3-8（b）上完成。_____。

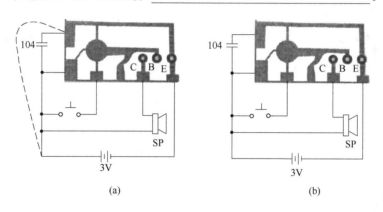

(a)   (b)

图 3-8 故障排除题 2

3. 参见图 3-9，完成故障排除题 3 的维修过程描述。

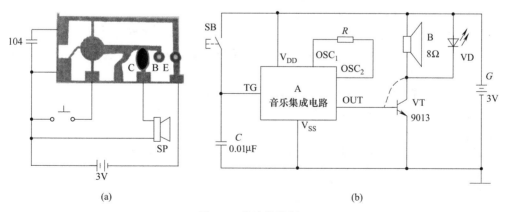

(a)   (b)

图 3-9 故障排除题 3

故障现象 无声。_____。
查找方法 _____。

故障原因 碰焊。如图 3-9（a）所示，印制电路板上三极管集电极 C 的焊盘上焊锡过多，导致引脚 C 与 B 间接短路。如图 3-9（b）所示，该故障将三极管集电结短路，仅有一个发射结存在，失去放大作用，音乐集成电路 A 输出的小电信号无法驱动扬声器发出人耳能听到的声音音量。

此故障若不及时处理，仍盲目通电，最终将损坏音乐芯片与扬声器。因为三极管集电结被短路，相当于 3V 工作电压直接加在扬声器与三极管发射结这条支路。扬声器是感性的，其直流电阻很小，3V 电压大部分降在发射结，导致电压反送到音乐集成电路 OUT 端与 V_{SS} 端之间，损坏音乐芯片；芯片损坏，导致 OUT 端与 V_{SS} 端之间阻值迅速减小，3V 电压几乎降在扬声器上，电流过大将损坏扬声器。

解决方法 _____。

4. 参见图 3-10，完成故障排除题 4 的维修过程描述。

(a)

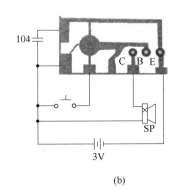
(b)

(c)

图 3-10 故障排除题 4

故障现象 无声。_____。

查找方法 _____。

故障原因 扬声器损坏。出厂时，扬声器有四个焊盘，中间两个焊盘已有焊料，是厂家用于焊接扬声器内部引出线头的。如图 3-10（a）所示，当外部连接线加焊在这里时，由于焊接技能不过关，导致扬声器内部引出线头移位甚至断裂，如图 3-10（b）所示，扬声器不能工作，则三极管送来的电信号无法接收。

解决方法 用镊子小心挑出扬声器内部引出线头，需要重新镀锡，焊接在中间两个焊盘上。如图 3-10（c）所示，外部连接线则应焊接在扬声器外侧两空焊盘上。若扬声器断线线头看不见或太短，则只能另换一个新扬声器。

5. 参见图 3-11，完成故障排除题 5 的维修过程描述。

故障现象 "嘶嘶"声。摁按钮后无音乐，扬声器只能发出"嘶嘶"的声音。

查找方法 _____。

故障原因 音乐集成电路损坏。在焊接过程中，可能由于静电干扰，或者电烙铁不小心烫到芯片，或者熔化的焊料飞溅到芯片上，损坏集成电路，导致无正常的音乐信号送出。

解决方法 _____。

【延伸学习】 常见音乐芯片

制作音乐门铃的关键器件是音乐集成电路 A。目前，按其存储乐曲数量可分为单

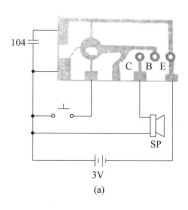

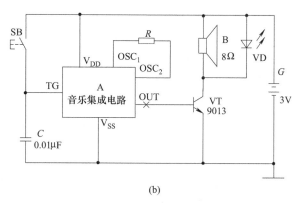

(a)   (b)

图 3-11　故障排除题 5

曲、多曲和具有各种模拟音响等多种。其封装形式有塑料双列直插式和单列直插式。还有用环氧树脂将芯片直接封装在一块小印制电路板上，俗称黑胶封装基板，也称软包封门铃芯片。下面介绍几种最常见的音乐集成电路及其接线图。

（一）CW9300 或 KD-9300 系列音乐集成电路

　　图 3-12 所示是 CW9300 或 KD-9300 系列音乐集成电路制作门铃的接线图。这两个系列均存储世界名曲一首，其外引脚排列和功能都一样，只是每种系列按存储乐曲不同划分成许多型号。

　　目前，CW9300 或 KD-9300 系列存储乐曲共有31 种，可供用户选择使用。R 是外接振荡电阻器，取值 47～82kΩ。阻值小，乐曲演奏速度快；阻值大，乐曲节奏慢。每按一次 SB，扬声器 B 就会自动鸣奏一支长约 15～20s 的世界名曲。

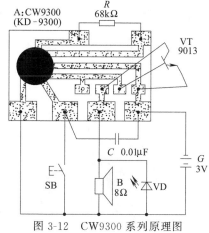

图 3-12　CW9300 系列原理图

（二）KD-150 或 HFC1500 系列音乐集成电路

　　图 3-13 是用 KD-150 或 HFC1500 系列音乐集成电路制作的接线图。这类系列音乐集成电路主要存储国内流行歌曲或世界名曲，还包含了"叮—咚"双音模拟声（KD-153H 型）等，品种繁多，可满足不同爱好者需求。该系列将外接振荡电阻集成在芯片内部，省去了外接电阻器的麻烦，使制作更简单。

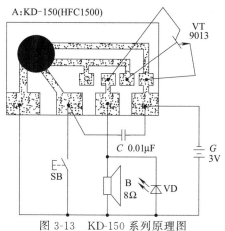

图 3-13　KD-150 系列原理图

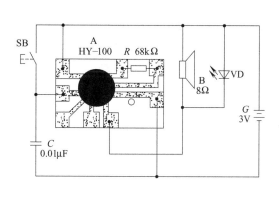

图 3-14　HY-100 系列原理图

（三）HY-100系列音乐集成电路

图3-14用HY-100系列音乐集成电路制作。该系列芯片已集成了功率放大器，故不必再外接功率三极管，给安装和使用带来不少方便。此门铃每撳一下按钮开关SB，扬声器B即能奏出一支20s左右的乐曲。

（四）HY-101音乐集成电路

图3-15用HY-101音乐集成电路制作。该芯片由HY-100系列派生，故也不用外接二极管就能推动扬声器B发声和发光二极管VD闪亮。它和HY-100的不同之处是存储容量较小，因此发声时间较短。

前面介绍的几种音乐芯片，每触发一次，奏乐时间一般都在15～20s，这在某些场合，如居住单元楼房的家庭，显得过分冗长。此时采用HY-101芯片就非常合适，它触发后的奏乐时间5s左右。

（五）ML-03音乐集成电路

图3-16用ML-03音乐集成电路制作多曲声光音乐门铃。ML-03存储12首世界名曲主旋律，每撳动一次按钮开关SB，扬声器B就播放一首乐曲，12首乐曲依次播完后，再按SB，又重新从头开始播放第一首乐曲。

这种芯片曲调变化多样，给人以新鲜感。R和C_2是外接振荡电阻器与电容器，适当改变参数即可调整乐曲演奏速度及音调。与ML-03功能及印制电路板一样的多曲音乐芯片还有CW2850、KD-482等型号，可以互相替换。

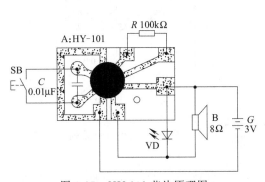

图3-15　HY-101芯片原理图

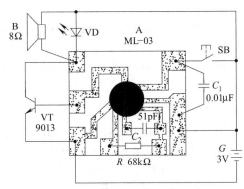

图3-16　ML-03芯片原理图

以上各电路中，晶体管VT最好采用集电极耗散功率大于300mW的硅NPN型中功率三极管，如9013、8050、3DG12、3DK4和3DX201型号等，要求电流放大系数β＞100。VD最好选用φ5mm的红色发光二极管。电阻器可采用RTX-1/8W型小型碳膜电阻器。电容器均用CT1型瓷介电容器。B用阻抗8Ω、功率为0.25W或0.5W的小口径动圈式扬声器。SB用市售门铃专用按钮开关。G用两节5号或7号干电池串联而成电压3V，另配一个塑料电池盒。

学习情境四 循环音乐、流水彩灯制作

【学习目标】

1. 掌握安全用电与安全文明生产管理技能。
2. 对照实际元器件,训练按模块识读电子产品原理图的能力。
3. 掌握常用电子元器件识别与检测技能。
4. 掌握手工焊接技能,掌握电子产品装配工艺、装配与测试技能。
5. 掌握电路故障诊断与排除技能。
6. 掌握仪器与仪表使用技能。
7. 了解万用表各挡性能与检测技能。
8. 加强团队合作意识,培养团队合作能力。
9. 培养观察与逻辑推理能力。

一、原理识读

图 4-1 所示为循环音乐、流水彩灯原理图。按照学习情境三所述方框图分析法,如图 4-2 所示,该电路可划分为 6 个功能模块,即电源、触发控制、流水彩灯信号产生与速度调整、共阳极灯光显示组、音乐信号产生与节奏调整、信号放大与输出模块,各个方框内同时标示了完成该模块功能的元器件。

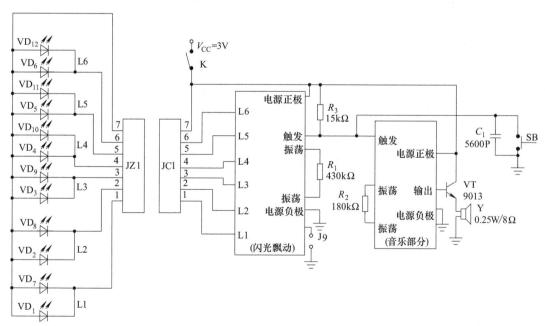

图 4-1 循环音乐、流水彩灯原理图

当电源开关 K 闭合瞬间，电源 V_{CC} 给各模块送电，并经电阻 R_3 送高电平 TG_1 触发"流水彩灯信号产生与速度调整"模块，闪光飘动芯片工作，从 L1～L6 端分时输出低电平信号，经端子排 JC1 与 JZ1 传送给"共阳极灯光显示组"模块 12 只发光二极管阴极，由于每两个发光二极管阴极并接在一起，故每两个为一组分时发光，恰似流水彩灯。

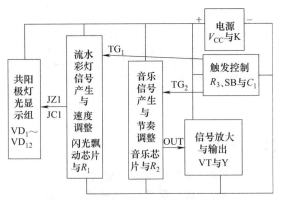

图 4-2　循环音乐、流水彩灯方框图

开关 K 闭合的同时，电源 V_{CC} 经电阻 R_3 给电容器 C_1 充电至高电位，钳制"音乐信号产生与节奏调整"模块不会误触发。

当操作"触发控制"模块的 SB 按钮时，电容器 C_1 内存储的电荷通过 SB 迅速释放至零电位，即送低电平 TG_2 触发"音乐信号产生与节奏调整"模块，音乐芯片开始工作，输出第一首乐曲的电信号。

该小电流音乐信号送至"信号放大与输出"模块，经三极管 VT 基极输入，发射极输出，构成共集电极放大电路，即射极跟随器，简称射随。该模块只有电流放大能力，放大后的音乐信号从扬声器播出。

当按钮恢复瞬间，电源 V_{CC} 通过 R_3 又向电容 C_1 充电至高电位，触发闪光飘动芯片工作，将再次看到流水彩灯。由于触发响应速度快，给人感觉好像是音乐与灯光几乎同时出现。

此后，每摁一次按钮 SB，音乐芯片就被触发一次，输出一首新音乐，紧接着闪光飘动芯片被触发，使灯光闪亮；12 首乐曲依次播完，再摁按钮，又重新开始第一首乐曲。

二、元器件识别与检测

（一）电阻器

1. 电路符号与标号

电阻器（Resistor）是电路中应用最广泛的一种二端元件，常用于分压、限流，也可与电容器配合用于滤波，还可作阻抗匹配、充当负载等。它在电路中的图形符号如图 4-3（a）所示，其文字符号（也称标号或项目代号）用 R 表示，理想伏安特性满足 $u = Ri$。

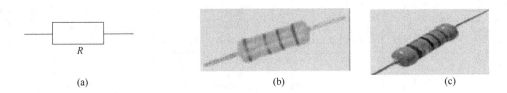

| (a) | (b) | (c) |

图 4-3　电阻器图形符号与外形图

本情境中，电阻器 R_1 与充当闪光飘动功能的环氧树脂封装芯片内部的电容器配合，决定彩灯闪烁速度；R_2 与音乐芯片内部的电容器配合，决定音乐播放速度；R_3 是分压电阻器，为闪光飘动芯片提供触发工作电平。

2. 主要参数

电阻器的参数主要有标称值、允许误差与额定功率。

① 标称值　标称值是电阻器设计所规定的"名义"阻值，也即按国标 GB/T 5729—2003 在 23～27℃范围内测试，距离电阻器本体 9～11mm 处测量的数值，其单位有欧（Ω）、千欧（kΩ）、兆欧（MΩ）等。

碳膜电阻器产品的阻值范围为 1Ω～10MΩ，金属膜电阻器产品阻值范围为 1Ω～200MΩ。为了便于生产和使用者在上述范围内选用电阻器，国家还规定出标称值系列，如表 4-1 所示。如 1Ω、10Ω、100Ω、1kΩ、10kΩ、100kΩ、1MΩ 等标称值的电阻器，如果是普通电阻器，可属于 E24 的 1.0 标称值系列；如果是精密电阻器，则属于 E96 的 1.00 标称值系列；再如 5.1Ω、51Ω、510Ω、5.1kΩ、51kΩ、510kΩ、5.1MΩ 等电阻器，属于 E24 的 5.1 标称值系列。

表 4-1　电阻器常用标称值系列和允许误差

系列	电阻器标称值系列	允许误差
E24	1.0、1.1、1.2、1.3、1.5、1.6、1.8、2.0、2.2、2.4、2.7、3.0、3.3、3.6、3.9、4.3、4.7、5.1、5.6、6.2、6.8、7.5、8.2、9.1	±5% Ⅰ级 J
E96	1.00、1.02、1.05、1.07、1.10、1.13、1.15、1.18、1.21、1.24、1.27、1.30、1.33、1.37、1.40、1.43、1.47、1.50、1.54、1.58、1.62、1.65、1.69、1.74、1.78、1.82、1.87、1.91、1.96、2.00、2.05、2.10、2.15、2.21、2.26、2.32、2.37、2.43、2.49、2.55、2.61、2.67、2.74、2.80、2.87、2.94、3.01、3.09、3.16、3.24、3.32、3.40、3.48、3.57、3.65、3.74、3.83、3.92、4.02、4.12、4.22、4.32、4.42、4.53、4.64、4.75、4.87、4.99、5.11、5.23、5.36、5.49、5.62、5.76、5.90、6.04、6.19、6.34、6.49、6.65、6.81、6.98、7.15、7.32、7.50、7.68、7.87、8.06、8.25、8.45、8.66、8.87、9.09、9.31、9.53、9.76	±1% 0级 F

实际电路运用与设计中，电阻器阻值应按标称系列选取。如果所需阻值不在标称系列内，则选接近该阻值的标称值电阻器，也可采用两个或两个以上的标称值电阻器串联、并联来替代。

② 允许误差　允许误差是电阻器实际阻值与标称值之间的最大允许偏差范围。随着现代生产工艺的发展，图 4-3（b）所示的碳膜电阻器精度一般为±5%，有时也用Ⅰ级或字母 J 表示；图 4-3（c）所示的金属膜电阻器精度至少可达到±1%，有时也用 0 级或字母 F 表示，见表 4-1。

实际电路运用与设计中，碳膜电阻器因其稳定性好、高频特性好、噪声低、阻值范围宽、负温度系数小、价格低廉而广泛应用于电子、电器、资讯产品；金属膜电阻器由于精密度高、公差范围小、稳定性好、阻值范围和工作频率宽、耐热性能好、体积较小而应用于质量要求较高的电路中。

③ 额定功率　额定功率指电阻器在正常大气压力 650～800mmHg（1mmHg=133.3Pa）及额定温度下，长期连续工作并能满足规定的性能要求时所允许消耗的最大功率。碳膜电阻器产品的额定功率范围是 0.125～10W，如 0.125W、0.25W、0.5W、1W、2W、5W、10W 等；金属膜电阻器产品的额定功率范围是 0.125～2W。

实际电路运用与设计中，电阻器实际消耗的功率不得超过其额定功率，否则阻值等性能将会改变，甚至烧毁。一般要求额定功率≥2 倍实际消耗功率。

3. 参数标志方法

2W 以下电阻器的额定功率与体积大小有关，体积越大，功率越大，其关系可参见表 4-2。2W 以上的一般在电阻器本体上直接标注。电路图中，如果需要标注额定功率，则如图 4-4 所示。

标称值与允许误差两个参数一般直接标在电阻器本体上，标志方法有三种：直标法、文字符号法和色标法。

表 4-2　电阻器体积与功率关系

额定功率 /W	RT 碳膜电阻器（土黄底色）		RJ 金属膜电阻器（蓝底色）	
	长度/mm	直径/mm	长度/mm	直径/mm
0.125	11	3.9	<8	2~2.5
0.25	18.5	5.5	7~8.3	2.5~2.9
0.5	28.0	5.5	10.8	4.2
1	30.5	7.2	13.0	6.6
2	48.5	9.5	18.5	8.6

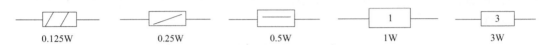

图 4-4　电阻器额定功率电路符号标注图

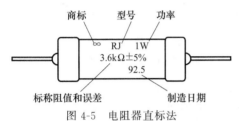

图 4-5　电阻器直标法

① 直标法　体积较大的电阻器，标称值直接用阿拉伯数字与单位符号标在电阻器本体上，允许误差直接用百分数表示，有些电阻器其额定功率等内容也直接标出来。如图 4-5 所示，代表该电阻器标称值为 $3.6k\Omega$，允许误差 $\pm5\%$，额定功率 1W。

② 文字符号法　将电阻器的标称值、允许误差用阿拉伯数字与文字符号按一定规律组合标在电阻器本体上。其中，标称值整数部分的阿拉伯数字写在阻值单位文字符号前面，小数部分第一、二位数字写在阻值单位文字符号后面，阻值单位文字标志符号如表 4-3 所示；允许误差用文字符号表示，如表 4-3 所示。如 2R2 Ⅰ 的电阻器代表其标称值 2.2Ω、允许误差 $\pm5\%$；1k54 F 表示标称值 $1.54k\Omega$、允许误差 $\pm1\%$ 的电阻器。

表 4-3　阻值单位文字标志符号

单位符号	R	k	M	G	T
数量级含义	10^0	10^3	10^6	10^9	10^{12}
名称	欧姆	千欧	兆欧	吉欧	太欧

③ 色标法　体积小的电阻器，在其表面用不同颜色的色环排列来表示标称值与允许误差等。根据其精度及用途不同，四环标志法应用于普通电阻器，见图 4-3 （b）；五环标志法用于精密电阻器，见图 4-3 （c）；六环标志法用于高科技产品，价格昂贵。各颜色所代表含义见表 4-4。

四环标志法规律：第 1、2 环为有效数字，第 3 环表示 $\times10$ 的乘方数，第 4 环表示允许误差，即第 1、2 环组成的有效数字 $\times10^{第3环代表的乘方数}\pm$ 第 4 环误差，如图 4-6 （a） 所示，第 1 环白色、第 2 环棕色表示有效数字 91，第 3 环黄色表示 $\times10^4$，第 4 环金色表示 $\pm5\%$ 的允许误差，即 $91\times10^4\Omega\pm5\%=910k\Omega\pm5\%$。

表 4-4　色环电阻器颜色含义

颜色	Colour	有效数字	乘方数	允许误差		温度系数/(10^{-6}/℃)
黑	Black	0	0			
棕	Brown	1	1	F	$\pm1\%$	100
红	Red	2	2	G	$\pm2\%$	50
橙	Orange	3	3			15
黄	Yellow	4	4			20
绿	Green	5	5	D	$\pm0.5\%$	

颜色	Colour	有效数字	乘方数	允许误差	温度系数/$(10^{-6}/℃)$
蓝	Blue	6	6	C ±0.25%	10
紫	Violet	7	7	B ±0.1%	5
灰	Gray	8	8		
白	White	9	9		1
金	Gold		−1	J ±5%	
银	Silver		−2	K ±10%	

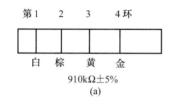

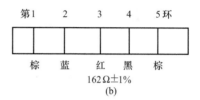

图 4-6 电阻器色标法

五环标志法规律：第 1、2、3 环为有效数字，第 4 环表示×10 的乘方数，第 5 环表示允许误差，即第 1、2、3 环组成的有效数字×10^{第4环代表的乘方数}±第 5 环误差，如图 4-6（b）所示，第 1 环棕色、第 2 环蓝色、第 3 环红色表示有效数字 162，第 4 环黑色表示×10^0，第 5 环棕色表示±1%的允许误差，即该电阻器为 $162×10^0$ Ω±1%＝162Ω±1%。

六环标志法规律：前 5 环与上述的五环标志法相同，第 6 环代表电阻器的温度系数，单位 $10^{-6}/℃$。如"红红黑棕紫橙"代表 $220×10^1$ Ω±0.1% ，$15×10^{-6}/℃$，即 2.2kΩ±0.1% ，$15×10^{-6}/℃$。

一般来说，在识别色环顺序时，电阻器两端的色环中，离边缘更近的是阻值第 1 环，或者与其他环之间的距离不同且最大的为误差环。如果这种区别不明显，则可按表 4-4 所示误差环的颜色来判断边缘环。当误差环中没有该颜色时，则说明此环不是误差环，而是第 1 环阻值环。还可从阻值范围来识别第 1 环：色环电阻器产品阻值范围一般是 1Ω～10MΩ，假设某电阻器的五个色环是"棕红黑绿棕"，如果认定左边棕色为第 1 环，则标称值为 12MΩ，超出了产品范围，而认定右边棕色为第 1 环，标称值为 15kΩ，说明识别正确。如果还鉴定不出，就只有依靠万用表测量阻值了，如"棕黑黑棕棕"的色环电阻。

4. 实际阻值检测

以 MT-2017 型指针式万用表为例，测量电阻器实际阻值的操作步骤如下。

① 检查机械调零 指针应与第一条 Ω 刻度线最左边一格∞重合，并且刻度线、指针、镜子里的投影应三线重合；否则需用小一字螺丝刀轻轻地校准机械调零旋钮，如图 4-7 所示，该旋钮在万用表中部。如果调不到零位，可能是表机械部位故障，如机械调零旋钮下方与指针套圈未卡到位或游丝弹簧失灵等。

② 选择合适挡位 此万用表电阻测量挡位在右下角区域，共有×1、×10、×100、×1k、×10k 五个倍率挡位，均可通过拨挡开关来换挡。为保证测量精度与读数方便，选择倍率挡时，应保证测量过程中使指针尽量落在第一条 Ω 刻度线的 1/3～2/3 区域。

③ 电调零 每次选好电阻倍率挡后，将红、黑表笔金属部位短接，此时指针向右边偏转；旋动表右中部的电调零旋钮，使指针与第一条 Ω 刻度线最右边一格零重合，并且刻度线、指针、镜子里的投影应三线重合。如果指针不动，则应检查两表笔是否断线、保险管是否烧断、拨挡开关内部的金属簧片是否切换到所需倍率挡电路、该金属簧片是否氧化等。如果指针在零刻度格以左，顺时针旋动电调零旋钮，使指针向右移动，仍调不到零格，说明表

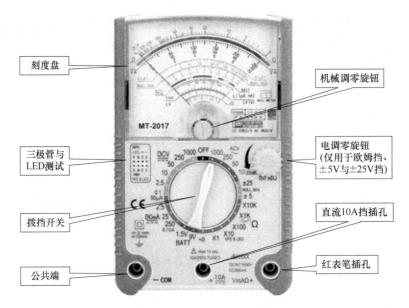

图 4-7　MT-2017 型指针式万用表外形图

内电池电压不够,需更换新电池。前四挡用 2 节 7 号 1.5V 电池,×10k 挡还多用一个 6F22 型 9V 叠层电池。如果指针在零刻度格以右,向左调仍不到零位,说明表内该倍率挡电路有故障。

④ 测量　为保证日后检修电子产品时养成良好的测量习惯及准确测量,应掌握安全测量姿势:单手像拿筷子般夹住红、黑表笔,让表笔线落在手部外侧,在电阻器处于断电、断线路状态下,表笔接触电阻器两引脚合适部位。注意不要用双手操作表笔,以免带来安全隐患;也不应双手同时接触电阻器两引脚,会影响测量精度。

⑤ 读数　在第一条 Ω 刻度线上读取数值,注意指针应与刻度线重合才表示眼睛准确读数。如果指针未落在某刻度格线上,则估读该数值。

⑥ 得出结果　实际阻值=读取的数值×所选倍率挡。

如果用数字万用表测量电阻器阻值,以 YT8045 台式数字万用表为例,操作步骤如下。

① 连线　如图 4-8 所示,将黑表笔插入"COM"孔,红表笔插入"VΩHz"孔。

② 选挡　此表电阻测量有 200Ω、2kΩ、20kΩ、200kΩ、2MΩ、20MΩ 共 6 挡,通过功能转换开关切换。以电阻器标称值不超过且又接近某电阻量程挡为选挡依据,此时测量值最精确。

③ 测量　与指针式万用表操作姿势相同。但低阻测量时,应先将两表笔金属部位短接,待稳定后如果有显示值,应在测量值中减去这部分阻值。

④ 读数　显示器数据即电阻器实际阻值。当被测电阻器开路或阻值超量程时,将显示"1";测量值≥1MΩ 时,需几秒后显示器读数才会稳定。

5. 电阻器种类识别

电阻器种类很多,分类方法也各不相同,这里主要介绍两种常用的碳膜电阻器与金属膜电阻器。

从外观看,过去的国标按颜色区分,碳膜电阻器为绿色底,金属膜电阻器为红色底;现在碳膜、金属膜这两类微型电阻器常用的都为色环产品,前者多为土黄底色四环,后者为蓝底色五环。

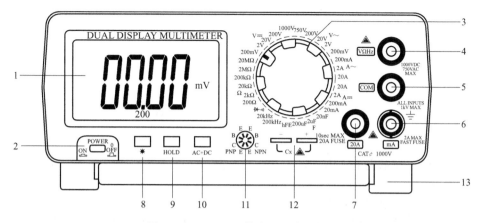

图 4-8　YT8045 型数字万用表面板图

1—显示器；2—POWER 电源开关；3—功能转换开关；4—电压、电阻、频率测量输入端；

5—COM 公共端；6—2A 以下电流测量输入端及 2A 保险丝座；7—20A 电流测量输入端；

8—背景灯开关；9—HOLD 保持开关；10—AC+DC 测量转换开关；11—晶体管 h_{FE}

测试插座；12—电容测量输入插座；13—底座支架

由于现代生产工艺提高和假金膜的出现，很多时候用上述方法仍区分不清这两种电阻器，此时可用下面两种方法。

第一种方法：用刀片刮开保护漆，露出的膜颜色是黑色为碳膜电阻器，膜颜色为亮白的则为金属膜电阻器。

第二种方法：由于金属膜电阻器的温度系数比碳膜电阻器小得多，当用万用表测阻值时，将烧热的电烙铁靠近电阻器，如果阻值变化很大，则为碳膜电阻器，反之则为金属膜电阻器。

6. 电阻器识别与检测任务

通过色环识别标称阻值，通过体积大小识别其额定功率，用万用表合适挡位检测各电阻值，数据填入表 4-5 中，其中的序号为元器件装配序号，以下均同。

表 4-5　电阻器识别与检测

序号	项目代号	色环	标称值/Ω	额定功率/W	所用挡位	实测阻值/Ω
2	R_1					
	R_2					
	R_3					

（二）电容器

1. 电路符号与标号

电容器（Capacitor），顾名思义"装电荷的容器"，是电路中应用广泛的一种二端储能元件。利用其充放电与隔直通交的特性，常用于滤波、耦合、旁路、能量转换、调谐等。图 4-9（a）为无极性电容器的电路符号以及常用的低压圆片型瓷介电容器外形，图 4-9（b）为有极性电容器（一般为电解电容器）的电路符号。电容器标号用 C 表示，理想伏安特性满足 $i = C \dfrac{\mathrm{d}u}{\mathrm{d}t}$。

本循环音乐、流水彩灯产品中，开关 K 合上时，电源 V_{CC} 通过 R_3 向电容器 C_1 充电，使其保持一定的电位，锁定音乐芯片不能触发。当按钮 SB 压下时，C_1 存储的电荷通过 SB 迅

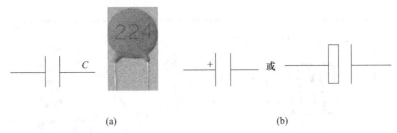

图 4-9　电容器电路符号与外形图

速释放至零电位，使触发电平为零，让音乐开始播放。

2. 主要参数

电容器的参数主要有标称容量、允许误差和额定工作电压。

① 标称容量　标称容量是电容器设计与生产时规定的"名义"电容量，其单位有法（F）、微法（μF）、皮法（pF）等。与电阻器一样，为了方便生产和使用者选用，电容器数值也有标称系列，如表 4-6 所示。故在实际电路运用与设计中，电容器容量数值应按规定的标称值来选取。

表 4-6　常用电容器标称值系列和允许误差

系列	电容器标称值系列	允许误差
E24	1.0、1.1、1.2、1.3、1.5、1.6、1.8、2.0、2.2、2.4、2.7、3.0、3.3、3.6、3.9、4.3、4.7、5.1、5.6、6.2、6.8、7.5、8.2、9.1	±5% Ⅰ级 J
E12	1.0、1.2、1.5、1.8、2.2、2.7、3.3、3.9、4.7、5.6、6.8、8.2	±10% Ⅱ级 K
E6	1.0、1.5、2.2、3.3、4.7、6.8	±20% Ⅲ级 M

② 允许误差　允许误差是电容器实际容量与其标称容量之间的最大允许偏差范围。其误差等级可见表 4-4 和表 4-6。一般电容器允许误差常为Ⅰ、Ⅱ、Ⅲ级，电解电容器允许误差可大些。在电源滤波、低频耦合等电路中，可选±5%、±10%、±20% 等级。振荡回路、音调控制等电路中，要求精度稍高一些。而各种滤波器等产品中，则要求选用高精度的电容器。

③ 额定工作电压　额定工作电压指在允许环境温度（电解电容器测试温度为 85℃）范围内，能够长期可靠地施加在电容器上不被击穿的直流电压或交流电压最大值，也称耐压值，通常规定为其击穿电压的一半。

电容器常用的额定工作电压有 1.6V、6.3V、16V、25V、40V、63V、100V、160V、250V、400V 等，详见表 4-7。

表 4-7　电容器额定工作电压系列　　　　　　　　　　　　　　　　　　　　V

1.6	4	6.3	10	16
25	32	40	50	63
100	125	160	250	300
400	450	500	630	1000
1600	2000	2500	3000	4000
5000	6300	8000	10000	15000
20000	25000	30000	35000	40000
45000	50000	60000	80000	100000

实际电路运用与设计中，为保证电容器能正常工作，其额定工作电压要大于实际工作电压，且应有一定裕量。一般额定工作电压≥2 倍实际工作电压，但不是越大越好，还应综合

考虑经济成本、使用性能等。一般额定工作电压高的电容器体积会大些，价格高些。另外，高额定工作电压值的电解电容器用于低电压电路中，其电容量将减小，影响工作性能，如在一个5V电源电路中用50V额定工作电压的电解电容器，其电容量约减少一半。

④ 绝缘电阻与漏电流　由于电容器的介质非理想绝缘体，因此工作中当电压加之其两引脚间将产生电流，称之为漏电流；电压与漏电流之比称为绝缘电阻或漏电阻。漏电流过大，会引起电容器性能变差而引起电路故障，甚至发热失效、爆炸，所以从生产工艺角度讲，希望做到漏电流越小越好，即绝缘电阻越大越好。

电解电容器采用电解质作介质，漏电流较大，一般会给出其参数，如铝电解电容器的漏电流可达毫安级，且与其电容量、额定工作电压成正比；其他电容器漏电流极小，此时就用绝缘电阻表示其绝缘性能，一般为数百兆欧到数百吉欧数量级。

3. 参数标志方法

① 数码法　一般用三位数表示电容器标称容量，前两位为容量第1、2位有效数字，第3位表示×10的乘方数，也可以认为是有效数字后加零的个数，单位是皮法（pF）。如 $103 = 10 \times 10^3 \mathrm{pF} = 10000 \mathrm{pF} = 10 \mathrm{nF} = 0.01 \mu\mathrm{F}$，$334 = 33 \times 10^4 \mathrm{pF} = 330000 \mathrm{pF} = 330 \mathrm{nF}$。需注意，当第三位数字为9时，却表示×$10^{-1}$，如 $229 = 22 \times 10^{-1} \mathrm{pF} = 2.2 \mathrm{pF}$。

② 文字符号法　与电阻器类似，用文字符号与阿拉伯数字组合表示电容器的容量，只不过单位文字标志符号不同，见表4-8。如 $p33 = 0.33 \mathrm{pF}$，$4\mu7 = 4.7\mu\mathrm{F}$。

表 4-8　电容量单位文字标志符号

单位符号	pF	nF	μF	mF	F
数量级含义	10^{-12}	10^{-9}	10^{-6}	10^{-3}	10^0
名称	皮法	纳法	微法	毫法	法拉

③ 直标法　将电容器的标称容量、额定工作电压等参数直接标注在电容器表面。电解电容器多采用此法。

④ 色标法　在电容器外表涂上色带或色点表示其标称容量等，颜色表示的含义与电阻器相同。

4. 绝缘电阻测试

① 测试方法　小容量电容器用指针式万用表的 Ω×10k 挡，大容量电容器用 Ω×1k 挡等。操作均采用点测量法，即将一只表笔搭在电容器的某个引脚，另一只表笔接触另一个引脚的同时，眼睛观察仪表指针的变化过程。此法对小容量电容器尤为必要。

表笔接触电容器两引脚时，指针先向右摆动或偏转，然后再朝左往∞方向恢复，待指针停止处所读取的数据即电容器绝缘电阻值。但注意小容量的电容器如103等，摆动很细微；而容量更小的电容器，如160pF等，则观察不到此现象。还要注意每次测试之前，应先对电容器进行放电处理，让其恢复到零电荷状态。

② 容量定性判别　测量电容器绝缘电阻时，指针向右偏转幅度越大，向左恢复速度越慢，则说明电容器容量越大。

③ 性能判别　绝缘电阻值越大，说明电容器绝缘性能越好。如果该值为零或靠近零点，则说明电容器内部短路。若测量时指针不动，始终指向∞，则说明电容器内部开路或失效，但很小容量的电容器因其充、放电现象观察不到，应区别对待。

④ 类型判别　如果调换红、黑表笔所测的两个绝缘电阻值相等，说明是无极性电容器；两次值相差较大，则为有极性的电解电容器。

⑤ 电解电容器极性判别　电解电容器属有极性电容，在使用中正、负极性不允许接错，

故在使用前应正确判别。它有正、反向绝缘电阻，其正向绝缘电阻远大于反向绝缘电阻，前者至少为 MΩ 级以上，后者一般为 kΩ 级。根据此特性，调换红、黑表笔测得的两个绝缘电阻中，阻值大时黑表笔所接为正极。

图 4-10　电解电容器外形图

另外，还可从外观识别电解电容器极性，如图 4-10 所示，有两种方法：

a. 圆柱侧面有"—"标志者对应引脚为负极；

b. 新电解电容器，两个引脚中短的为负极。

⑥ 电容器实际容量测量　如图 4-8 所示，将数字万用表的功能转换开关打到合适的电容测量挡，以电容器标称容量不超过且又接近某电容量程挡为选挡依据，此时测量更快速、准确。将被测电容器插入到电容测量输入插座，注意有极性电容器应按极性正确插入。待数值稳定后，读取显示器数值即为电容器的实际电容量。如果被测电容器开路或电容值超量程，则显示"1"，$\geqslant 600\mu F$ 的电容器测量时间会较长。

注意　测量前必须将电容器放电干净，尤其是高压电容器。测量完成后，应将电容器从插座中拿走，断开与万用表的连接。

5. 电容器识别与检测任务

本情境中 C_1 为低压圆片型瓷介电容器，通过电容器表面标志的数字识别其标称容量。用指针式万用表合适挡位检测其质量好坏，注意短路或开路则不可使用。用数字万用表合适挡位测量其实际电容量，数据填入表 4-9 中。

表 4-9　电容器识别与检测

序号	项目代号	名称	标称容量/nF	实测容量/nF	所用挡位	漏电阻/Ω
3	C_1					

（三）三极管

1. 电路符号与标号

晶体三极管（Transistor）采用硅或锗等半导体材料，将两个 PN 结以一定工艺制成，是应用最广泛的器件之一。它是一种电流控制型半导体器件，有对微弱信号进行放大、作无触点开关、倒相等作用。

按结构分类，主要有 NPN 型和 PNP 型两种，其电路符号及各引脚名称如图 4-11 所示，此处主要介绍 NPN 型硅管。其标号用 VT 表示，也可用 Q、V 等表示。

本情境所用三极管 VT 为小功率塑封外装，在电路中组成共集电极放大电路，即构成射极跟随器，对音频信号进行放大。其前级为音乐芯片输出端，即音乐从 VT 基极输入后，经过三极管使电流信号得以放大，用来驱动其输出端发射极所接的扬声器，使其发出放大的音乐声。

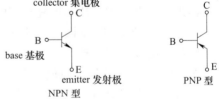

图 4-11　三极管电路符号与引脚名称

2. 主要参数

作为工程上的选择依据，三极管主要参数有电流放大系数、极间反向电流与极限参数等，其符号及意义如表 4-10 所示。

表 4-10　三极管的主要参数符号及意义

符号	意义
β（h_{FE}）	共发射极电流放大系数＝I_C/I_B，大于 30 才有选择价值
f_T	特征频率。三极管共发射极运用时，β 下降到 1 时所对应的频率，即三极管具备电流放大能力的极限频率
I_{CM}	集电极最大允许电流，即三极管参数变化不超过规定值时，集电极允许通过的最大电流，也即 β 值下降为最大值的 1/2 或 2/3 时的集电极电流
P_{CM}	集电极最大允许功率损耗，是由允许的最高集电结温度决定的集电极耗散功率最大值
$U_{(BR)CEO}$	基极开路时集电结不击穿，可施加在集电极-发射极间的最高电压
$U_{(BR)CBO}$	发射极开路时，集电极-基极之间的击穿电压
$U_{(BR)EBO}$	集电极开路时，发射极-基极之间的最高反向电压
I_{CBO}	发射极开路时，集电极与基极间的反向饱和电流，小功率硅管小于 $1\mu A$
I_{CEO}	基极开路时，集电极直通到发射极的穿透电流，越小越好，硅管好
$U_{CE(sat)}$	共发射极电路中，三极管处于饱和状态时，C、E 间的电压降

常用三极管主要参数选录于表 4-11。

表 4-11　国内、外部分高频三极管主要参数

型号	材料与极性	P_{CM}/mW	I_{CM}/mA	$U_{(BR)CEO}/V$	f_T/MHz	h_{FE}
3DG9011	硅 NPN	200	20	18	100	30～200
3DG9013	硅 NPN	300	100	18	80	30～200
3DG9014	硅 NPN	300	100	20	80	30～200
3CG9012	硅 PNP	300	−100	−18	80	30～200
3CG9015	硅 PNP	300	−100	−20	80	30～200
9011	硅 NPN	400	30	25	370	40～200
9013	硅 NPN	400	100	25	120	64～202
9014	硅 NPN	310	50	18	80	60～1000
9012	硅 PNP	400	−100	−25	120	64～202
9015	硅 PNP	910	−50	−18	150	60～1000
S9011	硅 NPN	400	30	30	150	30～200
S9013	硅 NPN	625	100	20	140	60～300
S9014	硅 NPN	625	100	45	8	60～300
S9012	硅 PNP	625	−100	−20	150	60～300
S9015	硅 PNP	450	−100	−45	80	60～600
TEC9011	硅 NPN	400	50	30	100	39～198
TEC9013	硅 NPN	625	100	25	100	96～300
TEC9014	硅 NPN	450	150	50	150	60～1000
TEC9012	硅 PNP	625	−100	−25	100	96～300
TEC9015	硅 PNP	450	−150	−50	150	60～1000
3DG8050	硅 NPN	2000	1500	25	150	40～200
3CG8550	硅 PNP	2000	−1500	−25	150	40～200
S8050	硅 NPN	1000	1500	25	100	85～300
S8550	硅 PNP	1000	−1500	−25	100	85～300

　　工程实际运用中选择三极管时，应按电路要求，选用 NPN 型或 PNP 型管，然后抓住其主要矛盾，并兼顾次要因素，综合考虑特征频率、集电极电流、耗散功率、反向击穿电压、电流放大系数、稳定性及饱和压降等。

　　① 根据电路实际工作频率范围选用低频管或高频管。低频管的特征频率 f_T 一般在 3MHz 以下，高频管可达几十兆赫、几百兆赫甚至更高。通常使 $f_T＝3\sim10$ 倍工作频率，

且高频管可替换低频管，但注意替换时两者功率条件应相当。

② 根据三极管实际工作的最大集电极电流 I_{Cm}、能承受的最大管耗 P_{Cm}、电源电压 V_{CC}，选择合适的三极管。电路估算值不得超过三极管的极限参数，即要求满足 $P_{CM} > P_{Cm}$、$I_{CM} > I_{Cm}$、$U_{(BR)CEO} > V_{CC}$，且保证充分的裕量，如 1.2～2 倍。

③ 选择三极管的 β。从电流放大的需求讲，希望 β 大些好，但不是越大越好，否则易引起自激振荡，工作稳定性差，受温度影响也大。一般选 40～100 之间，但 9014 等三极管，其 β 值达数百时温度稳定性仍较好。另外，对整个电路来讲，还应考虑各级匹配，前级用高 β，后级就用低 β 管；前级用低 β，后级则用高 β 管。

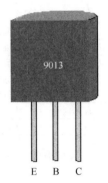

④ 选用管穿透电流 I_{CEO}。该值越小越好，这样可保证电路稳定性，故目前多采用硅管。

3. 引脚识别与检测

常用塑料外壳封装中、小功率三极管的外形，如图 4-12 所示。当将印有型号如 9013 的一面正对着观察者，3 个引脚朝下时，从左到右分别为引脚 E、B、C。

图 4-12　三极管引脚图

还可借助万用表来判别各引脚。对于中、小功率三极管，指针式万用表使用 $\Omega \times 10$、$\Omega \times 100$、$\Omega \times 1k$ 挡；1W 以上的大功率管，用前两挡较合适。

第一步 判别基极 B 与管型。将黑表笔（表内电池正极）接触某个引脚，红表笔（表内电池负极）依次碰接另两个引脚，如果两次测量阻值均很小，则黑表笔所接为 B 极，该管为 NPN 型；再将红表笔接触该 B 极，黑表笔去碰接另两个引脚，如果两次阻值均很大，说明基极与管型判别正确。

将红表笔接触某个引脚，黑表笔依次碰接另两个引脚，如果两次测量阻值均很小，则红表笔所接为 B 极，该管为 PNP 型。

如果是数字万用表，如图 4-8 所示，先将功能转换开关打到"━▶┣━))）"挡，然后红表笔（代表＋）接触某个引脚，黑表笔（代表－）碰接另两个引脚，若两次均显示 PN 结正向压降，则红表笔所接为 B 极，该管为 NPN 型；再将黑表笔接触该 B 极，红表笔碰接另两个引脚，显示"1"，则说明基极与管型判别正确。

第二步 判别 C、E 极。以 NPN 管为例，如图 4-13（a）所示，用食指捏住 B 极与假想 C 极（但不要将两极相碰），指针式万用表黑表笔接假想 C 极，红表笔接假想 E 极，若阻值很小，则说明假设正确。PNP 管红、黑表笔接法正好相反，如图 4-13（b）所示。

如果是数字万用表，如图 4-8 所示，将功能转换开关打到"h_{FE}"挡，根据已判别出的管型，将三极管 B 极、假想的 C 极与 E 极按管型指示符号插入到"晶体管 h_{FE} 测试插座"中，若显示值大于 30，则说明假设的 C、E 极正确。

4. 参数测试

① 电流放大能力估测　将指针式万用表打到 $\Omega \times 1k$ 挡，根据管型如图 4-13 所示接好三极管，如果电阻值越小，即指针向右偏转角度越大，说明三极管电流放大能力越大；否则，向右摆动幅度太小，说明是劣质管。

② 穿透电流 I_{CEO} 及热稳定性检测　万用表置于 $\Omega \times 1k$ 挡，让基极悬空（即手指拿开），红、黑表笔如图 4-13 所示接三极管引脚，阻值越大，说明漏电流越小，管的性能越好。如图 4-7 所示，若用 MT-2017 型指针式万用表，还可同时从其第七条黑色 I_{CEO} 刻度线上读取

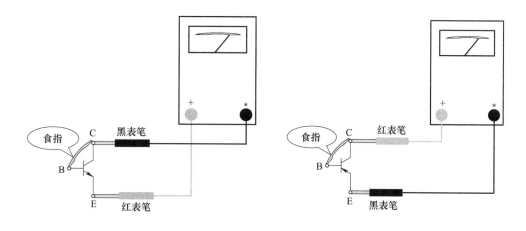

(a) NPN管C、E极判别   (b) PNP管C、E极判别

图 4-13　三极管 C、E 极判别图

该穿透电流值，越接近零刻度格区域的管性能越好。

在测试 I_{CEO} 时，如果用手捏住三极管管帽，阻值不受人体温度的影响或变化不大，则该管热稳定性好；如果阻值迅速减小或电流增大，说明该管热稳定性较差。

③ 电流放大系数测量　前面已讲述过，数字万用表的 hFE 挡可完成此项测量，将三极管各引脚按管型正确插入到"晶体管 hFE 测试插座"时，显示器上读数即为电流放大系数。如图 4-7 所示，MT-2017 型指针式万用表的 $\Omega\times10$ 挡以及其左中部的"hFE"插孔能共同完成此参数测量，数据从第六条蓝色刻度线读取，**注意**事先需电调零。

5. 三极管识别与检测任务

从外表识别三极管型号，通过半导体器件手册等相关书籍查阅其参数，如集电极最大允许功率损耗 P_{CM}，集电极最大允许电流 I_{CM}，基极开路时集电结不致击穿、允许施加在集电极-发射极之间的最高反向击穿电压 $U_{(BR)CEO}$，电流放大系数 β 等。判断管型与各引脚，数据填入表 4-12 中。

表 4-12　三极管识别与检测

序号	项目代号	型号、材料、管型与查表参数	实测 β 值
4	VT		

（四）发光二极管

1. 二极管电路符号与标号

普通半导体二极管（Diode）是一种应用很广泛的二端非线性器件。它由一个 PN 结加上电极引线和密封壳做成，故具有单向导电性，可用于整流、稳压、开关、钳位、光电转换、检波、混频等。

普通二极管的电路符号如图 4-14（a）所示，一端称为阳极 A（Anode）或正极，另一端称为阴极 C（Cathode）或负极。发光二极管是一种特殊二极管，其电路符号及外形如图 4-14（b）所示，其中两个引脚的为单色发光二极管，三个引脚的为双色发光二极管。光电二极管也是一种特殊二极管，其电路符号如图 4-14（c）所示。二极管标号用 V 或 VD 表示。

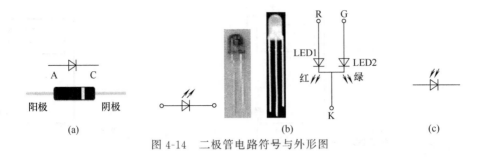

图 4-14　二极管电路符号与外形图

2. 二极管主要参数

二极管特性可用参数来描述,不同类型二极管的参数种类也不一样,这里主要介绍普通二极管的几个主要参数,如表 4-13 所示。

表 4-13　普通二极管的主要参数符号及意义

符号	意义
I_F	额定正向电流。二极管长期运行允许通过的最大正向平均电流
I_R	反向饱和电流。二极管未击穿时的反向电流值,其值会随温度上升而急剧增加,其值越小,二极管单向导电性能越好
U_F	正向压降。二极管通过额定正向电流时的电压降
U_{RM}	最高反向工作电压。允许施加在二极管两端的最大反向电压,通常等于其击穿电压的 1/2 或 2/3

工程实际运用中,一般根据电路技术要求,查阅相关半导体器件手册,选用经济、通用、市场易买到的二极管。部分二极管参数如表 4-14 所示。

表 4-14　常见塑封硅整流二极管主要参数

型号	I_R/A	$I_R/\mu A$(125℃)	U_F/V (25℃)	U_{RM}/V
1N4001				50
1N4002				100
1N4003				200
1N4004	1.0	≤5.0	≤1.0	400
1N4005				600
1N4006				800
1N4007				1000

具体选用二极管时,应注意以下几点。

① 类型选择　若用于整流电路,由于工作时平均电流大,应选用整流二极管或面接触型二极管。灯光指示可用发光二极管。光电转换可选用光电二极管。高速开关电路用开关二极管。高频检波电路可选择点接触式普通二极管等。

② 材料选择　要求正向压降小的选择锗管。要求反向电流小的选择硅管。要求反向电压高的选择硅管等。

③ 参数选择　二极管在使用中不能超过其极限参数,并留有适当的裕量。如在电源电路中,主要考虑 I_F 与 U_{RM} 两个参数,要求 $I_F \geq (2 \sim 3)I_{VD}$,$I_{VD}$ 为二极管在电路中的实际正向工作电流,$U_{RM} \geq 2 \sim 3$ 倍二极管实际承受反向电压。

3. 二极管极性识别与性能检测

① 外观识别　如图 4-14（a）所示,普通二极管标有一圈的引脚为阴极。如图 4-14（b）所示,单色发光二极管引脚线长的为阳极。共阴极红、绿双色发光二极管,两端引脚为红色

R、绿色 G，中间是阴极。共阳极红、黄双色发光二极管，中间引脚为阳极，两端引脚为红色 R、黄色 Y。

② 用指针式万用表识别与检测　小功率普通二极管可选用 Ω×10、Ω×100、Ω×1k 挡。发光二极管用 MT-2017 型、MF368 型万用表 Ω×10 挡效果明显，用 MF500 型则 Ω×10k 挡才有微弱反应。

二极管加正向偏置电压时导通，正向电阻小，有正向电流，管压降小；反向偏置时截止，反向电阻大，没有或几乎没有反向电流。

利用二极管的单向导电性特点可识别引脚，即红、黑表笔接触二极管的两个引脚测量阻值，再对调表笔测量阻值，两次测量中，阻值小的那次即正向电阻，黑表笔所接为阳极。如果用 MT-2017 型万用表，此状态下还可从第七条 LI 刻度线读取正向电流、LV 刻度线读取正向电压，而阻值大的那次为反向电阻。

二极管的性能与材料也可从正、反向电阻值中判断。反、正向电阻比值≥100，表明二极管性能良好；反、正向电阻比值为几十甚至几倍，则为劣质管，不宜使用；正、反向电阻均为无穷大或都是零，说明二极管内部断路或已被击穿短路。如果用 Ω×1k 挡测量，硅二极管的正向电阻为几千欧，锗管为几百欧。

性能好的发光二极管测量时，正向电阻小且发光指示，反向电阻趋近∞；只有小正向电阻值但不发光的不能使用；其余性能判断方法同普通二极管。

③ 用数字万用表识别与检测　数字万用表打到"▶︱))) "挡，红、黑表笔接触二极管两引脚，当显示电压降为 0.5～0.7V 时（有些数字万用表显示电压值单位为毫伏），红表笔所接为阳极，此值即为二极管正向电压；调换表笔测量显示超量限"1"。有些数字万用表显示无穷大"OL"，此为反向测量状态。

如果正向电压很大，说明管内部开路；若反向测量有电压指示且很小，表示二极管内部短路。

发光二极管测量时，其正向电压>1V 且发光；其余判断同前。

4. 普通二极管识别与检测任务

取一只 1N4001 二极管，按表 4-15 完成识别与检测任务，并分析指针式万用表测量数据。

表 4-15　二极管识别与检测

表名称	所用挡位	正向电阻 /Ω	正向电压 /V	正向电流 /mA	反向电阻 /Ω
指针式 万用表	Ω×10				
	Ω×100				
	Ω×1k				
数字表	▶︱)))				

5. 发光二极管特点

发光二极管简称 LED（Light Emitting Diode），是一种通以一定大小的正向电流就会发光的二极管。它用某些自由电子和空穴复合时会产生光辐射的半导体材料制成，如磷化镓（GaP）或磷砷化镓（GaAsP）等，可发出红、橙、黄、绿（又细分黄绿、标准绿和纯绿）、蓝等光线。

发光二极管具有功耗低、体积小、色彩艳丽、响应速度快、抗振动、寿命长等优点，广泛用于音响、电源等电子产品中的指示器。

6. 发光二极管分类

按发光种类，分有单色、高亮度、变色（含双色、三色、多色）、电压控制型、闪烁、红外、负阻型等。按发光管出光面特征，分圆灯、方灯、矩形、面发光管、侧向管、表面安装用微型管等。圆形灯按直径分为 $\phi2mm$、$\phi4.4mm$、$\phi5mm$、$\phi8mm$、$\phi10mm$ 及 $\phi20mm$ 等，常用的为 $\phi3$、$\phi5$ 两种。国外通常把 $\phi3mm$ 的发光二极管记作 T-1；把 $\phi5mm$ 的记作 T-1(3/4)。

7. 发光二极管参数

① 极限参数

允许功耗 P_M：允许加于 LED 两端的正向直流电压与流过它的电流之积的最大值。超过此值，LED 发热、损坏。

最大正向直流电流 I_{FM}：允许加的最大正向直流电流。超过此值，可损坏二极管。

最大反向电压 U_{RM}：允许加的最大反向电压。超过此值，发光二极管可能被击穿损坏。

工作环境 T_{OPM}：发光二极管可正常工作的环境温度范围。低于或高于此温度范围，发光二极管将不能正常工作，效率大大降低。

② 电参数

正向工作电流 I_F：它是指发光二极管正常发光时的正向电流值。在实际使用中应根据需要选择 $I_F \leqslant 0.6I_{FM}$。

正向工作电压 U_F：参数表中给出的工作电压是在给定的正向电流下得到的，一般是在 $I_F=20mA$ 时测得。发光二极管正向工作电压 $U_F=1.4\sim3V$。外界温度升高时，U_F 将下降。

8. 发光二极管识别与检测任务

发光二极管的伏安特性与普通二极管相似，在正向电压小于阈值电压时，电流极小，不发光；当电压超过阈值电压后，正向电流随电压迅速增加，发光。

发光二极管工作电流通常为几毫安至几十毫安，典型工作电流为 10mA 左右，电流太大将烧坏发光二极管。反向漏电流 $I_R<10\mu A$。反向击穿电压一般大于 5V，故为使器件稳定可靠工作，应使其工作电压在 5V 以下。

本情境中，有红、黄、绿各 4 只 $\phi5mm$ 圆形发光二极管，当闪光飘动芯片从 L1～L6 端经接口 JC1、JZ1 分时送出低电平信号时，12 只二极管两两一组将依次发光。

用万用表合适挡位识别发光二极管极性，检测其质量，数据填入表 4-16。

表 4-16　发光二极管识别与检测

序号	项目代号	名称与规格	所用挡位	正向电阻 /Ω	正向电流 /mA	正向电压 /V	反向电阻/Ω
5	VD_1,VD_4, VD_7,VD_{10}						
	VD_2,VD_5, VD_8,VD_{11}						
	VD_3,VD_6, VD_9,VD_{12}						

（五）扬声器 1 个 (Y，序号 8)

扬声器是一种利用电磁感应、静电感应、压电效应等将电信号变成相应声音信号的换能器，俗称喇叭或受话器。耳机也属扬声器。

按电声换能方式不同，分为电动式、压电式、电磁式等几种。电动式扬声器频响效果好、音质柔和、低音丰富，故应用最广泛。压电式扬声器即晶体式的蜂鸣器，常用于电话、报警器电路中。电磁式扬声器频响较窄，故使用率很低。

电动式扬声器又可按口径尺寸分类。口径越小的扬声器，纸盆越硬而轻，高频响应越好；口径越大的扬声器，纸盆越软而重，低频响应越好。

本情境所用为口径 $\phi 29$mm、电动式纸盆圆形扬声器。用指针式万用表 $\Omega \times 1$ 挡，红、黑表笔轻接触扬声器的两个端子，从声音与数值两方面检测音质性能。断路或短路的扬声器不可用。

注意 检测时速度要快，且不可反复去测量，以免损坏。

（六）开关 2 个

1. 拨动开关 1 个（K，序号 7）

用万用表 $\Omega \times 1$ 挡检测，开关朝哪边拨，则靠近其的两个触点应导通。

2. 按钮开关 1 个（SB，序号 9）

本情境所用按钮开关不带自锁，即每按一次开关，使两个触点做瞬间短路，故用万用表 $\Omega \times 1$ 挡检测，按下时导通，松开时断开。

三、印制电路板装配

（一）装配说明

① 跳线与分立元器件均在 A 面安装，B 面焊接。环氧树脂制成的两块芯片已封装在 B 面，如图 4-15（b）所示的两个黑色圆块，上面是音乐芯片，下面是闪光飘动芯片。

② 为防止损坏环氧树脂芯片，电烙铁外壳必须要有良好的接地装置。如无接地保护，也可拔去电烙铁电源插头，利用余热焊接，这样可避免芯片被外界感应电场击穿。

③ 焊接时，在电路板或元器件上停留时间应尽可能短，因扬声器的两个接点不宜高温，以免烫坏。而且，**扬声器与印制电路板之间的连接线头应焊接在靠外侧的两个空焊盘上，不要焊在中间的两个焊盘处**。此注意事项在学习情境三的"故障排除题"图 3-10 中已阐述过。

④ 残余助焊剂应清理干净。

（二）装配流程

① 序号 1 焊接 J1～J8、J10、J11 跳线。用合适直径的单芯硬导线完成。**注意**焊锡量适当，不要影响其旁边的焊孔。图 4-15（a）为 A 面装配效果图，图 4-15（b）为 B 面焊接效果图。

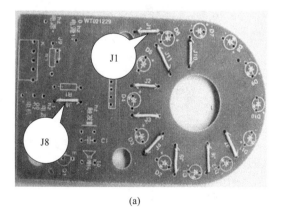
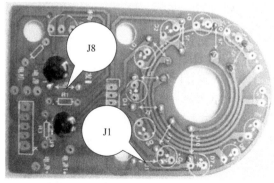

(a)   (b)

图 4-15 循环音乐、流水彩灯装配序号 1 效果图

如图 4-15（b）所示，根据印制导线走向，J1 左端焊点与发光二极管 VD_6、VD_7、VD_8、VD_9 阳极是等电位点，J1 右端焊点与 VD_5 等其余 8 只发光二极管阳极是等电位点，

这两部分共 12 只二极管阳极正是通过跳线 J1 全部连通。

跳线 J8 是音乐芯片信号输出与三极管 VT 基极 B 输入之间的连接线。除去跳线 J9 不安装外，其余 10 根跳线都有重要作用，必须牢靠焊接。

② 序号 2 R_1～R_3 卧装。如果想调试彩灯闪烁频率、音乐播放速度，则先焊 R_3，而 R_1、R_2 用插针搭成测试架焊接，便于测试时拆卸调换其参数。**注意**装配焊接高度不能超过外壳。

③ 序号 3 C_1 立装。**注意**不要堵住其旁边的焊孔。

④ 序号 4 VT 立装。**注意**安装高度，并正确插入引脚。

⑤ 序号 5 VD_1～VD_{12} 立装。**注意**极性，正确插入印制电路板。套上前面壳，使发光二极管全部顶出再焊。焊锡量应适当，不要影响其旁边已焊好的焊孔。

⑥ 序号 6 QC（Quality Control，质量控制）。检查已焊元器件的安装位置与焊接质量，尤其用指针式万用表合适挡位检测发光二极管应同色成对发光，如 VD_1 与 VD_7 同时发光。

⑦ 序号 7 拨动开关 K。**注意**压紧，先焊两个外侧脚进行固定。

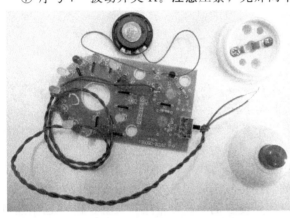

图 4-16 循环音乐、流水彩灯印制板装配效果图

⑧ 序号 8 扬声器 Y。处理好两根短细多芯软导线，然后焊到对应外侧焊盘，如图 4-16 所示。总装时装入前面壳。

⑨ 序号 9 按钮 SB。处理两根较长的细多芯软导线，将两根线头一端与印制板对应焊点相连，另一端待总装时从外壳后盖烫一个洞钻出，再与按钮连接。

⑩ 序号 10 电池盒，红线→电源＋，黑线→电源－。

⑪ 序号 11 总装。用电烙铁熔化前面壳中 4 个圆形小塑料柱，或用胶枪熔化适量胶棒，将扬声器固定。将塑料前、后外壳用 4 个自攻螺钉固定。装好两节 5 号 1.5V 电池，固定电池后盖。

印制电路板上元器件装配效果见图 4-16，总装后效果见图 4-17。

四、功能测试

（一）彩灯闪烁测试

闭合电源开关即拨动开关 K，红、黄、绿三种颜色轮流，共 12 只发光二极管正常工作，彩灯像流水般循环闪烁一段时间，图 4-17 所示为彩灯闪亮瞬间。

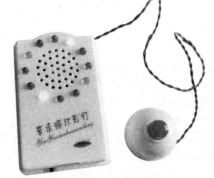

图 4-17 循环音乐、流水彩灯总装效果图

（二）音乐播放测试

按下红色按钮开关 SB，第一首乐曲响起；再按 SB，响另一首乐曲。

（三）音乐循环测试

前一首音乐播放期间或已停止时，再按红色按钮 SB，将播放下一首乐曲；每按一次，又响一首，共有 12 首乐曲依次轮流播放。

五、数据测量

（一）电流、电压测量

① 将直流稳压电源输出调至 3V，用数字万用表直流电压挡校验后，将数字万用表转调到直流电流 mA 挡。

② 将万用表电流挡串入电源回路中。稳压电源正极红线接万用表红表棒，万用表黑表棒接产品正极片，稳压电源负极黑线接产品负极弹簧片。

③ 电流测量。送电，当仅有彩灯闪烁时，读取工作电流。

④ 电压测量。仅有彩灯闪烁时，用指针式万用表直流电压合适挡位，依次测量三极管 VT 三个引脚 C、B、E 电压。

⑤ 灯不闪且没有音乐状态下，测量电流与电压。

⑥ 摁动按钮 SB，音乐响起且马上彩灯闪烁状态下，测量工作电流与电压。

⑦ 所有数据记录于表 4-17 中。

表 4-17　电流与电压数据表

测量项目	仅彩灯闪烁	音乐循环、彩灯闪烁	无灯、无音乐
$I_总/\text{mA}$			
U_C/V			
U_B/V			
U_E/V			

（二）波形观察

① 当乐曲响起时，用示波器观察扬声器 Y 的波形，将波形描绘于图 4-18，数据记录于表 4-18。

② 改变电阻器 R_2 阻值大小，注意乐曲速度变化情况，并观察扬声器波形变化。

③ 改变电阻器 R_1 阻值大小，观察灯光闪动速度变化情况，并观察扬声器波形是否变化。

图 4-18　扬声器波形图

表 4-18　扬声器波形记录数据

阻值	$U_{\text{P-P}}/\text{V}$	f/Hz
$R_1=430\text{k}\Omega, R_2=180\text{k}\Omega$		
$R_1=430\text{k}\Omega, R_2=\quad\text{k}\Omega$		
$R_1=\quad\text{k}\Omega, R_2=180\text{k}\Omega$		

【训练题】

（1）参考图 4-19，用面包板一块、发光二极管八个、合适直径的单芯硬导线若干，制作一个共阳极"8."形状的数字显示矩阵。送电时显示数字 8.。

（2）材料同上，制作一个共阳极"8."形状的数字显示矩阵。要求每只发光二极管阴极

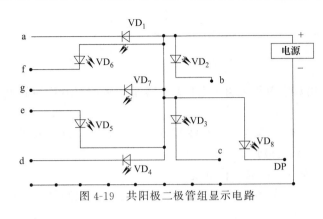

图 4-19　共阳极二极管组显示电路

的连接导线能独立控制，使数字在 0～9 之间变化。

（3）用合适尺寸的万能板一块、1 位共阳极数码显示管一个、8 位拨码开关一个、高速开关二极管若干个、合适直径的单芯硬导线若干，制作一个共阳极数码显示电路。工作电压为 3V，要求通过拨码开关的合理设置，使数字在 0～9 之间变化，并填写表 4-19。

表 4-19　七段共阳极数码显示电路接线表

二极管	对应七段	七段共阳极数码显示电路显示字符										
		0	1	2	3	4	5	6	7	8	9	.
VD$_1$	a											
VD$_2$	b											
VD$_3$	c											
VD$_4$	d											
VD$_5$	e											
VD$_6$	f											
VD$_7$	g											
VD$_8$	DP											

注："√"表示二极管阴极接电源负极；"×"表示二极管阴极悬空不接。

（4）用合适尺寸的万能板一块、1 位共阳极数码显示管一个、8 位拨码开关一个、合适阻值的电阻器若干只（或合适阻值的排阻一个）、合适直径的单芯硬导线若干，制作一个共阳极数码显示电路。工作电压为 5V，数码管工作电流为 10mA，要求通过拨码开关的合理设置，使数字在 0～9 之间变化，并填写表 4-20。

表 4-20　七段共阳极数码显示电路编码表

二极管	对应七段	七段共阳极数码显示电路显示字符										
		0	1	2	3	4	5	6	7	8	9	.
VD$_1$	a											
VD$_2$	b											
VD$_3$	c											
VD$_4$	d											
VD$_5$	e											
VD$_6$	f											
VD$_7$	g											
VD$_8$	DP											
16 进制码												

注："0"表示二极管阴极接电源负极；"1"表示二极管阴极悬空不接。

【延伸学习】　数码管

数码管是一种半导体发光器件，其基本单元是发光二极管，图 4-20（a）所示为 1 位共阳极数码管外形图。该管由 8 个发光二极管封装在一起组成 "8." 字型的器件，其引线已在内部连接完成，只需引出它们的各个笔画段与公共电极。数码管被广泛应

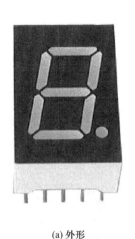

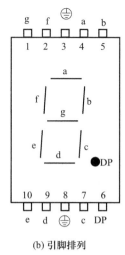

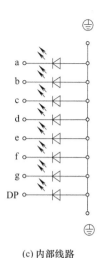

(a) 外形	(b) 引脚排列	(c) 内部线路

图 4-20　1 位共阳极数码管

用于仪表、时钟、车站、家电等场合，能够显示时间、日期、温度等所有可用数字表示的参数。

数码管常用段数为七段加一个小数点，这些段分别由 a、b、c、d、e、f、g、DP 表示，如图 4-20（b）所示。

按颜色分类，数码管有红、黄、蓝、绿、白、黄绿等多种。 按显示个数分类，有 1 位、2 位、3 位、4 位、5 位、6 位、7 位等。

按发光二极管单元内部连接方式分类，有共阳极数码管和共阴极数码管。 如图 4-20（c）所示，共阳极数码管是指将所有发光二极管的阳极接到一起形成公共阳极的数码管。 共阳极数码管在应用时，一般将公共阳极接到+ 5V，当某一字段发光二极管的阴极为低电平时，相应字段点亮；当某一字段的阴极为高电平时，相应字段不亮。 共阴极数码管是指将所有发光二极管的阴极接到一起形成公共阴极的数码管。 共阴极数码管在应用时，一般将公共阴极接到地线 GND 上，当某一字段发光二极管的阳极为高电平时，相应字段点亮；当某一字段的阳极为低电平时，相应字段不亮。

数码管命名方法如图 4-21 所示，以 LG5011BSR 为例，该管是 1 位共阳极超高亮红色管，数码管 "8" 的高度为 0.5in。

公共极特征项中，A、C、E 为共阴极，B、D、E 为共阳极。 颜色项中，R 红色，H 高亮红光，S 超高亮红光，G 黄绿色，PG 纯绿色，Y 黄色，B 蓝色，W 白色，O 橙色等。

按照此命名规律，LG3631AH 是 3 位连体共阴极高亮度红色管，数码管 "8" 字高度 0.36in。 需要说明的是，该管有 11 个引脚，每位数码管有一个共阴极，可自行查阅相关资料。

LG	50	11	B	SR

颜色：超高亮红色光

公共极特征：共阳极

数码管位数：1位或单联

数码管 "8" 字高度：0.50in，即12.7mm

生产公司代码

图 4-21　数码管型号命名方法一

还有一种命名方法如图 4-22 所示，以 CPS5621AR 为例，该管是 2 位共阴极红色数码管，数码管 "8" 的高度为 0.56in。 不同厂家数码管的命名方法不尽相同，这里仅列举常见的两种。

数码管检测可以用数字万用表，也可以用指针式万用表，下面分别举例说明共阳极与共阴极数码管的检测方法。

如图 4-23 所示，将数字万用表功能转换开关拨到 ─►─ ‹›› 挡，将红表棒（＋）放到公共阳极引脚 3 或 8 上，根据表 4-21，黑表棒（－）依次在其他引脚上移动，可看到对应段发光。

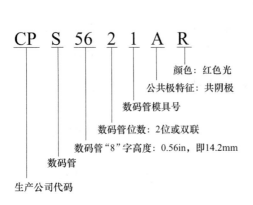

图 4-22 数码管型号命名方法二

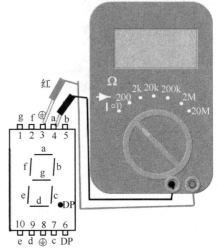

图 4-23 共阳极数码管检测图

表 4-21 共阳极数码管检测表

红表棒	黑表棒	发光段
共阳极 3 脚	1 脚	g
	2 脚	f
	4 脚	a
	5 脚	b
共阳极 8 脚	6 脚	DP.
	7 脚	c
	9 脚	d
	10 脚	e

如图 4-24 所示，将指针式万用表拨挡开关转到 Ω×100 挡，将红表棒（－）放到公共阴极引脚 3 或 8 上，根据表 4-22，黑表棒（＋）依次在其他引脚上移动，可看到对应段发光。

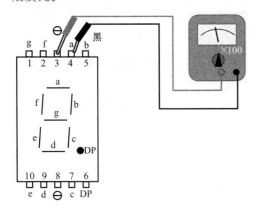

图 4-24 共阴极数码管检测图

表 4-22 共阴极数码管检测表

红表棒	黑表棒	发光段
共阴极 3 脚	1 脚	g
	2 脚	f
	4 脚	a
	5 脚	b
共阴极 8 脚	6 脚	DP.
	7 脚	c
	9 脚	d
	10 脚	e

提高篇

学习情境五　电子门铃制作与调试

【学习目标】

1. 掌握安全用电与安全文明生产管理技能。
2. 提高按模块识读模拟电子线路原理图的能力。
3. 掌握常用电子元器件识别、检测、参数匹配并编制元器件清单的技能。
4. 掌握印制电路板图设计或面包板元器件布置图设计的技能。
5. 掌握手工焊接技能或元器件搭接技能。
6. 掌握电子线路制作、测量与调试技能。
7. 掌握用静态、动态工作法判断与排除电路故障技能。
8. 掌握仪器、仪表使用与维护的技能。
9. 熟悉万用表各挡性能与检测技能。
10. 熟悉仿真软件测量、调试与故障处理技能。
11. 加强团队合作意识，培养团队合作能力。
12. 培养信息选择、观察与逻辑推理、语言表达、持续学习等能力。

一、原理图识读

如图 5-1 所示，当开关 K 闭合时，电源模块 V_{cc} 向电路各部分供电。三极管 VT_1、VT_2 为主的元器件构成多谐振荡器，输出对称振荡方波，送给其后的放大模块。VT_3、VT_4 同型复合，构成 NPN 型复合放大管，与其周边元件组成共集电极放大电路，即射极跟随器输出的信号驱动扬声器发出相应频率、音量的声音。

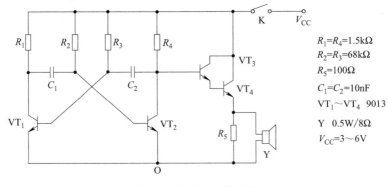

图 5-1　电子门铃原理图

$R_1=R_4=1.5\text{k}\Omega$
$R_2=R_3=68\text{k}\Omega$
$R_5=100\Omega$
$C_1=C_2=10\text{nF}$
$VT_1\sim VT_4$　9013
Y　0.5W/8Ω
$V_{CC}=3\sim 6\text{V}$

该电路分为三个模块，即电源、多谐振荡器（或称信号产生器）、信号放大与输出模块。

二、元器件识别与检测

（一）色环电阻器

通过色环识别标称阻值和允许误差；通过体积大小识别其额定功率值；用万用表合适挡位检测各电阻值，并进行 R_1 与 R_4、R_2 与 R_3 参数匹配。

（二）电容器

通过电容器外形形状识别其类型，通过其表面标志的数字识别电容量；用指针式万用表合适挡位检测其质量好坏，注意短路或断路的电容器不可使用；用数字万用表合适挡位测量其电容量以达到参数匹配。

（三）电动式扬声器

通过铭牌标志识别扬声器（俗称喇叭）的标称功率与额定阻抗两项电声参数。扬声器的标称功率是指长时间工作时所输出的电功率，扬声器在此功率下能达到最佳工作状态。额定阻抗是指其交流阻抗值，它随测试频率的不同而不一样，一般对口径小于 $\phi90\text{mm}$ 的扬声器测试频率为 100Hz。

用指针式万用表 $\Omega\times1$ 挡检测其音质性能。表笔一触碰扬声器两引脚，就应听到"喀喇"声，越清脆、干净，说明音质越好；如果碰触时万用表指针没有摆动，说明扬声器音圈内部或音圈引出线断路；如果仅有指针摆动但没有"喀喇"声，则表明扬声器音圈有短路现象。

断路或短路的扬声器不可用。**注意**检测时速度要快，且不可反复去测量，以免损坏扬声器。

（四）三极管

从外表识别三极管型号，并通过半导体器件手册等相关书籍查得其在工程选用过程中依据的参数，如电流放大系数 β，集电极最大允许电流 I_{CM}，集电极最大允许功率损耗 P_{CM}，基极开路时集电结不致击穿、允许施加在集电极-发射极之间的最高电压 $U_{(BR)CEO}$。

上述参数中 I_{CM}、P_{CM}、$U_{(BR)CEO}$ 称之为极限参数，根据其可确定三极管的安全工作区，如图 5-2 所示。三极管必须工作在安全区内，并留有一定的裕量。

1. 管型与基极 B 判断

一般情况下，在检测小功率三极管时，不要选用指针式万用表的 $\Omega\times1$ 或 $\Omega\times10k$ 挡，以免大电流或高电压损坏三极管。

选用万用表合适挡位，将黑表笔放在某个引脚上不动，红表笔依次去碰接另两个引脚，如果两次测量阻值均很小，而对换表笔测得两次阻值均很大，则阻值小时黑表笔所接引脚为 B 极，且该管为 NPN 管。

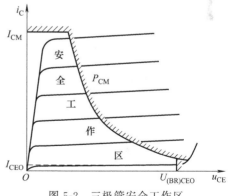

图 5-2 三极管安全工作区

2. β 值测定及判定集电极 C、发射极 E

① 将指针式万用表打到 h_{FE} 挡，电调零。

② 将 B 极插入到对应管型座 B 孔里。

③ 将假想的 E、C 极插入到 E、C 两孔中。

④ 如果所测 β 值很小，则假想 E、C 极错误；调换一次进行测试后读取 β 值。

⑤ 如果所测数值较大，则读取 β 值，且假想 E、C 极正确。

3. β 值检测表

结合本情境工作需要，VT_1 与 VT_2 的参数应尽量做到匹配一致才能得到对称的振荡波形。对整个电路来说，应从各级的配合来选择 β，例如前级用低 β，后级就用高 β 的管子；或者反之前级用高 β，后级就用低 β 的管子。按要求选好各管，数据填入表 5-1。

表 5-1　β 值检测数据表

三极管	VT$_1$	VT$_2$	VT$_3$	VT$_4$
β				

三、元器件清单编制

结合原理图及对实际元器件的识别，编制元器件清单，填入表 5-2。

表 5-2　电子门铃元器件清单表

序号	项目代号	元器件名称	型号或参数
1			
2			
3			
4			
5			
6			
7			
8			

四、面包板元器件布置图设计与绘制

（一）设计原则

① 充分利用面包板特性。

② 在正确连接电路的前提下，尽量做到元器件布局合理、规范、工艺美观，导线连接简练、距离短、不转弯、不交叉。

③ 设计应考虑到后续测试工作的方便性。

（二）设计步骤

① 用万用表合适挡位检测如图 5-3 的面包板特性，尤其注意哪些点连通，哪些点不连通。

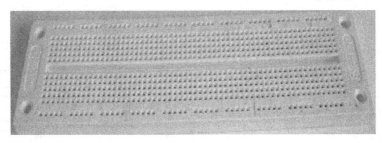

图 5-3　面包板

② 将图 5-1 原理图中各元器件电路符号与实际元器件一一对应起来，根据各元器件体积大小、外封装形式等合理安排其摆放位置、方向、引脚间跨距等。

③ 绘制元器件电路符号，并标注其项目代号。其中，由于三极管应遵循其本来的封装结构，三个引脚插放在同一排，故在设计图中可不画其电路符号，用一个椭圆将三个引脚所在位置圈住，并标注引脚名称 E、B、C。

④ 根据原理图正确布局，设计与绘制各元器件间的电气连接导线，并预留好电流测量点。

⑤ 核查面包板元器件布置图所有内容。

五、印制电路板图设计与绘制

（一）设计原则

① 所用敷铜板面积尽可能小，以降低制作成本。

② 元器件最好均匀排列，不要浪费空间。

③ 元器件尽量横平竖直排列。

④ 连线之间或转角必须≥90°。

⑤ 走线尽可能短，尽可能少转弯。

⑥ 安装面（A面）元器件不允许架桥，焊接面（B面）走线不允许交叉。对于可能交叉的线条，可让某引线从别的元器件引脚下的空隙处"钻"过去，或从可能交叉的某条线一端"绕"过去。复杂电路可在A面用导线跨接来处理，俗称跳线。

⑦ 三极管三个引脚的排列应遵循其本来的封装结构，安排在同一排或同一列，且引脚相互之间不要留空焊盘。

⑧ 微动按钮开关共四个引脚，应为其设计四个焊盘，但其中只有两个与电路相连接，另两个为空焊盘。

（二）设计与绘制步骤

① 初步定好印制电路板的面积，预留电池盒安装位置。

② 预留一定的边框裕量。

③ 根据实际尺寸，将所有元器件引脚所占用的焊盘合理布置好，画出各元器件电路符号，标清楚其项目代号。三极管电路符号可不画，但应标注清楚每个三极管的引脚名称，如 VT_1 的三个引脚可用 E_1、B_1、C_1 表示，其余类似。

④ 测试点设计要方便后续工作的进行。如图5-4所示，共有1～17个测试点，每个测试点位置是一个独立焊盘，下面分别描述其功能，并列于表5-3中。

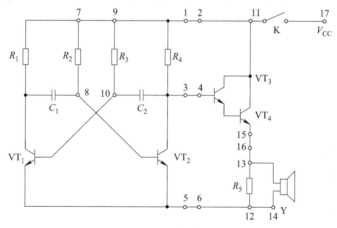

图5-4　测试点安排图

为了分模块研究门铃产品的工作状态，即将信号产生器模块（简称第一模块）、信号放大与输出器模块（简称第二模块）分开研究，需在这两模块之间设置分断点。测试点1、2分断两模块间电源正极，5、6分断电源负极；三极管 VT_2 集电极与 VT_3 基极之间的电气连接导线断开，设计两个测试点3、4，分断两模块间的信号连接通路，而且方便在此处测量电流 I_{B3}。

表 5-3 测试点功能表

测试点	功能 1	功能 2
1、2	第一模块与第二模块电源正极分断点	
3、4	第一模块与第二模块电源信号分断点	电流 I_{B3} 测量口
5、6	第一模块与第二模块电源负极分断点	
7、8	电阻器 R_2 参数调换端	
9、10	电阻器 R_3 参数调换端	
11、17	电源正极接入端	总静态电流 I 测量点
12	电源负极接入端	
13、14	扬声器接入端	输出波形观测端
15、16	信号放大与输出分断点	电流 I_{E4} 测量口

测试点 7、8 用于调换电阻器 R_2 参数，测试点 9、10 用于调换电阻器 R_3 参数。

11、17 为电源正极接入点，同时方便在此观测总静态电流 I；12 是负极接入点。13、14 是扬声器接入点，也是输出波形观察点。

将 VT_4 发射极与电阻器 R_5 之间的电气连接导线断开，设计两个测试点 15、16，便于测量电流 I_{E4}。

⑤ 根据原理图及设计原则画出电气连接导线。

⑥ 核查印制电路板图中各项内容。

六、电路制作

方案一：用面包板制作

按照设计好的面包板元器件布置图，搭接所有元器件及其连接导线，并用万用表合适挡位仔细检查线路与元器件是否接通，是否连接正确。

方案二：用万能板制作

合理安排电子与机械部分的制作流程，先钻电池盒安装孔，后电子装配。电子部分制作环节中，按照设计好的印制电路板图，在万能板上焊接所有的元器件及其电气连接导线，电气连接线可用合适直径的单芯硬导线、元器件引脚或焊锡丝熔化拉焊完成。**注意**先安装高度矮、体积小、重量轻或布局在板中间的元器件。

为了后续测量与调试工作方便，1～17 测试点制作说明如下，并详列于表 5-4 中。

表 5-4 测试点制作说明

测试点	制作说明	材料
1、2	在两个焊盘处焊两根插针（1、2 之间断路）。插针短头从万能板安装面插入，在焊接面焊接。焊接面两焊盘之间断开，插针长头在安装面用短路帽套上才连接起来	1 个双联插针 1 个短路帽
3、4	同 1、2 测试点	同 1、2 测试点
5、6	同 1、2 测试点	同 1、2 测试点
7、8	在两个焊盘处各焊一根插针	2 个单根插针
9、10	同 7、8 测试点	同 7、8 测试点
11、17	同 7、8 测试点	同 7、8 测试点
12、14	在两个焊盘处焊两根插针（12、14 之间短路）。焊接面两焊盘之间用焊锡连接起来	1 个双联插针
13、15、16	在三个焊盘处焊接三根插针（15 与 16 之间断路，13 与 16 之间短路）。15、16 间用短路帽套上才连接起来	1 个三联插针

参照图 5-4，第一模块与第二模块之间的三个分断点 1-2、3-4、5-6 焊 3 个双联插针，用短路帽完成连接功能。

R_2 和 R_3 的四个焊盘 7-8 与 9-10、电源正极的两个焊盘 11、17 中，共焊 6 个单根插针，并将 R_2、R_3 焊在其对应插针长头上。

电源负极一个焊盘 12 与扬声器 Y 一个焊盘 14，用 1 个双联插针焊接，焊接面两焊盘之间用焊锡连接起来。

信号放大与输出分断点焊盘 15-16 与扬声器 Y 的另一个焊盘 13，用 1 个三联插针焊接。

扬声器 Y 先触碰搭接 13、14 插针，等通电调试正常后，引线套上黄蜡管，再焊接到这两个插针上。

七、电路调试与测量

按照事先设计的图纸完成的电子产品，必须经过一定步骤的调试与数据测量，才能一步步达到设计相关数据指标。

为了在本学习情境中训练模块化调试、故障判断与排除思路，并强化训练各电子仪器、仪表的使用与维护，下面将该电子门铃的各步调试、数据测量与波形观测等训练内容以模块结构完成：

第一步，调试、测量信号产生器第一模块，直至各项数据指标正确，信号输出波形合格；

第二步，调试、测量信号放大与输出器第二模块，保证其信号放大指标合格，输出波形正常；

第三步，将第一模块与第二模块进行联调，保证整个电路的所有数据与波形正常。

注意下面训练内容除特别注明外，均需重复三次。

（一）电路通电前检查工作

① 用指针式万用表或数字万用表合适电阻挡位，检查电路所有元器件与电气导线是否都正确连接。

② 用指针式万用表的合适电阻挡位，测量门铃产品接正、负电源的两测试插针之间电阻，为 0 或与标准值相差太大的不能通电，需查找故障。无故障者，将正确数据记录于表 5-5 中，并可进行下一步。

表 5-5　各模块与整机电阻测量表

名称	测试点	所用挡位	测量数据/kΩ
$R_{第一模块}$	1、5		
$R_{第二模块}$	2、6		
$R_{整机}$	11、12		

（二）电路通电前准备工作

① 观察直流稳压电源铭牌数据，记录其型号、电压调节范围与电流负载能力。

② 直流稳压电源通电，观察并学习各个旋钮的名称与功能。

③ 将直流稳压电源电压输出调至 3V，并用指针式万用表或数字万用表合适直流电压挡位进行校验；将电源的电流负载能力调至最大；断电。

上面步骤①～③仅调试第一模块时需要做，调试第二模块、两模块联调时保持直流稳压电源该状态即可。

（三）电路调试与静态工作点测量

① 将指针式万用表或数字万用表分别调至直流电流合适挡位，万用表与直流稳压电源正、负极正确接入电子门铃电路中对应位置。图 5-5 所示为两模块联调时整机静态工作电流

$I_{总}$ 测量接线图。

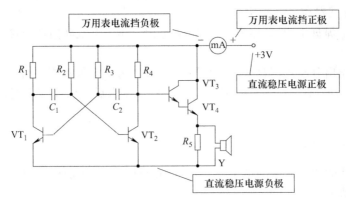

图 5-5　整机静态工作电流测量电路

② 通电，迅速观测第一、第二模块或整机静态工作电流读数。如果数值与标准值相同，则将数据记入表 5-6，并进行下一步操作；否则断电进行故障排查。

表 5-6　门铃静态工作电流表

测量位置	电流/mA	真实指针式万用表测量	真实数字万用表测量	虚拟数字直流电流表测量	虚拟数字万用表测量
第一模块	$I_{第一模块}$				
第二模块	$I_{第二模块}$				
整机	$I_{总}$				

③ 撤掉万用表；稳压电源正极接 17 测试点，负极接 12 测试点供电；将喇叭碰接在 13、14 测试点上，摁下微动按钮开关 K 听声音，如正常则做下一步测试；如不正常则断电进行故障排查。**注意**此步骤仅为两模块联调时操作。

④ 直流稳压电源向门铃电路直接供电。即调试第一模块时，电源正极接 1 测试点，负极接 5 测试点，两模块联调时电源正极接 11 测试点，负极接 12 测试点。

⑤ 测量三极管 VT_3 基极电流 I_{B3}、VT_4 发射极电流 I_{E4}，将数据填入表 5-7 中，并进行数据处理，然后结合原理图分析得出结论。**注意**此步骤仅两模块联调时操作。

表 5-7　复合放大管数据测量与处理表

数据测量			数据处理
测量对象	测量位置	测量数据	复合放大管集电极电流 $I_{C复合管} \approx$ _____ mA
$I_{B3}/\mu A$	3-4 测试点		复合放大管电流放大系数 $\beta_{复合管} \approx$ _____
I_{E4}/mA	15-16 测试点		$I_{第一模块} + I_{C复合管} \approx$ _____ mA
结论	$\beta_{复合管}$ 与 β_{VT_3}、β_{VT_4} 的关系：		
	$I_{第一模块} + I_{C复合管}$ 与 $I_{总}$ 的关系：		
	$I_{第一模块}$、$I_{C复合管}$、$I_{总}$ 与 KCL 定律的关系：		

⑥ 将指针式万用表调至直流电压合适挡位，测量三极管 $VT_1 \sim VT_4$ 各引脚分别与电源负极测试点间的电压，将所有数据填写在表 5-8 的第 2～4 列中。**注意**调试第一模块时测量 VT_1、VT_2 管，两模块联调时测量 VT_3、VT_4 管。

⑦ 将直流稳压电源输出调至 4.5V，即门铃工作电压变为 4.5V，用数字万用表直流电压合适挡位测量另一组静态工作电压，填写在表 5-8 的第 5～7 列中。**注意**此步骤仅两模块联调时操作。

表 5-8　静态工作电压表

	U_{BO}/V	U_{EO}/V	U_{CO}/V	U_{BO}/V	U_{EO}/V	U_{CO}/V
VT$_1$						
VT$_2$						
VT$_3$						
VT$_4$						

⑧ 观察表 5-8 数据，看能得出什么结论？再结合电子门铃原理图，进行相应电路分析，以提高对电路原理图的理解能力；将获得的电压数据现象用"＝"或"＞"表示，与分析得出的结论均填入表 5-9 中。

表 5-9　门铃电路电压分析表

各电压关系现象	结论
U_{E1}　U_{E2},U_{C2}　U_{B3},U_{E3}　U_{B4},U_{C3}　U_{C4}	
U_{E1}　U_{E2},U_{B1}　U_{B2},U_{C1}　U_{C2}	
U_{B3}　U_{E3},U_{B4}　U_{E4}	

（四）波形周期与峰-峰值观测

① 观察并学习示波器各旋钮的名称与功能，记录其型号与工作频率范围。

② 调节出亮度适中、清晰、稳定且粗细合适的水平基线。

③ 将示波器探头接在其自校波形输出座上，选择合适的 X 轴灵敏度与 Y 轴灵敏度，观测本机方波，读出周期 T 与峰-峰值，看是否正确。

④ 观测第一模块信号输出波形。直流稳压电源供电，即正极接 1 测试点，负极接 5 测试点；选择合适的 X 轴、Y 轴灵敏度，将示波器信号端探头接 3 测试点，地端夹子接 5 测试点。如有正常方波，说明第一模块调试成功，则数据记录于表 5-10 中。

表 5-10　第一模块输出波形观测表

R_2,R_3阻值	X 轴灵敏度 ms/DIV	周期 T /ms	频率 f /Hz	Y 轴灵敏度 V/DIV	峰-峰值 /V
68kΩ					

⑤ 观察并学习函数信号发生器各旋钮、按键的名称与功能，记录其型号与工作频率范围。

⑥ 函数信号发生器波形输出与观察。参照表 5-11 要求，使函数信号发生器输出对应形状、频率、峰-峰值等要求的波形信号，用示波器去观察并记录数据。**注意**根据信号输出频率、峰-峰值选择合适的 X 轴、Y 轴灵敏度。

表 5-11　函数信号发生器波形输出数据表

仪器	正弦波		方波			三角波	
	频率 /Hz	峰-峰值 /V	频率 /Hz	峰-峰值 /V	占空比	频率 /Hz	峰-峰值 /mV
函数信号发生器	50	6	10k	0.5	50%	1k	30
示波器							

⑦ 使函数信号发生器输出方波，方波频率、峰-峰值与门铃电路第一模块输出波形相同，即与表 5-10 参数一致。

⑧ 示波器双通道观察与校验波形。示波器 Y_1 通道观察步骤⑦中函数信号发生器输出方波，Y_2 通道观察门铃电路第一模块输出方波。根据需要对函数信号发生器输出波形参数做出调整，保证示波器 Y_1、Y_2 通道观测到波形的频率与峰-峰值均相同。

⑨ 调试与观测第二模块输出波形。直流稳压电源供电，即正极接 2 测试点，负极接 6 测试点。将步骤⑧中函数信号发生器的输出波形送给第二模块作为假想输入信号，即红色鳄鱼夹信号端接 4 测试点，黑色鳄鱼夹地端接 6 测试点，用示波器观察输出波形，即信号端探头接 13 测试点，地端夹子接 14 测试点：如有正常方波输出，说明第二模块信号传送通畅，则数据记录于表 5-12 中；否则断电排除此模块故障。

表 5-12　第二模块输出波形观测表

X 轴灵敏度 ms/DIV	周期 T /ms	频率 f /Hz	Y 轴灵敏度 V/DIV	峰-峰值 /V	扬声器 声音

⑩ 用扬声器去碰接 13、14 测试点，如能听到声音，说明第二模块有正常的信号放大作用，调试成功。

⑪ 两模块联调输出波形观测。将第一、第二模块连接起来，即用 3 个短路帽分别将 1-2、3-4、5-6 测试点连通。直流稳压电源供电，即正极接 11 测试点，负极接 12 测试点。选择合适的 X 轴、Y 轴灵敏度，用示波器观测 13、14 测试点输出波形，如波形参数正常，用扬声器碰接 13、14 测试点，听声音的音量与粗细，如声音正常，说明联调成功，所有数据记录于表 5-13 中。

表 5-13　两模块联调波形观测数据表

R_2、R_3 阻值	X 轴灵敏度 ms/DIV	周期 T /ms	频率 f /Hz	Y 轴灵敏度 V/DIV	峰-峰值 /V	声音 音量、粗细
6.8kΩ						
30kΩ						
68kΩ						
82kΩ						
150kΩ						

⑫ 如表 5-13 所示，将 R_2、R_3 参数依次调换，留心听声音粗细（频率）、音量大小（峰-峰值）是否有变化，同时观测波形周期、峰-峰值是否有变化。

⑬ 记录相关数据，填在表 5-13 中并描绘波形，结合电子门铃原理图分析数据，看能得出什么结论？

⑭ 第一模块多谐振荡器对称输出方波观察。将示波器 Y_1、Y_2 通道探头分别接至 VT_1 与 VT_2 集电极，观察两个波形的周期、峰-峰值、初相位，结合原理图分析并得出相应结论。

⑮ 将 VT_2 集电极与 VT_3 基极之间的电气连接导线（即短路帽）断开，用一根软导线将 VT_1 集电极连接至 VT_3 基极。

⑯ 第一模块对称方波输出传送观察。观察 13、14 测试点波形周期和峰-峰值，与表 5-13 参数进行比较，结合原理图分析并得出相应结论。

（五）波形频率测量

① 将数字万用表调整到频率量程的合适挡位，两表笔接在扬声器输出端。当 R_2、R_3 为不同阻值时，读取传送给扬声器波形的频率。

② 将函数信号发生器的"外（测）"开关接入，信号由"计数/频率"端子输入，则进入频率计工作状态。选择合适的频率范围按键，测试线接在扬声器输出端。当 R_2、R_3 为不同阻值时，读取传送给扬声器波形的频率。

③ 将示波器、数字万用表、信号发生器所测扬声器波形频率填入表 5-14。

④ 将扬声器用黄蜡管绝缘，焊接在 13、14 测试点上，全部调试与测量任务完成。

表 5-14　扬声器波形频率测量表

R_2,R_3阻值	示波器测量频率/Hz	数字万用表测量频率/Hz	频率计测量频率/Hz
6.8kΩ			
30kΩ			
68kΩ			
82kΩ			
150kΩ			

八、仿真软件调试、测量与故障模拟

(一)模块调试

① 安装 EWB 仿真软件。打开 EWB512 文件夹，双击 ![图标] 图标，根据提示进行安装。

② 启动 EWB 仿真软件。双击 ![图标] 图标，打开该应用程序，呈现一未命名 "Untiled" 新文件，如图 5-6 所示。

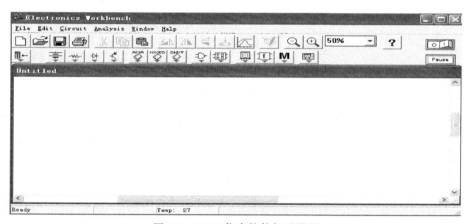

图 5-6　EWB 仿真软件打开界面

③ 命名 EWB 新文件。将该新文件命名为 Doorbell. EWB，并单击相应图标熟悉常用元器件、仪表、仪器所在库，如图 5-7 所示。

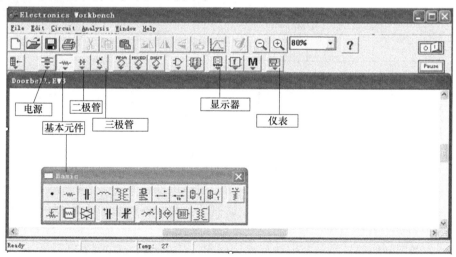

图 5-7　EWB 仿真软件元器件、仪表、仪器库名称

④ 电子门铃电路元器件布局。根据图 5-1 选择相应元器件，其中电阻符号"——▭——"在 EWB 软件中变成"——〜〜——"，三极管 9013 用 motorol3 库中的 MRF9011 替代，如图 5-8 所示。

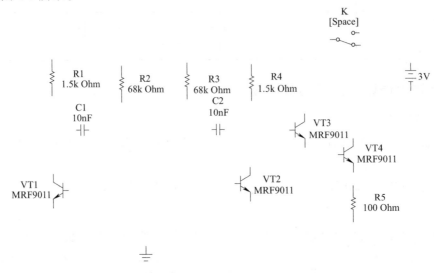

图 5-8　电子门铃仿真元器件布局图

⑤ 调试电子门铃电路第一模块。根据图 5-1，将门铃电路第一模块的元器件用导线进行电气连接，并将虚拟数字电流表、数字电压表、示波器 Channel A 通道接入，如图 5-9 所示。启动 [🔘I] 运行图标，如电路正常，则仪表与仪器上显示相应电流、电压与波形，将第一模块电流记录于表 5-6 中；如不正常，则用步骤⑥～⑧中介绍的三种方法排除故障。

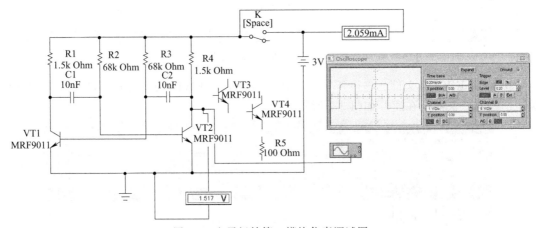

图 5-9　电子门铃第一模块仿真调试图

⑥ "显示电路节点"排除电路故障法。单击"Circuit"下拉菜单中"Schematic Options"命令，出现对话框；打开"Show/Hide"，在"Display"区域勾选"Show nodes"单选框，单击"确定"钮，如图 5-10 所示。第一模块电路将呈现各节点编号，如图 5-11 所示。当电路正确绘制时，只能有 7 个节点。通过节点编号还可以看出绘制电路原理图的顺序，如 1 号节点处（红色箭头指示点）3 个元器件 R_1、C_1、VT_1 的 C 极是最先进行连接的，2 号节点（大椭圆划线处）是一个扩展节点，即 R_1、R_2、R_3、R_4 四个电阻器的一端与开关 K 一端均被连接在一起。当某一节点处出现两个以上的节点编号时，就是故障点，需拆除

导线重新连接。

⑦"节点逐点检查"排除电路故障法。将鼠标移至某一节点上时，如图 5-11 所示的小椭圆划线处，在电脑屏幕下方的状态栏上将显示该节点编号"Connector：Node 0"。如果该扩展节点处的三个连接点显示两个以上的节点编号时就是故障，需拆除导线重新连接。

⑧"导线颜色设置"排除电路故障法。电路原理图绘制时，EWB 软件默认导线颜色为黑色。将鼠标移至任意一段连接线上，如放在与 VT_2 的 C 极相连导线上，单击右键，

图 5-10　"显示电路节点"对话框

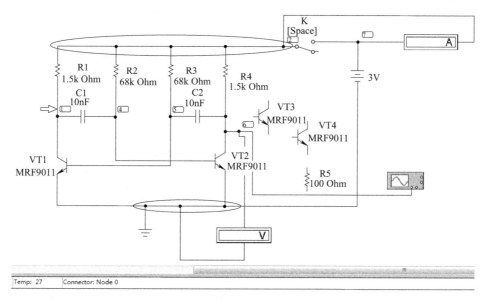

图 5-11　电子门铃第一模块仿真节点显示图

将出现快捷菜单；选择"Wire Properties"命令，出现对话框，如图 5-12 所示；在"Display Options"区域自动显示此导线所处节点编号"Node ID"为 6；在"Set Node Color"区域单选其他任一种颜色，如红色，单击"确定"按钮。如图 5-11 所示，与节点 6 处 VT_2 的 C 极相连的 3 根导线均转变为红色；反之，3 根导线中只要有一根以上仍为黑色，就是故障点。

⑨绘制电子门铃电路第二模块。如图 5-13 所示，绘制第二模块的电气连接导线，第一、二模块间的电源正、负极之间连接，但两模块之间的信号连接线断开。**注意**此处调试与实物制作时有所不同，用实际的元器件制作并调试第二模块时，第一、二模块间的电源正极（测试点 1 与 2）、负极（测试点 5 与 6）、信号连接线（测试点 3 与 4）全部处于断开状态。

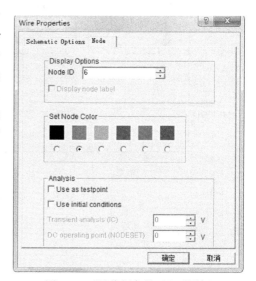

图 5-12　"导线颜色设置"对话框

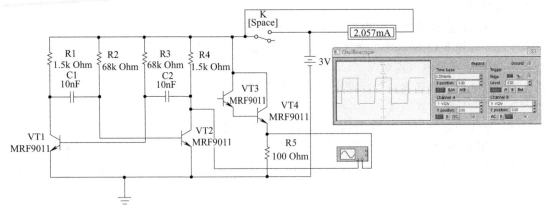

图 5-13　电子门铃第二模块仿真测试图

⑩ 测试电子门铃电路第二模块。如图 5-13 所示，将虚拟示波器 Channel B 通道探头（蓝色连接线）接在第二模块输出端，即 VT_4 发射极 E 与 R_5 之间。启动 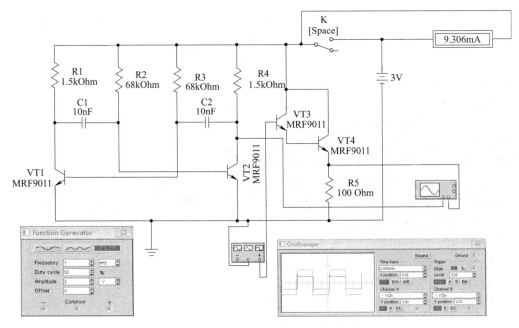 图标，应看到第一模块电流与输出波形正常，第二模块没有波形输出（只有一条蓝色水平基线），说明第二模块的加入对第一模块没有影响；如有影响则需查找故障。

⑪ 调试电子门铃电路第二模块。从 EWB 仪器库 Instruments 中调出虚拟信号发生器 Function Generator 图标，双击该图标出现其设置框。在"Frequency"栏中设置 1kHz、"Amplitude"栏中设置 3V，其他默认；如图 5-14 所示，将虚拟信号发生器接在第二模块输入端，即 VT_3 基极 B 与地端之间。启动 图标，将看到第一、二模块均有波形输出，片刻后趋于同步，此时停止仿真运行，记录电流数据于表 5-6 中。

图 5-14　电子门铃第二模块仿真调试图

注意 此处与实物制作时的调试状态不同，故数据不同。步骤⑨中已说明，调试实物电子门铃时，第二模块与第一模块电源正极、负极、信号连接线全部断开，因此在第二模块处所测电流就是第二模块本身独立产生的电流；而仿真调试时，第二模块与第一模块之间的电源正极、负极并没有断开，故图 5-14 中虚拟数字电流表显示的电流值几乎是第一、第二模块的总电流。

⑫ 电子门铃电路两模块联调。如图 5-15 所示，在第一、二模块之间串入虚拟数字电流表，启动[⏻]图标，则能同时监测电流 I_{B3}、$I_{总}$、第一与第二模块输出波形。如所有数据正常，则说明仿真电路全部调试成功。**注意**因软件兼容性问题，在显示 I_{B3} 时，单位“μA”可能显示其他乱码。

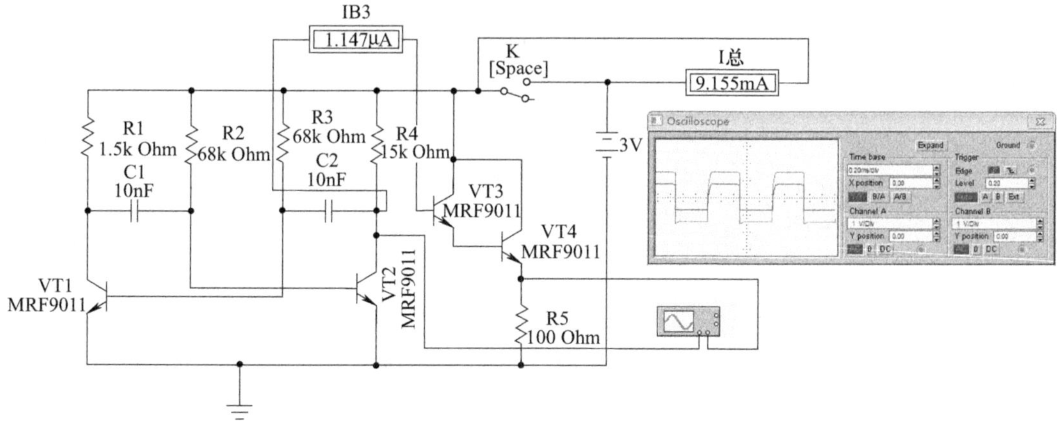

图 5-15　电子门铃两模块联调仿真图

（二）整机测量

1. 静态工作电流测量

① 电流表测量　如图 5-16 所示，将开关 K 处于断开状态，串联接入虚拟数字直流电流表 A。启动[⏻]图标，该仪表将有毫安数量级电流跳变显示；待数字接近于稳定时，单击[Pause]图标，则数字被锁定，且该图标变为[Resume]。此时，读取电流数值 $I_{总}$，将数据记录于表 5-6 中。

② 万用表测量　在 EWB 仪器库 Instruments 中，调出 Multimeter 虚拟数字万用表，用其替代图 5-16 中直流电流表 A 的位置，并选择直流电流挡。启动[⏻]图标，将电流值记入表 5-6。

2. 静态工作电压测量

① 按 Space 键，将开关 K 闭合。

② 数字万用表测量　调出虚拟数字万用表并双击其[▤]图标，将打开其显示窗口，如图 5-16 所示。按表 5-8 要求，将万用表两表笔依次正确接到对应测量点上，完成第 2～4 列数据。

③ 电压表测量　双击仿真图中的电源符号，将门铃电路电源电压改为 4.5V。在 EWB 仪表库 Indicators 中，调出 Voltmeter 虚拟数字直流电压表，用其替代图 5-16 中万用表，按表 5-8 要求，完成第 5～7 列数据。

3. 输出波形周期与峰-峰值观测

① 如图 5-16 所示，将虚拟示波器接入。双击[∿]图标，打开其波形展示窗口。启动[⏻]图标，将有波形出现。

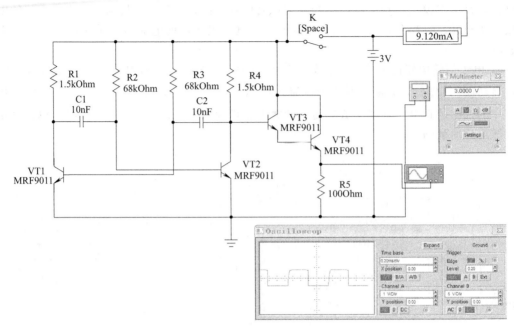

图 5-16　电子门铃整机仿真测量图

② 单击 **Expand** 按钮，出现波形放大窗口，如图 5-17 所示。

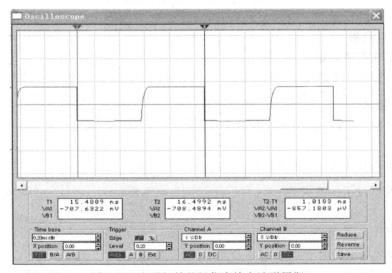

图 5-17　电子门铃整机仿真输出波形周期

③ 波形周期读取　如图 5-17 所示，移动虚拟示波器指针，使红指针 1 位于一个周期起点处，蓝指针 2 位于周期终点（反之亦可），则"T2-T1"栏内显示值即为周期，将相关数据填入表 5-15，并将波形截屏保存。

④ 峰-峰值数据读取　如图 5-18 所示，使虚拟示波器红指针 1 位于波形峰底，蓝指针 2 位于波形峰顶，则"VA2-VA1"栏内显示值即为峰-峰值，相关数据填入表 5-15。

⑤ 按表 5-15 要求，调换 R_2、R_3 参数，读取各项数据，并将所有波形截屏保存。**注意**波形观测过程中，为了获得直观、清晰、稳定的波形，应合理设置 Time Base 和 Channel A 的灵敏度。

表 5-15 整机仿真波形观测数据表

R_2,R_3阻值	X 轴灵敏度 ms/div	周期 T /ms	频率 f /Hz	Y 轴灵敏度 V/DIV	峰-峰值/V
30kΩ					
68kΩ					
82kΩ					
150kΩ					

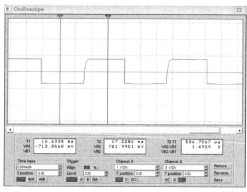

图 5-18 电子门铃整机仿真输出波形峰-峰值

（三）故障模拟

1. 电阻器故障

① 将 R_2 依次改为 $6.8k\Omega$ 和 $150k\Omega$，待数值稳定时观察静态工作电流 $I_总$，观察两次波形的上沿、下沿脉宽与周期。与 $R_2=R_3=68k\Omega$ 时的波形进行比较，总结 R_2 对电流、波形的影响，将数据记录在表 5-16。

表 5-16 电阻器故障模拟记录表

电阻器值/Ω	上沿脉宽/μs	下沿脉宽/μs	周期/ms	$I_总$/mA	主要结论
$R_2=R_3=68k$					
$R_2=6.8k,R_3=68k$					
$R_2=150k,R_3=68k$					
$R_2=68k,R_3=6.8k$					
$R_2=68k,R_3=150k$					
$R_1=R_4=1.5k$					
$R_1=150k,R_4=1.5k$					
$R_1=1.5k,R_4=15k$					
$R_5=0$					
$R_5=\infty$					

② 将 R_3 换为 $6.8k\Omega$ 和 $150k\Omega$，重复上述过程，总结 R_3 对电流、波形的影响。

③ 将 R_1 换为 $150k\Omega$，观察静态工作电流 $I_总$，观察波形上沿、下沿脉宽及周期。与 $R_1=R_4=1.5k\Omega$ 时波形进行比较，总结 R_1 对电流、波形的影响，将数据记录在表 5-16。

④ 将 R_4 换为 $15k\Omega$，重复上述过程，总结 R_4 对电流、波形的影响。

⑤ R_5 短路、开路故障。双击 R_5，出现"Resistor Properties"对话框，打开"Fault"，单选"Short（短路）"或"Open（开路）"，设置电阻故障。观察波形与电流，总结 R_5 故障对电流、波形的影响。

2. 电容器故障

① 将 C_1 短路、开路，观察波形与静态工作电流 $I_总$，记录于表 5-17。

② 将 C_2 短路、开路，重复上述过程。

表 5-17　电容器故障模拟记录表

电容器故障	C_1短路	C_1开路	C_2短路	C_2开路
波形				
$I_{总}$/mA				

3. 三极管故障

① $VT_1 \sim VT_4$ 四个三极管的基极、集电极、发射极依次断开，观察波形与静态电流 $I_{总}$，记录于表 5-18。

表 5-18　三极管开路故障模拟记录表

三极管开路	VT_1			VT_2			VT_3			VT_4		
	B	C	E	B	C	E	B	C	E	B	C	E
波形												
$I_{总}$/mA												

② 将 $VT_1 \sim VT_4$ 四个三极管依次短路，观察波形与静态工作电流 $I_{总}$，记录于表 5-19。

表 5-19　三极管短路故障模拟记录表

三极管短路	VT_1	VT_2	VT_3	VT_4
波形				
$I_{总}$/mA				

③ 将 $VT_1 \sim VT_4$ 四个三极管的 C、E 极依次接反，观察波形与电流 $I_{总}$，记录于表 5-20。

表 5-20　三极管管脚接错故障模拟记录表

三级管 C、E 极接反	VT_1	VT_2	VT_3	VT_4
波形				
$I_{总}$/mA				

【训练题】

（1）方框图绘制题。结合图 5-1 电子门铃原理图，绘制该电子产品的方框图，将其完成在图 5-19 中。

图 5-19　电子门铃方框图

（2）电路仿真制作题。如图 5-20 所示，用 EWB 软件完成闪光电路仿真制作。工作电压为 3V，调试电路输出波形如图 5-21 所示。参考表 5-6、表 5-8、表 5-13，自己设计调试参数与记录数据的表格，测量并读取电流、电压、波形数据。

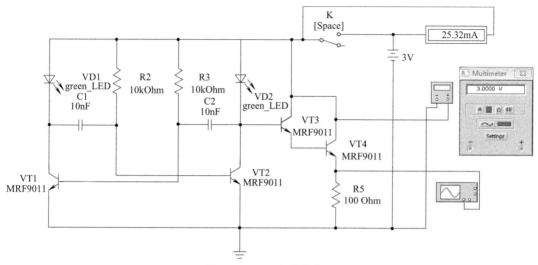

图 5-20　闪光电路仿真图

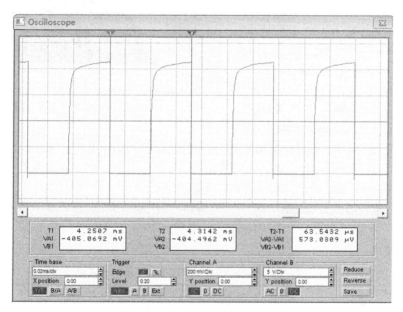

图 5-21　闪光电路仿真输出波形

（3）实际产品制作题。去电子元器件市场选购元器件，在面包板或万能板上制作图 5-20 所示的闪光电路。用万用表合适挡位测量总电流，用万用表合适挡位测量 $VT_1 \sim VT_4$ 四个三极管的 E、B、C 管脚电压，用示波器观察输出波形。

（4）产品制作与调试方案策划题。仿照教材体系，写出详尽的闪光电路制作与调试方案，包括原理图识读（含方框图）、元器件识别与检测、元器件清单编制、面包板元器件布置图设计与绘制（或印制电路板图设计与绘制）、电路制作、电路调试与测量、仿真软件调试与测量共 7 项内容。

（5）贴片产品制作题。参照图5-1电子门铃原理图，去电子元器件市场选购贴片元器件；自主查阅资料学习贴片元器件等内容；自主设计印制板电路图，设计应考虑到后续测试工作的方便性；在双面喷锡万能板上制作该电子门铃产品并调试成功。

【延伸学习】 表面贴装元器件

随着社会的发展，人们对电子产品的要求越来越高，功能更强大、更轻薄、更小巧等成为新的发展趋势，因此支撑电子产品的元器件发生了翻天覆地的变化，很多印制电路板全部或大部分由表面贴装元器件安装焊接完成。

表面贴装元器件基本上是片状结构，包括薄片矩形、圆柱形、扁平异形片式元器件等。从功能上，分为无源元件 SMC（Surface Mounting Component，也称表面贴装元件）和有源器件 SMD（Surface Mounting Device，也称表面贴装器件）。SMC 包括片状电阻器、电容器、电感器、滤波器和陶瓷振荡器等，SMD 主要有二极管、三极管、集成电路等，下面介绍常见的贴片元器件。

（一）SMC

（1）贴片电阻器

贴片电阻器与传统的通孔式安装电阻器有很大差别。如常见矩形片状贴片电阻器是按照其尺寸来分类的，如图5-22所示，英制 1206 系列的电阻器，前 2 位代表长度 0.12in，后 2 位表示宽度 0.06in，约合公制 3.2mm 长、1.6mm 宽，即相当于公制 3216 系列。

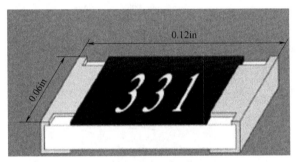

图 5-22　1206 系列贴片电阻器

类似地，还有 0805、0603、0402 系列，最小巧的电子产品已经采用 0201 系列的电阻器，0201 系列甚至比一粒芝麻的体积还小。欧美产品多采用英制系列，日本产品多采用公制系列，我国两种系列均用，英制标准用得更广泛，两者对应关系如表 5-21 所示。

与通孔安装的电阻器相比，贴片电阻器体积虽小，但其数值范围与精度并不差。如常见阻值范围为 $0.39\Omega \sim 10M\Omega$，允许误差有 ±1%、±5% 等几种精度，额定功率 $0.05 \sim 0.25W$。

表 5-21　贴片电阻器英制系列与公制系列对应表

英制系列	1206	0805	0603	0402	0201
公制系列	3216	2012	1608	1005	0603

矩形片状电阻器由陶瓷基片、电阻膜、玻璃釉保护层与端头电极等组成。基片大都采用陶瓷（Al_2O_3）制成，具有良好的机械强度、电绝缘性与散热性。电阻膜采用二氧化钌（RuO_2）制作的电阻浆印制在基片上，再经过烧结制成。

矩形片状电阻器的标称阻值采用数码法标志在电阻器本体上。如图 5-22 所示，1206 系列的"331"，前 2 位为有效值，第 3 位是 ×10 的乘方数，即标称阻值为 $33 \times 10^1 = 330\Omega$，同理"102"阻值为 $10 \times 10^2 = 1k\Omega$。

1206 系列电阻器的标称阻值还有 4 位数码标志的产品。前 3 位为有效值，第 4 位是 ×10 的乘方数，如"1501"标称阻值为 $150 \times 10^1 = 1.5k\Omega$，同理"1002"阻值为 100 ×

$10^2 = 10k\Omega$。

如无特殊说明，市场上供应的 1206 系列电阻器，3 位数码标志其允许误差默认是 ±5%，4 位数码标志是 ±1%，额定功率多为 0.25W。 功率与其他尺寸对应关系见表5-22。

表 5-22　贴片电阻器功率与尺寸对应表

尺寸系列	1206	0805	0603	0402	0201
额定功率/W	1/4	1/8	1/10	1/16	1/20

（2）贴片零电阻

贴片零电阻外形与普通贴片电阻器一样，在 SMB（Surface Mounting Board）表面贴装板上使用该元件，主要有以下用途：

① 做跳线用　方便 SMB 合理布线设计，方便 SMT 设备装配与焊接；

② 设计过程中，当电路参数不确定时，先以 0Ω 代替，实际调试时确定参数，再以具体数值的电阻器代替；

③ 测量电路产生的电流　可去掉 0Ω 电阻，串联接入电流表；

④ 熔丝作用　使模拟地与数字地通过它短接，可避免直接连在一起造成的互相干扰；

⑤ 单点接地　使保护接地、工作接地、直流接地在设备上相互分开，各自成为独立系统；

⑥ 在 SMB 上为了调试方便或兼容设计等原因；

⑦ 在高频电路中充当电感或电容　主要解决 EMC 问题，如地与地、电源和 IC（Integrated Circuit 集成电路）各端子间，还可充当天线。

EMC（Electromagnetic Compatibility）电磁兼容性是指设备或系统在其电磁环境中符合要求运行，并不对其环境中的任何设备产生无法忍受的电磁干扰的能力。

（3）贴片电阻网络

如图 5-23（a）所示，贴片电阻网络也称排阻或阻排。 常见外形有 0.15in 宽，有 8、14、16引脚，如 8 引脚的排阻共有 4 个阻值相同的电阻组合在一起。 0.22in 宽外壳形式有 14、16引脚，0.295in 宽外壳形式有 16、20 引脚。

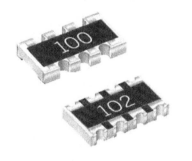
(a) 贴片排阻

(b) 直插排阻

图 5-23　排阻

贴片排阻其功能相当于通孔插装的直插排阻，只不过直插排阻在内部已将所有电阻的某一端组合在一起，做成一个公共端。 如图 5-23（b）所示，该直插排阻共有 8 个相同的电阻，标有小圆点的第一引脚为公共端，故总共有 9 个引脚。

贴片排阻与直插排阻的标称值均用数码法标志，如图 5-23（a）所示，"100"表示 10Ω，"102"表示 1kΩ；如图 5-23（b）所示，"682"表示 6.8kΩ。

（4）贴片电位器

贴片电位器主要采用玻璃釉作为电阻体材料制成，有单圈贴片电位器与多圈贴片电位器，常见外形如图 5-24（a）、（b）所示，图 5-24（c）所示为电位器电路符号及其引脚对应关系。

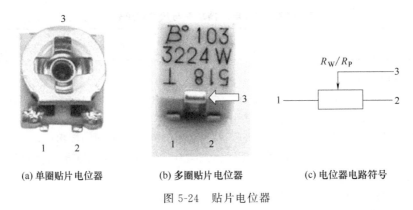

(a) 单圈贴片电位器　　(b) 多圈贴片电位器　　(c) 电位器电路符号

图 5-24　贴片电位器

贴片电位器标称值用数码法标志，如图 5-24（b）所示，"103"表示该电位器总阻值为 10kΩ。

（5）贴片电容器

与贴片电阻器类似，常见的贴片电容器也是矩形片状结构。以 4 位尺寸编码来命名封装系列，美国用英制尺寸，日本用公制尺寸，我国两种都有。

无极性贴片电容器通常用英制尺寸命名封装系列，如 1206、1812 系列的矩形陶瓷电容器，采用多层叠层结构，如图 5-25（a）所示，通常没有标志参数。

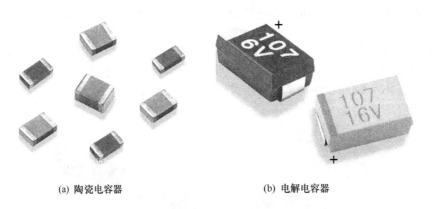

(a) 陶瓷电容器　　　　　　(b) 电解电容器

图 5-25　贴片电容器

有极性贴片电容器常用公制尺寸命名封装系列，有 A 型 3216、B 型 3528、C 型 6032、D 型 7343、E 型 7845、V 型 7631，如 B 型 3528 表示长为 3.5mm、宽 2.8mm。

矩形片状有极性电容器分为铝电解电容器和钽电解电容器。如图 5-25（b）所示，贴片电解电容器正极处有一条带标志，故正、负极不能接错，否则将导致漏电流很大，短时间内发热，破坏氧化膜，随即失效。电解电容器耐压值直接用数字标志，标称容量用数码法表示，如"107"表示 100μF。

铝电解电容器以正极铝箔、负极铝箔和衬垫材卷绕而成。用量最大的钽电解电容器以高纯钽粉为原料，与胶黏剂混合后，将钽引线埋入加压成形，并让其在 1800～2000℃的真空中燃烧，形成多孔性的烧结体作为正极；应用硝酸锰发生电解反应，以烧结体表面固体电解质二氧化锰作为负极；在二氧化锰的烧结体上涂覆石墨层或银合金层，最后封焊正极和负极端子，形成钽粉烧结式固体钽电解电容器。由于这种结构，固体钽电解电容器有以下优点：

① 体积小，能达到较大电容量　因使用颗粒微细的钽粉，钽氧化膜比铝氧化膜的介电常数高，使单位体积内电容量大，电容标称值范围为 0.1～2200μF；

② 使用温度范围高　特别适合在高温下工作，电性能远远超过铝电解电容器，一般工作温度范围在 50～100℃，有些电容器可达到 40～125℃；

③ 寿命长、绝缘电阻高，漏电流小　钽氧化膜介质耐腐蚀能力强，长时间工作仍能保持良好工作状态；

④ 容量误差小　允许误差最大为 ±20%；

⑤ 等效串联电阻（ESR）小，高频性能好［理想电容器自身不会有任何能量损失，但实际上，因为制造电容的材料有电阻，电容的绝缘介质有损耗。这个损耗在外部表现像一个电阻跟电容串联在一起，故称"等效串联电阻"（ESR 表示 Equivalent Series Resistance）。ESR 越低，损耗越小，输出电流就越大，电容器的品质越高］。

所以，固体钽电解电容器被广泛应用于电子产品中，特别是一些高密度组装、内部空间体积小的产品，如手机、便携式打印机等。

但是，固体钽电解电容器也有缺点，价格高，输出电流小，耐压值也即额定电压不高，范围为 2.5～50V，常用的额定电压范围为 10～25V。

有时，将额定电压用字母标志在电容器上，表 5-23 所示为电压代码与额定电压对应关系。

表 5-23　贴片电容器电压代码与额定电压对应表

电压代码	F	G	L	A	C	D	E	V	T
额定电压/V	2.5	4	6.3	10	16	20	25	35	50

贴片电容器，其标称容量还有一种文字与数字组合成 2 位的表示方法，如表 5-24 所示。第 1 位英文字母代表有效数字，第 2 位数字代表 ×10 的乘方数，单位是 pF。如某个电容器上标注"N3"，则其标称容量为 $3.3×10^3 pF$，即 3.3nF。

表 5-24　电容器标称容量字母与有效数字对应表

字母	A	B	C	D	E	F	G	H	I
数字	1.0	1.1	1.2	1.3	1.5	1.6	1.8	2.0	2.2
字母	K	L	M	N	P	Q	R	S	T
数字	2.4	2.7	3.0	3.3	3.6	3.9	4.3	4.7	5.1
字母	U	V	W	X	Y	Z			
数字	5.6	6.2	6.8	7.5	8.2	9.1			
字母	a	b	c	e	f	m	t	t	y
数字	2.5	3.5	4.0	4.5	5.0	6.0	7.0	8.0	9.0

（二）SMD

（1）贴片整流二极管

根据功能分类，整流二极管可细分为通用整流二极管、高速开关二极管、肖特基势垒二极管与快速恢复二极管 4 类。快速恢复二极管主要用于 AC/DC 转换器、逆变器电路中。

如图 5-26（a）所示，通用整流二极管一般用于整流电路与电源的反接保护，如 1N 系列的 1N4001～1N4007，为矩形片状塑料封装，有 1206、1812 等尺寸系列，阴极以同色系嵌入的细线槽作为标志。

(a) 通用整流二极管

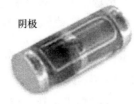
(b) 高速开关二极管

(c) 肖特基二极管

图 5-26　贴片二极管

如图 5-26（b）所示，高速开关二极管作单纯的开关用，如微控制器外围开关，或在低压电路中充当续流保护器件，有 1N4148 等，为无引线柱形玻璃封装，阴极端有一黑色圆环作为标志。

如图 5-26（c）所示，肖特基势垒二极管典型的有 1N5822、SK34 等，矩形片状塑料封装，阴极处用一条银色的线表示。

肖特基势垒二极管 SBD（Schottky Barrier Diode）是以其发明人 Schottky 肖特基博士命名的。 SBD 不是利用 P 型、N 型半导体接触形成 PN 结原理制作的，而是利用金属与半导体接触形成的金属-半导体结原理制作而成，故 SBD 也称为金属-半导体（接触）二极管或表面势垒二极管，是一种热载流子二极管。

肖特基二极管是一种低功耗（比快速恢复二极管正向压降低很多）、超高速（反向电荷恢复时间极短）半导体器件，广泛应用于开关电源、变频器、驱动器等电路，作高频、低压、大电流整流二极管、续流二极管、保护二极管使用，或在微波通信等电路中作整流二极管、小信号检波二极管使用。

表面贴装肖特基二极管还有 SS32～SS36 型号，其最高反向峰值电压 20～60V，电流 I_F = 3A。 如最高反向峰值电压超过 200V 就会做成模块，目前极限电压最高可达 1000V，电流超过 440A。

（2）贴片发光二极管

表面贴装红色发光二极管最大工作电压一般为 2.2V，最大承受电流 20mA；白、蓝、紫、绿色的最大工作电压为 3.0～3.4V，最大承受电流为 20mA。 因此，在使用中应让其工作电流为 5～10mA，注意施加合适的正向工作电压与电流，防止管损坏。

贴片发光二极管具有体积小、耗电量低、使用寿命长、高亮度、环保、坚固耐用牢靠、耐震等优点，常用的有 1206、0805、0603 系列，封装是透明的，但大尺寸 5050 贴片灯珠是环氧树脂封装，如图 5-27 所示，其阴极端有一缺角作为标志。

① 5050 贴片发光二极管封装尺寸为 5mm×5mm×1.6mm，因体积较小且价格较贵，焊接时应控制温度尽量低于 250℃，避免损坏。

图 5-27　贴片发光二极管 5050

② 正向工作电压 2.8～3.6V，瞬间工作电压不能超过 5V，否则可能造成永久性损坏。 反向电压最大也不能超过 5V。

③ 正向最大工作电流 60mA，最大功率 0.18W。 当电流在 14～20mA 时，每降低 1mA，其亮度相应降低 4%。 最理想的工作电流为 43～46mA，其工作电流与消耗功率

关系见表 5-25。

表 5-25　5050 贴片二极管工作电流与消耗功率关系表

正向工作电流/mA	43～46	47～53	54～60
实际消耗功率/W	0.12	0.15	0.18

④ 环境温度 – 20 ~ + 40℃，引脚温度不能超过 60℃。

⑤ 使用寿命长。 工作在合适的电流与电压下，寿命可达 10 万小时。

⑥ 环保。 由无毒材料制成，可以回收再利用。

5050 具备如此多的优点，故常被用在高端民用节能灯、汽车仪表板、LED 灯带、手机背光与按键、电话座机来电显示、闪光灯、音响、户内显示屏、开关与标志的平面背光、仪器与仪表背光等。

小尺寸贴片发光二极管因生产厂家较多，极性标志方法有几种。 如图 5-28（a）所示，在二极管发光体正面或仅在正面右上角用绿色小点标志阴极，背面有绿色大写英文字母 T，横杠那头为阳极；如图 5-28（b）所示，仅在发光体正面用绿色小点标志阴极，而背面无标志；如图 5-28（c）所示，正面用绿色小点标志阴极，背面有绿色三角形符号，宽边那头为阳极。

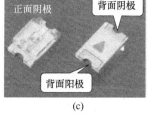

图 5-28　小尺寸贴片发光二极管

也可用万用表来鉴别极性。 数字万用表用 "━▶━))) " 挡，二极管发光状态下红表笔所接为阳极。 指针式万用表选 Ω×10 挡，发光时黑表笔所接为阳极。

（3）贴片三极管

贴片三极管基本作用是放大，它可以把微弱的电信号变成一定强度的信号，即当在合适的静态工作点状态下，基极电流很小的变化可以引起集电极电流很大的变化，电流放大系数 β 是衡量其放大作用的一个重要参数。

三极管还可以作电子开关，并配合其他元件构成振荡器等。 在替换时，必须对原管功能（通用三极管、开关三极管等）、结构（达林顿管、带阻贴片三极管、复合贴片三极管）、特殊要求（高反压、低噪声等）及一些主要参数了解到位，然后查阅工具书或公司数据手册，匹配同一功能、结构及参数相似的进行试验来替换。

另外，在无线电通信电路中，还要注意选用管的工作频率应满足工作场合要求。MF（Medium Frequence）表示中频段，频率范围 300 ~ 3000kHz，即中波，主要用作 AM 调幅波电台、通信与导航。 HF（High Frequence）为高频段，频率范围 3 ~ 30MHz 即短波，可用于短波电台、中距离通信，也是最常用的业余无线电频段。 VHF（Very High Frequence）甚高频段，频率范围 30 ~ 300MHz 的无线电波，亦称米波，主要用于 FM 调频电台、电视、雷达导航、航空与航海事业。 UHF（Ultra High Frequence）特高频段，频率范围 300 ~ 3000MHz 的无线电波，亦称分米波，常用于广播与电视领域 470 ~ 956MHz，以及卫星通信、中继通信，还有移动通信，包括军用航空无线手机 800MHz 与

1.5GHz，无线网络 2.4GHz，业余无线电 430MHz、1200MHz 与 2400MHz。

三极管的分类方式有几种。按结构与极性分为 NPN 与 PNP，按制造材料分为硅管与锗管，按功率分小功率管、中功率管与大功率管，按工作频率分低频管和高频管，按功能与用途分为放大管和开关管。

图 5-29 所示为贴片三极管 SOT-23 封装，常用的硅 NPN 管 9013、9014，以及硅 PNP 管 9012 均为此种封装形式。贴片三极管代号与直插三极管型号对应关系见表 5-26，同时列出贴片三极管的参数等。

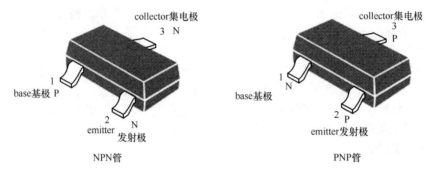

图 5-29 SOT-23 封装贴片三极管

表 5-26 贴片代号与直插三极管型号对应表

直插型号	贴片代号	极性	I_{CM}/mA	$U_{(BR)CEO}$/V	f_T/MHz	h_{FE}	配对型号
9011	1T	NPN	100	18	150	28～132	
9012	2T	PNP	−500	−25	150	64～144	9013
9013	J3	NPN					
9014	J6	NPN	100	18	150	60～400	9015
9015	M6	PNP					
9016	Y6	NPN	25	20	500	28～97	
9018	J8	NPN	100	12	700	28～72	
S8050	J3Y	NPN	1500	25	100	45～300	S8550
S8550	2TY	PNP					
8050	Y1	NPN	1000	25	100	85～300	8550
8550	Y2	PNP					
2SC1815	HF	NPN	150	50	80	70～700	2SA1015
2SA1015	BA	PNP					
2SC945	CR	NPN	100	50	250	200～600	
MMBT3904	1AM	NPN	100	40	300	40～300	MMBT3906
MMBT3906	2A	PNP			250	60～300	MMBT3904
MMBT2222	1P	NPN	600	40	300	35～300	
MMBT5401	2L	PNP	−500	−150	100	40～200	MMBT5551
MMBT5551	G1	NPN					
MMBTA42	1D	NPN	100	300	50	40～200	MMBTA92
MMBTA92	2D	PNP					
BC807-16	5A	PNP	−500	−45	80	100～250	BC817-16
BC817-16	6A	NPN			100		
BC807-25	5B	PNP	−500	−45	80	160～400	BC817-25
BC817-25	6B	NPN			100		
BC807-40	5C	PNP	−500	−45	80	250～600	BC817-40
BC817-40	6C	NPN			100		
BC846A	1A	NPN	100	65	250	110～220	BC856A

提 高 篇

直插型号	贴片代号	极性	I_{CM}/mA	$U_{(BR)CEO}$/V	f_T/MHz	h_{FE}	配对型号
BC856A	3A	PNP					
BC846B	1B	NPN	100	65	250	$200\sim450$	BC856B
BC856B	3B	PNP					
BC847A	1E	NPN	100	45	250	$110\sim220$	BC857A
BC857A	3E	PNP					
BC847B	1F	NPN	100	45	250	$200\sim450$	BC857B
BC857B	3F	PNP					
BC847C	1G	NPN	100	45	250	$420\sim800$	BC857C
BC857C	3G	PNP					
BC848A	1J	NPN	100	30	250	$110\sim220$	BC858A
BC858A	3J	PNP					
BC848B	1K	NPN	100	30	250	$200\sim450$	BC858B
BC858B	3K	PNP					
BC848C	1L	NPN	100	30	250	$420\sim800$	BC858C
BC858C	3L	PNP					
2SA733	CS	PNP	150	50	100	$120\sim475$	
2SC3356	R23	NPN	100	12	7000	$50\sim300$	
2SC3838	AD	NPN	50	11	3200	$56\sim180$	
带（电）阻的三极管							
UN2111	V1	PNP	-100	-50	150		UN2211
UN2211	V4	NPN					
UN2112	V2	PNP	-100	-50	150		UN2212
UN2212	V5	NPN					
UN2113	V3	PNP	-100	-50	150		UN2213
UN2213	V6	NPN					

注：互为配对型号的三极管参数绝对值相同者，只列出一次，个别参数不同者才另外呈现。

表 5-26 提到的贴片带阻三极管主要是小功率管，在家用电器和其他电子产品中使用，充当电子开关与反相器。

带阻三极管是一种内含一个或数个电阻的三极管，其外形封装往往与同类普通三极管没什么区别，如仍是 SOT-23 或 SOT-323 封装等，但在电路中普通三极管与带阻三极管不能直接互换，如果盲目代换往往会烧坏管子或引起电路故障。在维修过程中，替换时若无同型号带阻三极管，应采用性能相近的普通管外加合适的电阻进行代换。SOT-23 与 SOT-323 两种封装引脚排列方式相同，只是后者比前者 SOT-23 封装尺寸长度短些。

带阻贴片三极管的电路符号与文字代号较为杂乱，国外常用 QR 或 Q 表示，国内还是用 VT 或 V 表示，下面介绍三种内部电路连接方式。

第一种仅在三极管内部基极串一电阻，电阻值通常在 $10\sim47k\Omega$，如图 5-30（a）所示。常用管有 UN5117（PNP 管，$R_1 = 22k\Omega$）、UN5215 等。

第二种在管内部有两个等值电阻，如图 5-30（b）所示，基极串一个电阻 R_1，基极与发射极之间即在发射结上并接一个电阻 R_2。常用管有 $R_1 = R_2 = 22k\Omega$ 的 UN5212（NPN）与 UN5112（PNP）、$R_1 = R_2 = 47k\Omega$ 的开关三极管 UN5213 与 UN5113，以及 UN2213 与 UN2113 等。

带阻三极管引脚、极性鉴别方法与普通三极管稍有不同，如指针式万用表只能用 $\Omega \times 1k$ 挡。图 5-30（a）所示三极管与普通三极管判断方法类似，图 5-30（b）所示三极管判别方法如下。

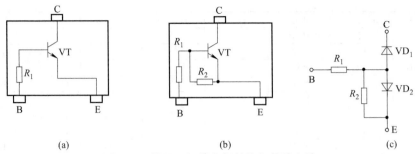

(a)　　　　　　　　(b)　　　　　　　　(c)

图 5-30　带阻三极管内部结构与等效电路

① 判别 C 极与管极性　在带阻三极管中任找一引脚固定接黑表笔（电池+），红表笔（电池−）分别去接另两引脚，阻值均 ∞；若调换表笔阻值导通，则该引脚为 C 极，且该管为 NPN 管。表 5-27 所示为 NPN 管 C 极判别表。图 5-30（c）为图 5-30（b）所示带阻三极管的等效电路。

表 5-27　NPN 带阻三极管 C 极判别表

表笔接法		阻值	表笔接法		阻值
黑→C	红→B	∞	红→C	黑→B	$R_1 + R_{VD1} = R_{BC正向}$
	红→E	∞		黑→E	$R_2 + R_{VD1} = R_{EC正向}$

② 判别 B、E 极　对剩下两引脚测正、反向电阻。当阻值更小时，如为 NPN 管，则黑表笔所接为 B 极，红表笔接 E 极，如表 5-28 所示。

表 5-28　NPN 带阻三极管 B、E 极判别表

表笔接法		正向阻值近似值	表笔接法		反向阻值近似值
黑→B	红→E	$R_1 + R_{VD2}$ 更小	红→B	黑→E	$R_1 + R_2 = R_{BE反向}$

若任找一引脚固定接红表笔，黑表笔分别去接另两引脚，阻值均 ∞；调换表笔阻值却均为导通状态，则为 PNP 管，该引脚为 C 极；对剩下两引脚测正、反向电阻，当阻值更小时，红表笔所接为 B 极，黑表笔接 E 极。

若能对常用型号带阻三极管的内置电阻进行检测、推算，并作为资料记录，日后维修设备与电子产品时，就能及时对管子好坏进行基本判断。

由表 5-27 得，$R_1 + R_{VD1} = R_{BC正向}$，$R_2 + R_{VD1} = R_{EC正向}$，则

$$R_1 - R_2 = R_{BC正向} - R_{EC正向} \qquad (5-1)$$

又由表 5-28 得

$$R_1 + R_2 = R_{BE反向} \qquad (5-2)$$

联立方程（5-1）和方程（5-2）解得

$$R_1 = 1/2 \left(R_{BE反向} + R_{BC正向} - R_{EC正向} \right) \qquad (5-3)$$

$$R_2 = 1/2 \left(R_{BE反向} - R_{BC正向} + R_{EC正向} \right) \qquad (5-4)$$

第三种内部电路连接方式是复合带阻三极管，管内部有两个三极管。根据结构又细分为双管单阻独立型、双管单阻型、双管双阻型。

图 5-31（a）所示为双管单阻独立型复合带阻三极管，内部有两个独立的同型号三极管，每个管仅基极串电阻，对外引脚为 6 个，且引脚 2 比其他脚宽大。

图 5-31（b）所示为双管单阻型复合带阻三极管内部电路，仅基极串电阻，有两个同型号三极管，但两管发射极接在一起构成公共脚 4 引出，故对外引脚为 5 个。

图 5-31（c）所示为双管双阻型复合带阻三极管内部电路，引脚 4 是两管发射极公共端，对外引脚为 5 只。

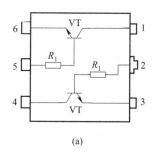
(a)

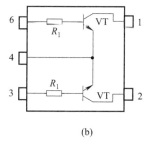
(b)

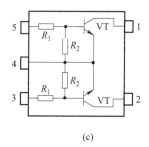
(c)

图 5-31　复合带阻三极管

（4）　贴片集成电路

与传统的单列直插、双列直插集成电路不同，贴片式集成电路按照其封装方式，可主要分为如下几类。

① 电极引脚比较少的小规模集成电路　一般采用小型封装，芯片宽度小于0.15in，引脚数目少于 18 个，称 SO（Small Outline 小外形）封装，如图 5-32 所示。芯片宽度 0.25in，电极引脚数目大于 20 个以上，称 SOL（Small Outline Leaded Package 小外形 L 形引脚封装），如图 5-33 所示。

图 5-32　SO 封装芯片

图 5-33　SOL 封装芯片

② 四边都有引脚的集成电路　如图 5-34 所示，称 QFP（Quad Plat Package 四方形 L 型引脚封装）。QFP 封装与 SO、SOL 封装的相同之处在于均采用"翼"型（或 L 型）引脚形状，如图 5-35 所示。QFP 封装一般都是大规模集成电路，20 世纪 90 年代前期主要采用此种封装方式，引脚数目可能多达 200 个以上。

图 5-34　QFP 封装芯片

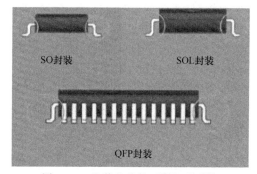
图 5-35　几种芯片的"翼"型引脚

③ 巨型封装的集成电路　其引脚向内勾回，即"J"型电极，称作 PLCC（Plastic Leaded Chip Carrie 带引线的塑料芯片载体）封装，如图 5-36 所示。这种封装的集成电路大多是可编程存储器，可以安装在专用插座上，方便取出对其进行数据修改。在样机程序调试好后，为了节约成本，大批量生产时也可直接焊接在印制电路板上。

④ BGA 图 5-37（a）所示的芯片称作 BGA（Ball Grid Array），在学习情境二"焊接技术学习与训练"中已提及过，其外形与其他芯片封装方式不同，在四周看不到向外引出的引脚。如图 5-37（b）所示，当把芯片翻过来时，可看到芯片底部均匀排列着数百个小锡球，故称锡球栅格阵列。BGA 是一种最重要的新型芯片封装方式，20 世纪 90 年代后期开始大量应用。

图 5-36　PLCC 封装

由于芯片内部集成度迅速提高，芯片封装尺寸必须缩小。如图 5-34 所示，QFP 封装从芯片四周按顺序引出"翼"型电极的方式，其电极引脚之间的距离不可能非常小，极限尺寸只能做到 0.3mm。因而，提高芯片集成度必然使芯片输入、输出引脚增加，但引脚间距的限制导致芯片封装面积变大；而且，间距狭窄的引脚纤细而脆弱，容易扭曲或折断，对引脚之间的平行度与平面度都有很高要求；此外，在装配焊接印制电路板时，对 QFP 芯片的贴装精度要求非常严格，规定贴装公差小于 0.08mm。

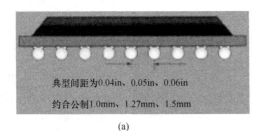

典型间距为0.04in、0.05in、0.06in

约合公制1.0mm、1.27mm、1.5mm

(a)　　　　　　　　　　　　　(b)

图 5-37　BGA 封装

BGA 是在 QFP 的基础上，将"翼"型引脚改变成球形，在芯片本体下面形成全平面式的栅格阵列，这样既可以疏散引脚间距，又可大大增加引脚数目。目前，BGA 封装方式是大规模集成电路提高输入与输出端子数量、提高装配密度、改善电极引脚性能的最佳选择。BGA 封装的优点如下。

① 提高焊接质量　引脚间距大，如图 5-37（a）所示，BGA 引脚的典型间距为 0.04in、0.05in、0.06in，约合公制 1.0mm、1.27mm、1.5mm，这使电路的贴装精度降低要求，减少焊接缺陷。

② 显著缩小芯片封装表面积　假设某大规模集成电路有 80 个 I/O 引脚，设置引脚间距为 1.27mm，用正方形 QFP 封装，每边安排 20 个引脚，边长差不多 25.4mm，芯片表面积大于 6cm²；而用正方形 BGA 封装，按 9×9 阵列将锡球均匀排布在芯片下面，边长最多 12mm，芯片的表面积还不到 1.5cm²。通过数据对比可见，相同功能的大规模集成电路，BGA 比 QFP 封装的芯片尺寸要小很多，有利于在 PCB 电路板上提高装配密度。

学习情境六 助听器制作与调试

【学习目标】

1. 掌握安全用电与安全文明生产管理技能。
2. 熟悉音频信号特点，掌握多级放大电路组成的电子产品原理图识读能力。
3. 掌握电子元器件包括电声器件的识别与检测技能。
4. 掌握手工焊接技能，掌握电子产品装配工艺、装配与测试技能。
5. 掌握级联电路故障诊断与排除技能。
6. 掌握仪器与仪表综合使用技能。
7. 掌握仿真软件测量、调试级联电路与处理电路故障的技能。
8. 培养专业兴趣，训练团队合作意识，培养语言表达、与人沟通的能力。
9. 培养信息获取与选择、目标制定与执行、观察与逻辑推理能力。

一、原理图识读

图 6-1 中，三极管 VT_1、VT_2、VT_3 组成三级共发射极组态音频放大电路，其中第一级、第二级与前级之间采用阻容耦合方式连接，使各级静态工作点互相不受影响，只有交流信号被传输并放大。而且，前两级为电压并联负反馈电路，能起到稳定静态工作点的作用。以第一级为例，$U_{CE1} \uparrow \rightarrow U_{R2} \uparrow \rightarrow I_{B1} \uparrow \rightarrow I_{C1} \uparrow \rightarrow U_{Rp} \uparrow \rightarrow U_{CE1} \downarrow$，反之亦然。

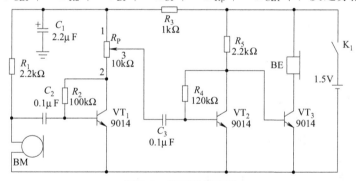

图 6-1 助听器原理图

使用时对着话筒 BM 轻轻发出声音，则微弱的声音信号由话筒变成电信号，经过音频放大电路多级放大，最后从耳机 BE 中能听到放大的声音。交流信号通路为：轻轻的声音→小话筒 BM→微弱电信号→C_2→VT_1 第一级 $\uparrow$→C_3→VT_2 第二级 $\uparrow$→VT_3 第三级 $\uparrow$→耳机 BE 获得放大的声音。

二、元器件识别与检测

（一）色环电阻器

通过色环识别标称值，通过体积识别额定功率，再用万用表合适挡位检测各电阻值，对应将各项数据填入表 6-1。

表 6-1　电阻器识别与检测

序号	项目代号	色环	标称值/Ω	额定功率/W	所用挡位	实测阻值/Ω
1	R_1,R_5					
2	R_2					
3	R_3					
4	R_4					

（二）微调电位器

微调电位器是可以自由调节电阻值的半固定电位器，一般用在经过一次设定后就不再需要变动的产品中。通常被安置在产品内部，使其不会被轻易触碰到。考虑成本因素，本情境采用 1 旋转型开放式结构的微调电位器。

如图 6-2 所示，1 与 2 为固定端，3 为滑动端。首先检查三个引出端子应不松动，说明接触良好；紧接着用万用表合适挡位测量 1、2 端间总阻值，应与电位器表面所示标称值吻合；然后用一字螺丝刀轻柔且缓慢地调节 3 端上的凹槽，分别测量 1 与 3 端阻值 R_{13}、2 与 3 端阻值 R_{23}，应连续均匀变化，万用表指针平稳移动而无跳跃或抖动现象，且调节时手部感觉平滑，没有过松或过紧等情况，则说明该微调电位器正常。**注意**检查之后应将凹槽回归厂家设置初始位。

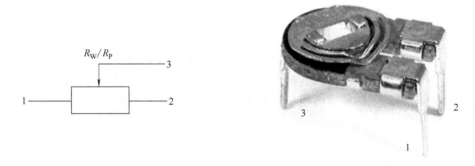

图 6-2　微调电位器电路符号与外形图

（三）瓷介与电解电容器

通过电容器表面标志的数字识别电容量与额定工作电压；用指针式万用表合适挡位检测其质量好坏，**注意**短路或断路的电容器不可使用；用数字万用表合适挡位测量其电容量。将各项数据对应填入表 6-2。

表 6-2　电容器识别与检测

序号	项目代号	类别	标称容量与额定工作电压	实测容量/μF	所用挡位	漏电阻/Ω
6	C_2,C_3					
7	C_1					

（四）三极管

从外表识别三极管型号；通过半导体器件手册等相关书籍查阅其参数，如集电极最大允许功率损耗 P_{CM}，集电极最大允许电流 I_{CM}，基极开路时集电结不致击穿、允许施加在集电极-发射极之间的最高反向击穿电压 $U_{(BR)CEO}$，电流放大系数 β；判断管型与各引脚。将各项内容填入表 6-3。

表 6-3　三极管识别与检测

序号	项目代号	型号、材料、管型与查表参数	实测 β 值
8	VT₁(Q₁)		
	VT₂(Q₂)		
	VT₃(Q₃)		

（五）驻极体话筒

本情境采用二端式驻极体话筒（Electret Condenser Microphone），它是将声音信号转换成电信号的关键电声器件，又称传声器或微麦克风。其型号为 HX034P，其中使用了可保有永久电荷的驻极体物质，属电容式话筒，是利用电容器充放电原理制成。

1. 特点

该型号话筒的优点是频响宽、灵敏度高、非线性失真小、瞬态响应好，是电声特性比较好的一种话筒。其缺点是防潮性差，机械强度低，价格稍贵，使用稍麻烦。

2. 识别与检测

如图 6-3 所示，该话筒有明显的极性特征，用指针式万用表合适挡位快速测量能判别其质量好坏。如图 6-3 所示，将红、黑表笔分别接至话筒的对应两极，为正向检测状态，此时，用嘴朝着话筒的声音感应面轻轻吹，直流阻值应迅速减小；而反向测量，吹气没什么变化。将检测结果填入表 6-4。如果电阻为零或无穷大，说明话筒内部可能已短路或开路。

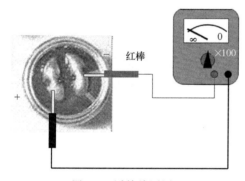

图 6-3　话筒检测图

表 6-4　话筒检测表

阻值/kΩ	初始状态	吹气
正向阻值		
反向阻值		

（六）耳机与插座

耳机属扬声器，是一种将电信号转换为声音信号的电声器件，其作用是在一个小的空间内造成声压。

YD/T 1885—2016《移动通信手持机有线耳机接口技术要求和测试方法》通信行业标准规定，耳机接口为同心连接器插头和插座，统称为同心连接器接口。

标准中涉及的接口有三种：直径为 2.5mm 和 3.5mm 的同心连接器接口以及数据复用型接口。本情境所用为直径 2.5mm 的同心连接器接口。该直径的接口出现较早，主要为体积小的音频设备而设计，目前大量应用在手机上，市场上有少量设备（主要是 MP3 和 MP4）也使用这种接口。

1. 识别

图 6-4 所示左边为三触点同心连接器插头外形图，与双声道耳机配套使用。插头从左至右的三段接触点命名为 1、2、3，分别代表左声道端、右声道端、接地端。图 6-4 所示右边

为耳机配套插座外形图，插座标号为与插头插合时一一对应的连接号。

图 6-4 双声道耳机插头与插座外形图

2. 检测

选用指针式万用表的合适电阻挡，两表笔接触 1 端与 3 端快速测量。正常耳机在检测时，除了指针有偏转外，还能听到左声道中有"喀喇"声，声音越清脆、响亮、干净，则说明音质越好；如果指针偏转但无声音发出，说明左声道有故障，可能是耳机与插头内的接线短路；如果指针不偏转更无声音，说明耳机与插头内的接线断路。同理，再用两表笔接触 2 端与 3 端，可检查耳机右声道。

（七）拨动开关

用万用表合适挡位检测拨动开关，开关朝哪边拨，则靠近其的两个触点应导通。

三、印制电路板装配

（一）装配说明

合理安排电气装配流程。按照印制电路板图焊接所有的元器件及其连接导线，**注意**先安装高度矮、体积小、重量轻或布局在板中间的元器件。所有元器件安装高度不能超过外壳能容纳高度。

（二）装配流程

① 序号 1：R_1 与 R_5，卧装。

② 序号 2、3、4：R_2、R_3、R_4，卧装。

③ 序号 5：R_P，**注意**贴紧板面安装。

④ 序号 6：C_2 与 C_3，立装，自然贴装。**注意**不要影响 C_2 旁边器件的焊孔。

⑤ 序号 7：C_1，卧装。**注意**先插装再卧倒焊接，引脚留出一部分在装配面，并注意极性。

⑥ 序号 8：VT_1、VT_2 与 VT_3，立装。**注意**引脚插装正确，自然贴装，不要影响 VT_1 旁边已焊好元件的焊点；三只管安装不要影响外壳组装。

⑦ 序号 9：话筒 BM。先用导线（音频屏蔽线最好）与 BM 正、负极正确焊接；再将此导线组从印制板焊接面 R_P 下面的孔伸出，从板装配面 M＋、M－对应插入后焊接。**注意**不要影响 M＋焊孔旁已焊好元件的焊点。

⑧ 序号 10：耳机插座，自然贴装。

⑨ 序号 11：开关 K_1，自然贴装。先焊两个安装点，再焊三个电气连接点。

⑩ 序号 12：负电源线（黑线）。一端线头从装配面"电源－"孔插入，在焊接面焊接。另一端为电池负片。**注意**将负片先搪锡再焊线。

⑪ 序号 13：正电源线（红线）。将一端线头在焊接面与耳机插座 2 孔相连，即 R_3 与 R_5 的交焊点，另一端与电池正片相连。**注意**将正片先搪锡再焊线。

⑫ 序号 14：待调试与测量完成后进行总装。用两个自攻螺钉固定印制电路板；话筒感应面对准外壳孔；正确安装一节 7 号电池；将外壳对压好即可。

四、调试与测量

（一）调试

① 检查印制电路板，确认所有元器件焊接正确、牢固。

② 将直流稳压电源输出调节为 1.6V，用万用表直流电压合适挡位校准。

③ 将电源红、黑接线端分别与电池盒正、负电池片相连。

④ 助听器电源开关 K_1 为 ON 状态，对着驻极体话筒轻轻喊话，缓慢调节电位器 R_P，使其固定端 2 与滑动端 3 之间的电阻 $R_{23}=$ ＿＿＿＿ kΩ，即接近原理图中的 10kΩ 数值时，在耳机里能听到较大而清晰的语音（逆时针旋转 R_{23} 变小，要求断电时测量该数值。将安装面朝上，朝板右侧拨开关为 OFF）。调试正常则进行下面的测量，不正常则查找故障。

（二）工作电流测量

助听器开关 K_1 为 OFF，调好万用表直流电流合适挡位，将其从开关处正确串入，测量产品的总工作电流 $I=$ ＿＿＿＿ mA。测量正常则继续，不正常则查找故障。

（三）静态工作电压测量

助听器开关 K_1 为 ON，调好万用表直流电压合适挡位，按表 6-5 要求测量每个三极管的电压。测量正常则继续，不正常则查找故障。

表 6-5　静态工作电压表

三极管	U_{BE}/V	U_{CE}/V	U_{EE}/V
VT_1			
VT_2			
VT_3			

（四）波形观测

① 拆焊话筒 BM 一根线使其与产品电路断开，并调整示波器至能测量状态。

② 信号发生器输出信号调整到合适频率与峰-峰值的正弦波，代替话筒 BM 接入到电路。

③ 用示波器观察三极管 VT_1 的 B 极输入信号与 C 极的第一级放大电路输出波形，描绘波形并将相关数据填入表 6-6。

表 6-6　波形观测数据表

观察点	X 轴灵敏度	周期 T/s	频率 f/Hz	Y 轴灵敏度	峰-峰值/mV	声音
VT_1—B 极						
VT_1—C 极						
VT_2—B 极						
VT_2—C 极						
VT_3—B 极						
VT_3—C 极						

④ 按表 6-6 要求，依次观察其他波形，并将全部波形描绘在图 6-5 中。

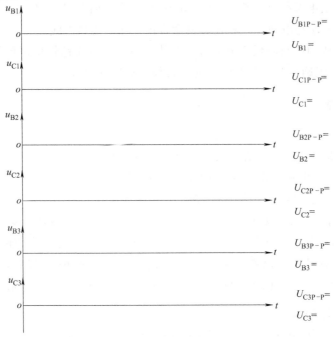

$U_{B1P-P} =$

$U_{B1} =$

$U_{C1P-P} =$

$U_{C1} =$

$U_{B2P-P} =$

$U_{B2} =$

$U_{C2P-P} =$

$U_{C2} =$

$U_{B3P-P} =$

$U_{B3} =$

$U_{C3P-P} =$

$U_{C3} =$

图 6-5　助听器放大电路各级波形

（五）通频带 BW 观测

① 使信号发生器输出频率为 1kHz、合适峰-峰值的正弦波，观测三极管 VT_3 的 C 极，即第三级放大电路输出波形。

② 调整信号发生器的输出峰-峰值，使放大电路输出为最大不失真波形。

③ 保持信号发生器该峰-峰值，以 1kHz 为中心，按表 6-7 要求逐渐向低端与高端变化频率，观测输出波形峰-峰值变化情况。

表 6-7　频率响应测试表

信号发生器峰-峰值为____mV，下限频率 $f_L =$ ____Hz，上限频率 $f_H =$ ____Hz，$BW =$ ____Hz							
频率/Hz	60	80	100	120	140	200	300	400
峰-峰值/mV								
频率/Hz	800	1k	2k	10k	15k	50k	100k	500k
峰-峰值/mV								
频率/Hz	800k	1M	1.5M	2M	2.2M	2.5M	2.8M	3M
峰-峰值/mV								

④ 在图 6-6 坐标线上描绘助听器输出的频率响应特性，找出下限频率 f_L 与上限频率 f_H，求出带宽 BW。

图 6-6　助听器频率响应特性

五、EWB 仿真调试、测量与故障模拟

（一）调试

按图 6-1 在 EWB 软件中绘制助听器仿真原理图，其中电阻符号——▭——在 EWB 软件中变成——〜〜——，三极管 9014 用 motorol3 库的 MRF9011 替代，话筒 BM 用交流电压源替代，耳机 BE 用电阻器替代，每级放大电路输出处设置测试点，如图 6-7（a）所示，并调试电路波形至能正常工作状态，如图 6-7（b）所示。

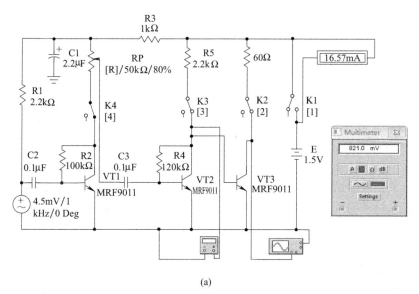

(a)

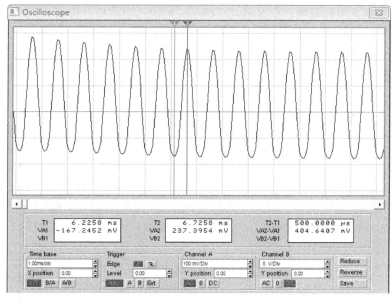

(b)

图 6-7　助听器 EWB 仿真原理图与输出波形

（二）测量

① 断开开关 K_1，串入直流电流表，测量电路总工作电流，数据填入表 6-8。

② 依次将开关 K_2、K_3、K_4 断开，分别串入直流电流表，测量放大电路各级输出静态工作电流，数据填入表 6-8。

表 6-8　助听器放大电路各级电流测量表

$I_总/mA$	I_{C3}/mA	I_{C2}/mA	I_{C1}/mA

③ 测量三极管静态工作电压。

方法一　用虚拟数字万用表直流电压挡按表 6-5 测量。

方法二　用直流工作点分析法。单击下拉菜单 Circuit →Schematic Options，在所出现的对话框中单击 Show/Hide 活页，并在 Display 区域选中 Show Nodes 单选框，单击"确定"按钮，此时 EWB 将在助听器仿真原理图上自动分配并显示节点编号；单击下拉菜单 Analysis→DC Operating Point，EWB 将执行直流仿真分析，分析结果自动显示在 Analysis Graphs 窗口中，与上一步所做的电压仿真测量数据做比较，看结果是否保持一致。

④ 用虚拟示波器按表 6-6 要求观察三极管各处波形，并自建表格记录数据。

⑤ 用三种方法测量并求出下限频率 f_L、上限频率 f_H 与带宽 BW。

方法一　用描点法求出 f_L、f_H 与 BW。如图 6-7 所示，在助听器输入端送入合适信号，用虚拟示波器观察助听器第三级放大电路最大不失真输出波形；确定交流电压源的最大输入信号量；保持该输入量，按表 6-7 改变交流电压源频率，记录助听器输出波形峰-峰值；将所有峰-峰值数据类似图 6-6 描点，绘出助听器幅频特性；找出其下限频率 f_L 与上限频率 f_H，并求出带宽 BW。

方法二　用交流频率分析法求出 f_L、f_H 与 BW。如图 6-7 所示，确定助听器仿真原理图中输入信号的幅度与相位；单击下拉菜单 Analysis →AC Frequency Analysis，进入该对话框；如图 6-8 所示设置交流频率分析参数；在 Nodes in Circuit 框内选中欲做分析的节点，即助听器仿真原理图中三极管 VT_3 集电极 C 所处节点编号，单击 Add 按钮，该节点编号 18 将移到其右边的 Nodes for Analysis 框中；单击 Simulate 按钮，该节点的幅频特性和相频特性波形将出现在 Analysis Graphs 窗口中；在幅频特性图中找出对应的下限频率 f_L、上限频率 f_H 与带宽参数 BW。

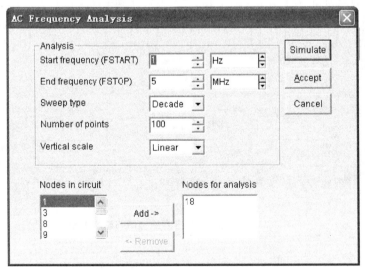

图 6-8　助听器交流频率分析参数设置

与方法一的数据进行比较，看结果是否保持一致。

方法三 用虚拟波特图仪求出 f_L、f_H 与 BW。波特图仪又称频率特性仪或扫频仪，可快速测量电路的频率特性，包含幅频特性与相频特性，本处仅研究前者。在 EWB 仪器、仪表栏的 Instruments 库中单击 图标，并拖动该 Bode Plotter 图标到原理图编辑页面，则调出虚拟波特图仪，其从左至右四个端子分别为 IN 信号输入端或正端、IN 接地端或负端、OUT 信号输出端或正端、OUT 接地端或负端。将一对 IN 输入端并接到图 6-7 的交流电压源上，即助听器输入端，一对 OUT 输出端对应接到 VT₃ 集电极、发射极，即助听器输出测试端，双击波特图仪的图形符号，打开其面板，如图 6-9 所示设置各项参数。启动 Activate Simulation 图标，在波特图面板左侧窗口出现助听器频率特性图。移动读数指针，当面板右下角的"指针处垂直坐标读数"框内为幅值最大值的 70.7% 时，从"指针处水平坐标读数"框中获取下限频率 f_L，同理得到上限频率 f_H，并继而求得带宽 BW。

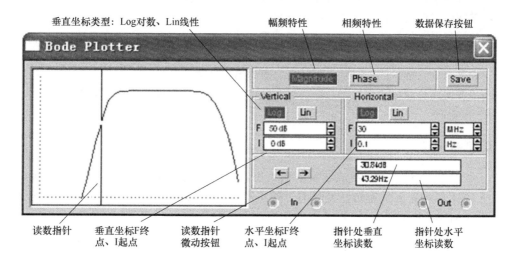

图 6-9　虚拟波特图仪面板参数设置

（三）故障模拟

依次断开 K_2、K_3、K_4，观察各级故障导致的电流、电压及波形变化。

学习情境七 语音放大器制作与调试

【学习目标】

1. 掌握安全用电与安全文明生产管理能力。

2. 掌握音频信号的特点，掌握电子产品原理图的识读能力，包括集成音频功放的基本组成、功能及其典型电路运用，掌握电子元器件的识别与检测。

3. 掌握电子产品装配工艺、装配与测量技能，了解装配工艺流程制定。

4. 掌握级联电路联调、故障诊断与排除技能。

5. 掌握仪器与仪表综合使用技能，包括集成功率放大器典型应用电路的调试与测量。

6. 掌握仿真软件建立新器件、测量、调试与故障处理的技能。

7. 培养专业兴趣，培养团队合作、语言表达与持续学习能力。

8. 培养网络资源信息获取与判断、计划制定与修正、观察与逻辑推理能力。

一、原理图识读

图 7-1 中，三极管 VT_1 组成共发射极组态音频前置电压放大电路，它与前后级的输入、输出均采用阻容耦合方式连接，使静态工作点互相不受影响，只有音频信号被传输并放大。集成芯片 LM386 组成音频 OTL 单电源功率放大电路。

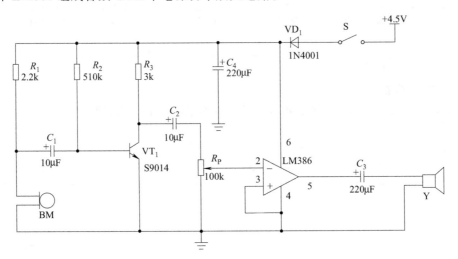

图 7-1 语音放大器原理图

使用时对着话筒 BM 轻轻发声，微弱的声音信号由话筒转变成微弱的电压信号，经过前置电压放大电路与功率放大电路，扬声器 Y 能听到放大的声音。交流信号通路为：轻轻的声音→小话筒 BM →微弱电信号→ C_1 →VT_1 第一级↑→C_2 →R_P →LM386 的 2 脚→LM386 的 5 脚↑→扬声器 Y 获得放大的声音。

本情境采用集成电路 LM386 作音频功率放大器，具有灵敏度高、失真度小、耗电节省、携带方便的优点，可用于医院等场所的距离传呼、防火报警等。

二、元器件识别与检测

（一）电阻器

通过色环识别标称值，通过体积识别额定功率，再用万用表合适挡位检测各电阻值，对应将各项数据填入表 7-1。

表 7-1　电阻器识别与检测

序号	项目代号	色环	标称值/Ω	额定功率/W	所用挡位	实测阻值/Ω
1	R_1					
2	R_2					
3	R_3					

（二）二极管

识别型号与极性，在晶体管手册上查阅相关参数，用万用表合适挡位检测相关数据，填入表 7-2，据此判别管好坏与性能优劣。其他元器件均要做质量判别，不再赘述。

表 7-2　二极管识别与检测

序号	项目代号	型号与查表参数	所用挡位	正向电阻/Ω	正向电流/mA	正向电压/V	反向电阻/Ω
4	VD_1						

（三）电容器

通过电容器表面标志的数字识别电容量与额定工作电压；用指针式万用表合适挡位检测其质量好坏，**注意**短路或断路的电容器不可使用；用数字万用表合适挡位测量其电容量。将各项数据对应填入表 7-3。

表 7-3　电容器识别与检测

序号	项目代号	类别	标称容量与额定工作电压	实测容量/μF	所用挡位	漏电阻/Ω
5	C_1,C_2					
6	C_3,C_4					

（四）三极管

从外表识别三极管型号；通过半导体器件手册等相关书籍查阅其参数，如集电极最大允许功率损耗 P_{CM}，集电极最大允许电流 I_{CM}，基极开路时集电结不致击穿、允许施加在集电极-发射极之间的最高反向击穿电压 $U_{(BR)CEO}$，电流放大系数 β；判断管型与端子。将各项内容填入表 7-4。

表 7-4　三极管识别与检测

序号	项目代号	型号、材料、管型与查表参数	实测 β 值
7	$VT_1(Q_1)$		

（五）微调电位器

微调电位器应用范围很广，如可用于调整液晶显示器基准电压 U_{COM}，使其画面减少闪烁，如图 7-2 所示。还可用于调整各种传感器适当的灵敏度，如检测人存在时就自动打开开关的照明装置、预防火灾的烟感检测器、汽车倒车或泊车辅助系统中的距离传感器、工厂产品检测传感器等，如图 7-3 所示。

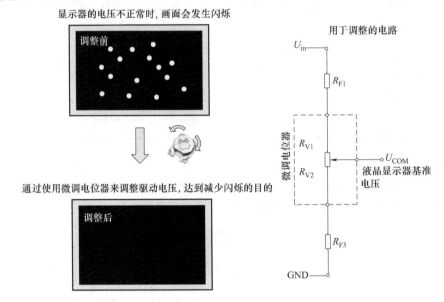

图 7-2　液晶显示器调整画面与电路图

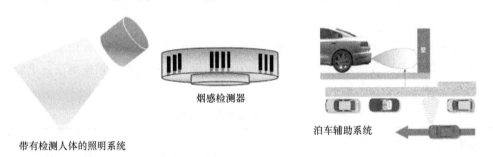

图 7-3　微调电位器灵敏度调整应用图

为了提高调整分辨率，可用多旋转型微调电位器；为了防护恶劣工作环境，可用密封型微调电位器。各种分类见图 7-4。

本情境用旋转型开放式微调电位器见图 6-2。

（六）话筒

将外界声场中的声音信号转换成电信号，又称传声器或微麦克风。本情境所用为 HX034P 型电容式话筒，其内部构成如图 7-5 所示，是利用电容器充放电原理制作。声音振动带动电容的一个极板，该极板的振动改变两极板间距离，从而改变电容量，继而引起极板上电荷量改变，电荷量随时间变化再形成电流，最终实现将声音信号转换为电流信号的过程。当电容变大时，电源对其充电，电荷量增大；电容变小时，电容器将放电，电荷量减小。

结构/调整旋转数	密封型				开放型		
	PVF2	PVG3	PVM4	PV32 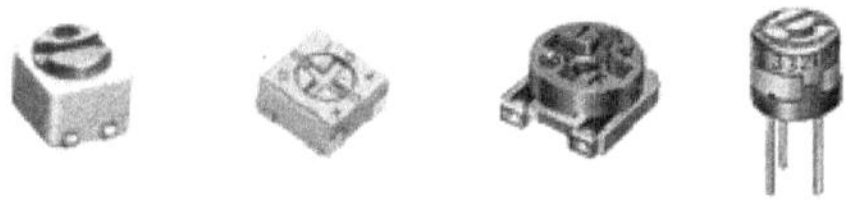	PVZ2	PVZ3	PVA2 
1旋转	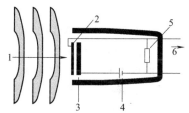						
	PVG5(11)	PV12(4)	PV37(12)	PV36(25)			
多旋转 ()数字为旋转数							

图 7-4　微调电位器分类

HX034P 型电容式话筒特点、识别及检测见学习情境六相关内容。

（七）集成功率放大器

1. 概况与外形图

如图 7-6 所示，LM386 采用 8 脚双列直插式塑料封装，是音频功率放大器，主要应用于低电压消费类产品。为使外围元件最少，电压增益内置为 20。仅在 1 端子和 8 端子之间增加一个外接电阻和电容，便可使电压增益在 20～200 调整。输入端以地为参考，同时输出端被自动偏置到电源电压的一半。直流电源电压范围为 4～12V。在 6V 电源电压下，它的静态功耗仅 24mW，使 LM386 特别适用于电池供电的场合。

图 7-5　电容式话筒构成图
1—声波（Sound Waves）；
2—振动膜（Diaphram）；
3—基板（Back Plate）；4—电池（Battery）；5—电阻（Resistance）；
6—输出信号（Audio Signal）

2. LM386 端子排列与功能

图 7-7 中，引脚 1 与引脚 8 均为增益设置端，实际使用中往往在 1、8 间外接阻容串联电路，调节电阻阻值，可使集成功放电压放大倍数在 20～200 间变化。2 引脚为反相输入端或负输入端。3 引脚为同相输入端或正输入端。4 引脚为地端。5 引脚为输出端。6 引脚为正电源端。7 引脚为电容旁路端。

图 7-6　LM386 外形图

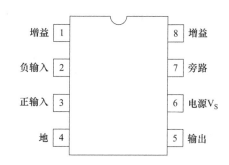

图 7-7　LM386 引脚排列图

3. LM386 内部电路

LM386 内部电路由输入级、中间级和输出级等组成，如图 7-8 所示。

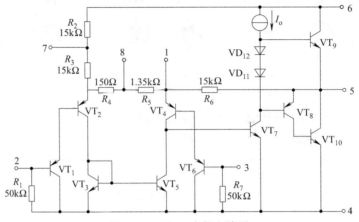

图 7-8　LM386 内部电路图

输入级由 VT_2、VT_4 组成双端输入单端输出差分放大电路，VT_3、VT_5 是其恒流源负载，VT_1、VT_6 是为了提高输入电阻而设置的输入端射极跟随器，R_1、R_7 为偏置电阻，该级的输出取自 VT_4、VT_5 的集电极。R_5 是差分放大电路的发射极负反馈电阻，引脚 1、8 开路时，负反馈最强，整个电路的电压放大倍数为 20，如图 7-9（a）所示；若在 1、8 间外接电容以短路 R_5 两端的交流压降，可使电压放大倍数提高到 200，如图 7-9（c）所示。

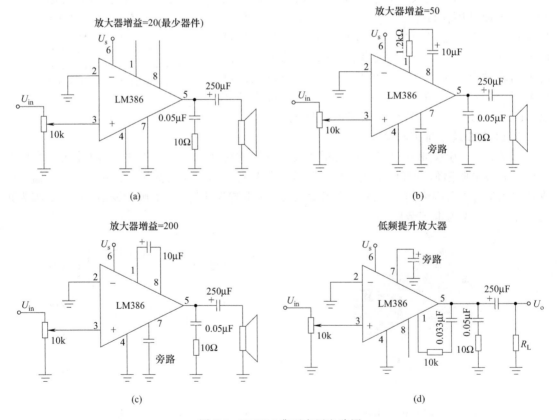

图 7-9　LM386 典型应用电路图

中间级是本集成功放的主要增益级，由 VT_7 和其集电极恒流源 I。负载构成共发射级放大电路，作为驱动级。

输出级由 VT_8、VT_{10} 复合等效为 PNP 管，与 NPN 管 VT_9 组成准互补对称功放电路，二极管 VD_{11}、VD_{12} 为 VT_8、VT_9 提供静态偏置，以消除交越失真，R_6 是级间电压串联负反馈电阻。

4. LM386 典型应用电路

图 7-9（a）中，1 与 8 引脚开路，音频信号将从 1、8 引脚间内接的反馈电阻 $R_5 = 1.35\text{k}\Omega$ 通过，此时负反馈程度最深，放大器电压放大倍数最小为 20。此外，5 引脚输出端接 $0.05\mu\text{F}$ 电容器，串接 10Ω 电阻器构成容性补偿网络，与扬声器感性负载相并联，使输出等效负载接近纯阻性，防止高频自激和过压现象。

图 7-9（b）中，1 与 8 引脚之间外接 $1.2\text{k}\Omega$ 电阻器与 $10\mu\text{F}$ 电解电容器。该阻容串联支路与 LM386 内接的反馈电阻 $R_5 = 1.35\text{k}\Omega$ 并联的总阻抗小于 R_5，音频信号从此通过，使负反馈程度降低，则放大器电压放大倍数加大至 50。此外，7 引脚外接旁路去耦电容器，用以提高纹波抑制能力，消除低频自激。

图 7-9（c）中，1 与 8 引脚之间外接 $10\mu\text{F}$ 电解电容器时，容抗很小，内部 $R_5 = 1.35\text{k}\Omega$ 被旁路，即音频信号几乎全部从电容器通过，使负反馈程度大大降低，则放大器电压放大倍数最大至 200。

图 7-9（d）中，1 与 5 引脚间外部接入 $10\text{k}\Omega$ 电阻器与 $0.033\mu\text{F}$ 电容器串联支路，该支路与两引脚内部所接的电阻器 $R_6 = 15\text{k}\Omega$ 并联。当频率变低时，此处的音频信号电压串联负反馈变弱，电压放大倍数增大，构成带低音提升的功率放大电路。

5. LM386 功能检测

将 LM386 集成功放芯片合理插在面包板上，在 6 与 4 引脚间对应连接稳压电源正、负极，输出值调为 4.5V。

调节信号发生器为 1kHz 毫伏数量级的正弦波，如图 7-10 所示，从 2 引脚送入 LM386。用双踪示波器分别观察 2 引脚反相输入端、5 引脚输出端的波形。

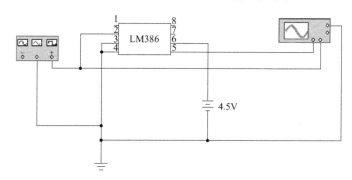

图 7-10　LM386 功能检测连线图

若与输入波形相比，输出为不失真的反相正弦波，且电压放大倍数为 20，则说明 LM386 芯片功能正常。

三、印制电路板装配

（一）装配说明

合理安排电气装配流程。按照印制电路板图焊接所有的元器件及其连接导线，**注意**先安装高度矮、体积小、重量轻或布局在板中间的元器件，LM386最后才安装到对应集成座上。所有元器件安装高度不可超过外壳能容纳高度，故根据需要确定元器件应立装还是卧装。

（二）装配流程

① 序号1、2、3：R_1、R_2、R_3，卧装。

② 序号4：VD_1，卧装。**注意**正、负极。

③ 序号5、6：C_1、C_2、C_3、C_4，卧装。**注意**极性；不要影响C_2旁边器件的焊孔；C_3侧卧给电位器留空间。

④ 序号7：VT_1，立装。**注意**三极管三个引脚安装正确；高度不可超过外壳；不要影响VT_1旁边已焊好元件的焊点。

⑤ 序号8：R_P。**注意**要插到底才焊接。

⑥ 序号9：开关S。**注意**先焊两边的安装端定位。

⑦ 序号10：集成芯片插座。注意缺口方向；不要影响其他引脚；LM386调试时再安装。

⑧ 序号11：小话筒BM。先将音频线正（有绝缘皮）、负极对应焊在印制板的正、负极焊盘上，然后用电烙铁在外壳烫个孔，将音频线穿出。**注意**另一端再对应焊接话筒正、负极。

⑨ 序号12：负电源线（黑线）。一端线头从装配面"电源－"孔插入，在焊接面焊接。另一端为电池负片。**注意**将负片先搪锡再焊线。

⑩ 序号13：正电源线（红线）。一端从装配面"电源＋"孔插入，在焊接面焊接；另一端为电池正片。**注意**将正片先搪锡再焊线。

⑪ 序号14：待调试与测量完成后进行总装。将印制电路板卡入两个塑料柱固定；使扬声器接线端靠近印制电路板方向定位；将外壳对压并用四个自攻螺钉固定；安装两个电池连接片、三节五号电池、电池盖与对应的固定螺钉。

四、调试与测量

（一）调试

① 检查印制电路板，确认所有元器件焊接正确、牢固。

② 将直流稳压电源输出调节为4.5V，用万用表直流电压合适挡位校准。

③ 将稳压电源红、黑接线端分别与电池盒正、负电池片相连。

④ 弄清楚电位器调节方向，语音放大器开关S为ON，对着话筒轻轻喊话，调节电位器$R_P = \underline{\qquad}$ kΩ（断电时测量该数值），使喇叭里能听到较大且清晰的语音。调试正常则进行下面的测量，不正常则改变VT_1管偏置电路参数，如增加下偏置电阻，保证VT_1工作在放大区域最佳静态工作点，或按模块查找故障。

（二）工作电流测量

语音放大器开关S为OFF，调好万用表直流电流合适挡位，将其从开关处正确串入。对着话筒轻轻喊话，确保喇叭里能听到较大且清晰的语音时，记录电路的总工作电流$I_总$在表7-5中。测量正常则继续，不正常则按模块查找故障。

表7-5　语音放大器工作电流表

指针式万用表	数字万用表	虚拟电流表		
$I_总$/mA	I_{R3}/mA	I_6/mA	$I_总$/mA

（三）工作电压测量

1. 前置电压放大电路模块

开关 S 为 ON，调好万用表直流电压合适挡位，按表 7-6 要求测量 VT_1 管所处的前置放大电路模块的电压。测量正常则继续，不正常则查找此模块故障。

表 7-6　前置放大电路模块电压表

测试点	指针式万用表	数字万用表	虚拟电压表
V_{CC}/V			
U_{BE}/V			
U_{CE}/V			
U_{EE}/V			
U_{R3}/V			

2. LM386 音频功率放大电路模块

S 为 ON，调万用表直流电压合适挡位，测量 LM386 各引脚与地之间电压，记录于表 7-7 中。正常则继续，不正常则查找该模块故障。

表 7-7　功率放大电路模块电压表

引脚号	1	2	3	4	5	6	7	8
指针式万用表测电压/V								
数字万用表测电压/V								
虚拟电压表测电压/V								

（四）波形观测

① 拆焊话筒 BM 的正极信号输入线，并调整示波器至可准确测量状态。

② 信号发生器输出信号调到 1kHz、合适峰-峰值的正弦波，代替话筒 BM 接入电路。

③ 用示波器观察语音放大器各级输入与输出信号波形，确保各级最大不失真时记录相关数据，填入表 7-8。

表 7-8　波形观测数据表

观察点	X 轴灵敏度 ms/DIV	周期 T/s	频率 f/Hz	Y 轴灵敏度 mV/DIV	峰-峰值/mV	声音
信号源						
VT_1—B 极						
VT_1—C 极						
LM386 的 2 脚						
扬声器 Y						

（五）通频带 BW 观测

① 使信号发生器输出频率为 1kHz、合适峰-峰值的正弦波，观测扬声器 Y 两端，即功率放大电路模块输出波形。

② 调整信号发生器的输出峰-峰值，使扬声器 Y 输出为最大不失真波形。

③ 保持信号发生器该输出峰-峰值，以 1kHz 为中心，逐渐向低端与高端变化频率，观察扬声器 Y 波形峰-峰值变化情况。

④ 找出下限频率 $f_L =$ _____ Hz、上限频率 $f_H =$ _____ Hz，求出带宽 $BW = f_H - f_L =$ _____ Hz。

（六）功率放大电路模块增益调试

① 在 LM386 的 1 端子和 8 端子之间焊接 1.5kΩ 电阻器和 10μF 电解电容器的串联支

路。**注意**连接点处用黄蜡管套住绝缘，以防碰到印制电路板导电点而导致故障。

② 信号发生器输出频率为 1kHz、合适峰-峰值的正弦波，观测 LM386 的 2 端子输入端波形、扬声器输出波形，即集成功放电路模块输入波形峰-峰值为_____ V，输出波形峰-峰值为_____ V。接上话筒轻轻喊话，注意听扬声器的声音变化。

五、仿真调试、测量与故障模拟

（一）建立新器件

① 按照图 7-8 在 EWB 软件中画出 LM386 内部电路仿真图。

② 调试 LM386 内部电路至能正常工作。用虚拟交流电压源 AC Voltage Source 从 2 脚加入 1kHz、适当有效值的正弦波信号，用虚拟示波器双通道同时观察 2 脚输入信号波形、5 脚输出波形，5 脚输出应为不失真、反相且峰-峰值放大 20 倍的正弦波。

③ 将 LM386 内部电路对外连接的 8 个引脚按集成块双列直插式塑料封装顺序排列，如图 7-11 所示。

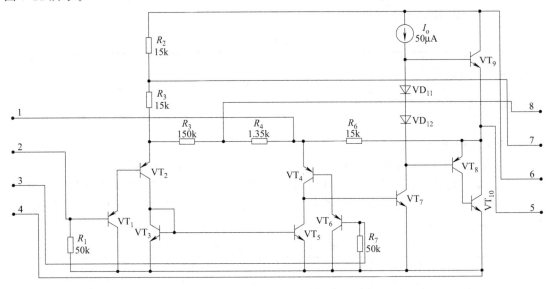

图 7-11　LM386 内部电路对外连接引脚排列图

④ 按住鼠标左键拖动，将 LM386 内部电路全部选择，被选中部分将呈红色高亮度。

⑤ 鼠标左键单击工具栏中 [按钮] 按钮或选择菜单 Circuit → Creat Subcircuit 命令，如图 7-12（a）所示，将出现 Subcircuit 对话框，如图 7-12（b）所示。

⑥ 在 Name 框中输入 "LM386"，并单击 Copy from Circuit 按钮，出现 LM386 器件框，关闭它。

⑦ 鼠标左键单击工具栏 [按钮] 按钮，出现 Favorites 框，如图 7-13（a）所示。

⑧ 鼠标左键拖动 Favorites 框中的 [按钮] 按钮至 EWB 原理图绘制页面，出现 Choose SUB 框，如图 7-13（b）所示。

⑨ 选中 Subcircuit "LM386"，单击 [Accept] 按钮，在 EWB 原理图页面中出现 LM386 器件。

⑩ 将 LM386 引脚按各自功能接好外部条件进行测试，如图 7-10 所示，输出波形应为不失真、反相且峰-峰值放大 20 倍的正弦波，说明该器件建立成功。数据填入表 7-9 最后一行中。

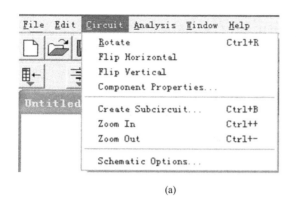
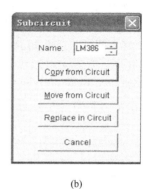

(a)   (b)

图 7-12   Circuit 下拉命令框与 Subcircuit 对话框

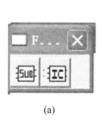
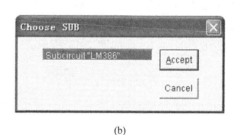

(a)   (b)

图 7-13   Favorites 框和 Choose SUB 框

表 7-9   集成功放典型电路电压放大倍数调试表

电阻器阻值	输入有效值/mV	输入峰-峰值/mV	输出峰-峰值/V	电压放大倍数
0				
1kΩ				
1.5kΩ				
10kΩ				
∞				

（二）调试集成功放典型电路

① 如图 7-14（a）所示，在 LM386 的 1 脚与 8 脚之间接电阻器与电解电容器串联支路，信号由反相端 2 脚送入，观察输入与输出波形，计算电压放大倍数。

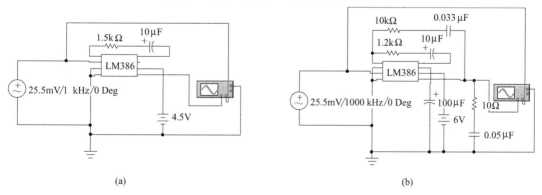

(a)   (b)

图 7-14   集成功放典型电路调试图

② 减小电阻器阻值至 1kΩ，观察对电压放大倍数的影响。

③ 增大电阻器阻值为 10kΩ，观察对电压放大倍数的影响。

④ 将电阻器设置为短路状态，即只有电容器起作用，将输入信号调小，使输出为最大不失真波形，观察对电压放大倍数的影响。所有数据填入表 7-9 中。

⑤ 如图 7-14（b）接电路构成低频提升功放电路，信号由同相端 3 脚送入，从 1kHz 起逐步减小输入信号频率，观察 5 引脚输出波形峰-峰值，将数据记于表 7-10 中。

表 7-10　低频提升功放电路输出电压表

频率/Hz	1k	600	400	300	200	100	50
输出电压峰-峰值/V							

（三）绘制语音放大器仿真图

按图 7-1 在 EWB 软件中绘制语音放大器仿真图，其中 VT$_1$ 用 motorol3 库中的 MRF9011 替代；话筒 BM 用虚拟电压源的正弦波信号替代；扬声器 Y 不接，直接用示波器观察仿真结果。为方便仿真测试，在前置电压放大电路模块音频信号输出点、功率放大电路模块电源端设置开关 K$_1$、K$_2$，如图 7-15 所示。

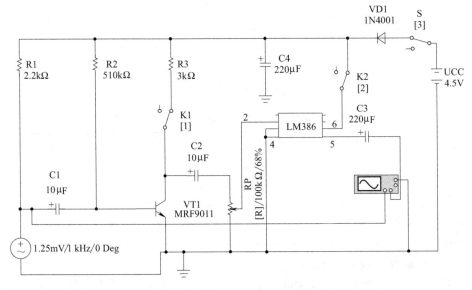

图 7-15　语音放大器仿真图

（四）测量

1. 测量工作电流

将图 7-15 中的三个开关 K$_1$、K$_2$、S 断开，按正确极性串入虚拟电流表，测量电流值填入表 7-5 中。

2. 测量工作电压

① 用虚拟电压表测量前置电压放大电路模块的电压，数据填入表 7-6。

② 测量音频功率放大电路模块电压，数据填入表 7-7。

（五）波形观察

如图 7-15 所示，在前置电压放大电路模块的输入端加入 1kHz、合适有效值的正弦波信号。按表 7-8 要求，在确保各级最大不失真时，用虚拟示波器观察语音放大器各级输入与输出仿真波形，将其描绘于图 7-16，并进行相关数据处理。

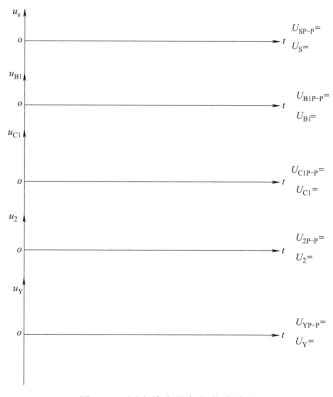

图 7-16　语音放大器各级仿真波形

（六）故障模拟

图 7-15 仿真图中的输入条件不改变，设置如下模拟故障时，用虚拟示波器观察语音放大器各级波形变化，从而提高模块式查寻与处理故障的能力：

① VD_1 二极管被烧成短路故障；

② VT_1 管的上偏置电阻器容量安装错误故障，$R_2=51k\Omega$；

③ VT_1 管的集电极输出电阻器容量安装错误故障，$R_3=300\Omega$；

④ VT_1 管的集电极供电电源失电故障，K_1 断开。

学习情境八 爬行器组合机械装配

【学习目标】

1. 掌握安全用电与安全文明生产管理技能。
2. 对照实际元器件，训练识读较复杂电子产品原理图的能力。
3. 掌握电子元器件包括传感元器件及555定时器的识别与检测技能。
4. 掌握产品机械传动部分组装技能，初步训练电子部分与机械部分连接能力。
5. 掌握较复杂电子产品焊接、调试与总装技能。
6. 掌握电子产品生产工艺流程，训练电子装配工艺指导卡编制能力。
7. 掌握借助电子仪器、仪表诊断与排除较复杂电子产品故障的技能。
8. 培养专业兴趣，培养团队合作、语言表达与持续学习能力。
9. 培养网络资源信息获取与运用、观察与逻辑推理、系统运筹能力。

一、原理图

图8-1利用555定时器构成单稳触发器，在声、光、磁三种控制方式下，均以低电平触发，让电动机转动，从而拍手、光照、磁铁靠近均可使爬行器爬动，但持续一段时间停止，直至任一种信号再次出现才继续爬动。

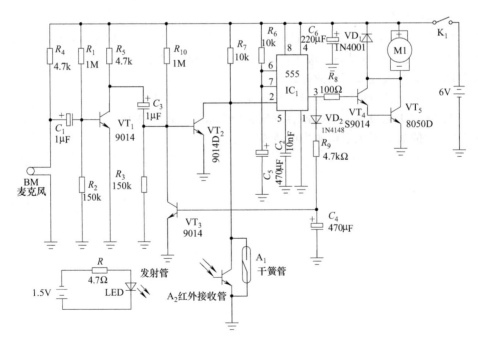

图8-1 爬行器电子部分原理图

二、元器件识别与检测

（一）电阻器

通过色环识别标称值，通过体积识别额定功率，再用万用表合适挡位检测各电阻值，对应将各项数据填入表 8-1。

表 8-1　电阻器识别与检测

序号	项目代号	色环	标称值/Ω	额定功率/W	所用挡位	实测数值/Ω
1	R_1, R_{10}					
2	R_2, R_3					
3	R_4, R_5, R_9					
4	R_6, R_7					
5	R_8					

（二）二极管

识别型号与极性，在晶体管手册上查阅相关参数，用万用表合适挡位检测相关数据，填入表 8-2，据此判别各管好坏与性能优劣。其他元器件均要做质量判别，不再赘述。

表 8-2　二极管识别与检测

序号	项目代号	型号与查表参数	所用挡位	正向电阻/Ω	正向电流/mA	正向电压/V	反向电阻/Ω
6	VD_2						
7	VD_1						

（三）三极管

完成表 8-3 中识别、查阅、检测技能训练。

表 8-3　三极管识别与检测

序号	项目代号	型号、材料、管型与查表参数	实测 β 值
8	VT_1		
	VT_2		
	VT_3		
	VT_4		
9	VT_5		

（四）电容器

完成表 8-4 中识别、检测技能训练。

表 8-4　电容器识别与检测

序号	项目代号	类别	标称容量与额定电压	实测容量/F	所用挡位	漏电阻/Ω
10	C_2					
11	C_1					
	C_3					
12	C_4					
	C_5					
13	C_6					

（五）555 定时器及其插座

555 定时器及其插座如图 8-2 所示，555 定时器引脚图如图 8-3 所示，引脚功能说明如下。

图 8-2　555 定时器及其插座外形图　　　　图 8-3　555 定时器引脚图

① 引脚 1　GND，接地端。

② 引脚 2　$\overline{TR}$，低电平触发端。触发 NE555 时启动其时间周期。触发信号上沿电压需大于 $2/3 V_{CC}$，下沿需低于 $1/3 V_{CC}$。

③ 引脚 3　OUT，输出端。NE555 时间周期开始时，输出高电位 $= V_{CC} - 1.7V$，最大输出电流大约 200mA；时间周期结束时，输出低电位约为 0V。

④ 引脚 4　$\overline{RD}$，复位端。输入负脉冲低于 0.7V 时，使输出回到低电位。不用该端时，可直接接到 V_{CC} 端。

⑤ 引脚 5　CO，电压控制端。可由外部电压改变触发和闸限电压。当计时器在稳定或振荡状态时，能改变或调整输出频率。

⑥ 引脚 6　TH，高电平触发端。输入电压必须高于 $2/3 V_{CC}$。

⑦ 引脚 7　C，放电端。与外接电容一起构成放电回路。

⑧ 引脚 8　V_{CC}，电源端。工作电压范围 3～18V。

（六）声敏传感器

（1）特点简介

将外界声场中的声音信号转换成电信号，又称驻极体话筒或麦克风。此种话筒体积小，结构简单，电声性能好，价格低廉，在盒式录音机、无线话筒与声控产品中应用非常广泛。由于输入和输出阻抗很高，在其内部设置一个场效应管作为阻抗转换器，所以工作时需要直流工作电压。

驻极体话筒的灵敏度是实际使用中比较关键的问题。一般来说，在动态范围要求较大的场合，应选用灵敏度低一些的话筒，将其配置在有带宽限制、增益高一些的电路中使用，这样会使背景噪声较小，信噪比较高，声音听起来比较清晰、干净。在简易产品中，可选用灵敏度高一些的话筒，话筒对声音信号反应灵敏，可减轻对后级放大电路增益的要求。

驻极体话筒使用时，有条件的话最好使用音频屏蔽线，以免外界干扰波对后级放大电路带来影响。还应注意与前后级电路阻抗匹配，高阻抗话筒不可以直接与低输入阻抗的电路相连。此外，高阻抗话筒引线不宜过长，否则易引起各种杂音并增加频率失真。

（2）极性识别

该话筒为机装型两端式驻极体话筒，其内部的场效应管漏极和源极直接作为话筒的引出电极。如图 8-4 所示，一个为漏极 D（或正电源/信号输出脚），另一个有标志，即与话筒金属外壳相连的引脚为源极 S（或接地引脚）。

除了从外观识别极性之外，尚可用指针式万用表来快速判别。第一种方法，将万用表拨至 Ω×100 或 Ω×1k 挡，电调零后，红、黑表笔分别任意接两个电极，再对调两表笔测量，两次测量中阻值较大时，黑表笔所接是 D 极。第二种方法，将万用表拨至 Ω×100 挡，电调零后，红表笔接外壳，黑表笔依次接两电极：当阻值为几千欧时，黑笔所接为 D 极；阻值为零时，黑笔所接为 S 极。

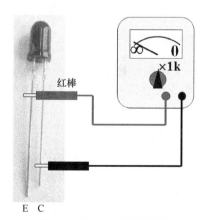

图 8-4　声敏传感器检测图

（3）质量检测

用指针式万用表合适挡位，如图 8-4 所示正向检测状态时，万用表显示有电阻值。用嘴对准话筒声音感应面轻轻吹气，要求吹气速度慢且均匀。如果吹气瞬间，指针向右摆动幅度增大，即阻值迅速减小，则说明该话筒灵敏度高；如果指针摆动小或根本不动，则说明性能差或已经损坏，不宜使用。而反向测量，吹气没什么变化。将测量结果填入表 8-5。

表 8-5　麦克风检测表

阻值/kΩ	初始状态	吹气
正向阻值		
反向阻值		

（七）光敏三极管

（1）特点

光敏三极管和普通三极管相似，有电流放大作用，但是其集电极电流不只是受基极电路和电流控制，同时也受光辐射控制。通常基极未引出。

其光源可以是普通光，如电筒，也可以是红外光，如电视机、空调等遥控器发出的信号，故又称红外接收管。

光敏三极管外形与引脚如图 8-5 所示。

（2）检测

用指针式万用表合适挡位，如图 8-6 所示操作。有光照时，C、E 两极间导通，数据填入表 8-6。

E C

图 8-5　光敏三极管外形与引脚图

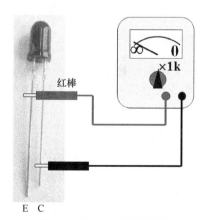

E C

图 8-6　光敏三极管检测图

表 8-6　光敏三极管检测表

光照度	C、E 间电阻/kΩ
自然光	
强光	

（八）干簧管

（1）特点

干簧管是一种磁敏特殊开关，可以作传感器用，如用于计数、限位等。有一种自行车里程计，就是在轮胎上粘上磁铁，在一旁固定干簧管构成的。干簧管装在门上，可作为开门时的报警、问候等。在"断线报警器"制作中也用到干簧管。在本情境中当开关使用，为 555 定时器的 2 脚提供低电平信号。

它由一对磁性材料制造的无极性弹力舌簧组成，密封于玻璃管中，如图 8-7（a）所示；舌簧端面互叠，留有一条细间隙，类似一对常开型触点，如图 8-7（b）所示。其触点部分由惰性贵金属铑 Rh 做成，该材料熔点高，能减少电弧放电对触点表面的损耗，而且铑触点硬度高、耐磨损，能维持更长的工作寿命。由于干簧管的触点被密封在玻璃管内，所以不受外界环境的影响，工作非常稳定，是一种高性能、低价格的理想磁敏传感器。

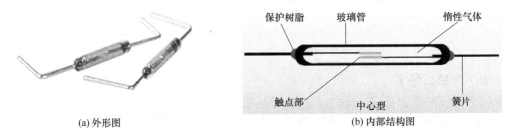

（a）外形图　　　　　　　　　　　　（b）内部结构图

图 8-7　干簧管内部结构与外形图

（2）检测

用万用表合适挡位，两表笔接触干簧管两端。当用磁铁如喇叭靠近干簧管舌簧使其被磁化时，两舌簧吸合导通，此时阻值为零。当磁力消失时，舌簧因自己的弹力分开，阻值为∞。

（3）使用注意事项

不要摆放在太阳强烈的地方，更不要跌落到地板上。焊接时，注意温度不宜过高，高温会影响触点距离，也即改变干簧管灵敏度，导致干簧管损坏。

三、印制电路板装配

（一）装配注意事项

一般来说在印制板装配过程中，应先装配矮、小、轻及布局在中间的元器件。具体事项详见"装配流程"中说明。

（二）装配流程

先将靠"电机＋"端的两个安装孔用合适孔径的钻头钻大，便于后面安装。

按前面"元器件识别与检测"模块中的序号装配爬行器各元器件，其中，"序号 14"的 555 定时器等总装时再插入。

① 序号 1：R_1 与 R_{10}。

② 序号 2：R_2 与 R_3。

③ 序号3：R_4、R_5与R_9。R_9不要堵塞其旁边的焊孔。

④ 序号4：R_6与R_7。

⑤ 序号5：R_8。不要堵塞其旁边焊孔。

⑥ 序号6：VD_2。**注意**极性，焊锡量适当，不要影响其旁边已焊好的两个焊孔。

⑦ 序号7：VD_1。**注意**极性，电烙铁预热时间稍长些。

⑧ 序号8：$VT_1 \sim VT_4$。**注意**安装高度，应保证后续测量方便，但不宜太高以防折断，型号与引脚正确安装。

⑨ 序号9：VT_5，安装要求同序号8。

⑩ 序号10：C_2。**注意**装好后卧倒，有数值面朝上。

⑪ 序号11：C_1、C_3。**注意**极性，装好后卧倒，有数值面朝上。

⑫ 序号12：C_4、C_5。**注意**极性，在A面的引脚长度留几毫米，先卧后焊，C_5数值面只能朝下。

⑬ 序号13：C_6。**注意**极性，先卧后焊，数值面朝上。

⑭ 序号14：集成块座。**注意**正确插入引脚，压紧后先焊两对角线的4个引脚。555集成块等功能测试时再插入。

⑮ 序号15：声敏传感器BM。将声敏传感器即麦克风两引脚按极性从安装面正确插入，漏极D（＋）焊接到印制电路板上"麦克风＋"，源极S（－）焊接到印制电路板"麦克风－"，如图8-8所示。

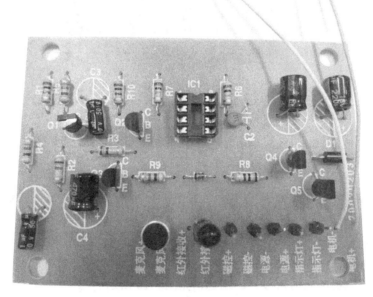

图8-8　爬行器印制电路板装配图

⑯ 序号16：光敏三极管A_2。将光敏三极管两引脚正确插入，短引脚C与板"红外接收＋"、长引脚E与板"红外接收－"分别进行焊接。

⑰ 序号17：插针。在印制电路板"磁控＋、磁控－/电源－、电源＋、指示灯＋、指示灯－"5个焊孔处共焊接5根插针，长端在装配面，短端在焊接面。安装插针是为了完成装配后测量爬行器工作电压等。

⑱ 序号18：电机M1。最好将两根不同颜色的细软导线插入到印制电路板安装面"电机＋、电机－"两个安装孔内焊接。**注意**两导线另一端等进行功能测试时，再焊接到电机输

出端子。

⑲ 序号 19：固定印制电路板。用两个 M3×8 机制螺杆和对应螺母将印制电路板与爬行器塑料底板固定在一起。

（三）装配工艺指导卡

在装配流程中选出较典型的工艺操作序号，编制成相应工位的装配工艺指导卡，要求清楚地写明某工位的操作内容，即作业名称、作业步骤，装配元器件的名称、型号规格、数量，使用的仪器与型号、工具及其规格，装配注意事项，并图示元器件在印制电路板或其他部分如外壳上的装配位置等，具体格式、内容、要求与示例等见附录一（电子装配工艺指导卡）。

四、塑料底板装配

（一）干簧管装配

① 准备工作　将干簧管 A_1 也即磁敏传感器两引脚搪锡，然后掰弯引脚，安装到塑料底板适当位置上，如图 8-9 所示。**注意**掰弯引脚时不要损坏干簧管。

图 8-9　干簧管装配图

② 焊线　将两根细软导线焊接到 A_1 两引脚后，该两导线另一端通过塑料底板小孔穿到另一面，一根焊接到印制电路板安装面"磁控＋"插针上，另一根待装配开关时再焊接到"磁控－/电源－"插针上。

（二）电池盒装配

① 双联极片　将 3 个正负双联极片背面分别搪锡加厚，便于固定，然后安装到塑料底板电池盒上，再用尖嘴钳掰弯极片尖端处，如图 8-10 所示。

② 单联极片　根据需要将正单联极片、负单联极片背面即凹槽面搪锡少许加厚，便于固定在电池盒上；将两极片尖端处即焊接位置搪锡后掰弯 90°，安装到电池盒上。

③ 导线　取合适长度红、黑细软导线各一根，两端均剥去绝缘皮 3～5mm，用手将金属线头朝一个方向捻紧，均匀搪锡。

④ 焊接　将红线焊接到正单联极片上，黑线焊接到有弹簧的负单联极片上。

（三）开关装配

① 引脚处理　给开关 5 个引脚编号，将 3、4 号引脚搪锡处理，如图 8-11 所示。

② 正极焊接　将图 8-10 中正单联极片红线的另一端与图 8-11 中开关 4 号引脚焊接。

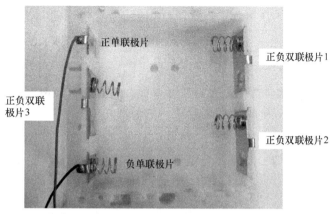

图 8-10　6V 电池盒装配图

③ 中间引脚　开关 3 号引脚另用一根搪好锡的红线焊接，该红线另一端焊接到印制板安装面"电源＋"插针上。

④ 负极焊接　将图 8-10 中负单联极片黑线另一端从电池盒附近小孔穿入，与前面提到的干簧管引线共两根线一起焊接到印制板安装面"电源－/磁控－"的同一根插针上。

⑤ 两端引脚固定　将开关 1、5 号引脚从电池盒面插入塑料底板安装孔，然后用热熔胶枪熔化适量胶棒，滴注于开关 1、5 号引脚附近，冷却使其固定在底板上，并用标签贴纸标明 ON 位置。

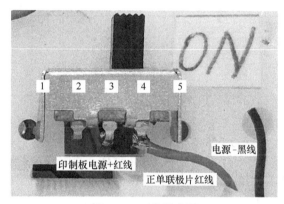

图 8-11　开关装配图

五、爬行器功能测试

安装 555 定时器，将 4 节 5 号电池安装到电池盒，嵌入电池盒固定卡片，打开开关 K_1，测试爬行器是否能工作。

（一）光控测试

准备小手电筒或手机的手电筒，照射光敏三极管 A_2，电机启动，若干时间停止。一直照射一直动。

（二）声控测试

拍手掌、发出声音或对准声敏传感器 BM 吹气，电机动若干时间停止。

（三）磁控测试

用磁铁靠近干簧管，电机动，若干时间停止。

六、工作流程分析

① 结合原理图、元器件识别与检测、功能测试，试分析并表述：当分别出现合适的声音、光照与磁力信号时，爬行器的电信号工作流程，特别应注意将 $VT_1 \sim VT_5$ 的输入与输出信号、555 定时器的输入与输出信号描述清楚。

② 根据已分析的信号工作流程，预先判断表 8-7、表 8-8 数值范围，为后续测量提供一定理论依据。

七、数据测量与波形观察

为了保证数据测量准确，以下操作均取掉电池。将直流稳压电源输出调整为 6V，并用数字万用表直流电压挡校验为 6V，然后给爬行器供电。

（一）三极管电压测量

① 给爬行器施加声音信号前后，也即电机从不动到开始转动瞬间，用数字万用表合适直流电压挡，监测 VT_1、VT_2、VT_4、VT_5 这 4 个三极管 E、B、C 三引脚电压变化情况，数据记录于表 8-7 中。

② 电机从不动至转动片刻，测量 VT_3 的 E、B、C 三引脚电压变化数据，记于表 8-7 中。

表 8-7　三极管电压变化表

型　　号	文字代号	U_E/V	U_B/V	U_C/V
9014	VT_1			
9014D	VT_2			
9014	VT_3			
9014	VT_4			
8050D	VT_5			

（二）555 定时器电压测量

给爬行器施加声、光、磁任一控制信号前后，也即电机从不动到开始转动瞬间，用数字万用表合适直流电压挡监测 555 定时器 8 个引脚电压变化情况，数据记录于表 8-8 中。

表 8-8　555 定时器各引脚电压变化表

型号	文字代号	各引脚工作电压/V							
		1	2	3	4	5	6	7	8
555	IC_1								

（三）波形观察

在爬行器工作过程中，三极管 VT_2 除被 VT_1 控制外，同时还受 VT_3 影响，因响应速度太快，而数字万用表采集数据速度慢，故监测不到表 8-7、表 8-8 中个别数据，如 VT_2、VT_3、555 定时器引脚 2 的电压变化状态，只能用示波器观察其电压变化。

① 调整示波器至波形观测工作状态，其中 Y 轴灵敏度为 0.1V/DIV，X 轴灵敏度也即 X 轴水平速率扫描开关为 2ms/DIV。

② 示波器探头地端接爬行器印制板"电源－/磁控－"插针，示波器信号端接三极管 VT_2 的 B 极。

③ 给爬行器送电 6V 并加声音信号，即电机由停止到开始转动瞬间，迅速观察示波器呈现的脉冲信号。

④ 改变 Y 轴灵敏度为 1V/DIV，示波器信号端依次接三极管 VT_2、VT_3 的 C 极，加声音信号瞬间，迅速观察两引脚的脉冲波形。

⑤ 示波器信号端依次接 555 定时器引脚 2、3，加声音信号瞬间，迅速观察脉冲波形。为了观察方便，注意示波器信号端探头钩可分别接在引脚 2 等电位点即 VT_2 的 C 极、引脚 3 等电位点 VD_2 阳极。

⑥ 根据已观察到的各点电压波形变化，试判断是否与工作流程分析相吻合。

八、机械传动部分装配

（一）轴片与机芯夹板

① 按照产品提供的说明单，将二牙轴、三牙轴、四牙轴分别穿过二牙片、三牙片、四牙片，**注意轴两端长度应相等**。

② 将三套牙轴、牙片按齿轮啮合原理组装安放到机芯夹板 A 上，再合盖上机芯夹板 B，如图 8-12 所示。

③ 将三个 M2.5×8 自攻螺钉安装到机芯夹板 B 相应位置上，用螺丝刀拧紧，如图 8-13 所示。

（二）电机与机芯夹板

① 将蜗杆套在电机转轴上，电机转轴头应与蜗杆口相平。

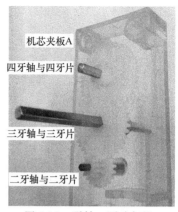

图 8-12　牙轴、牙片与机芯夹板装配图

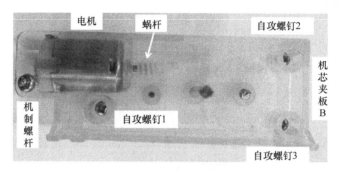

图 8-13　电机与机芯夹板装配侧面图

② 将有蜗杆的电机塞进机芯夹板 A、B 之间预留空位内，**注意**将电机两个金属输出端子朝上。

③ 将一个 M3×30 机制螺杆安装到机芯夹板孔内，该孔靠近电机输出端子侧，螺母在机芯夹板 A 面，将电机固定在机芯夹板上，如图 8-13 所示。

（三）凸轮、机芯夹板与底板

① 用剪刀等工具将两个黑色凸轮光面的方孔钻宽，以便于后续组装。

② 两个凸轮凸起面圆孔用 M2.5×10 自攻螺钉拧几圈后拆除，以便后续组装。

③ 将两凸轮安装到三牙轴两端，**注意**光面朝里，且保持轴对称，如图 8-14 所示。

④ 用四个 M3×8 机制螺杆和对应螺母将机芯夹板等固定在塑料底板上，**注意**与爬行脚同步安装。

（四）爬行脚

① 用两个 M2.5×8 带垫圈自攻螺钉将旁板 A 与前右足、后右足固定，然后用一个同规格自攻螺钉将连杆装配在前右足和旁板 A 上，连杆另一端扣在后右足卡位上，如图 8-15 所示。为便于后面叙述，称之为右足组合体。

② 用一个 M3×10 自攻螺钉将右足组合体与图 8-14 中黑色右凸轮试组装，然后用两个 M3×8 机制螺杆将右足组合体固定在塑料底板上，如图 8-16 所示。

③ 类似①、②，将旁板 B 与前左足、后左足、连杆与底板组装。

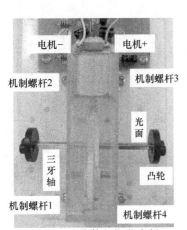

图 8-14 凸轮、机芯夹板
与底板装配俯视图

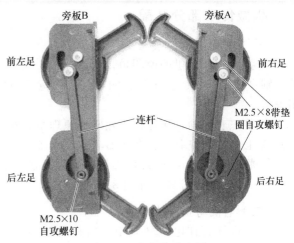

图 8-15 爬行脚装配图

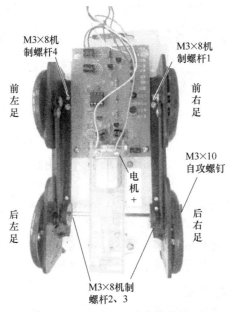

图 8-16 爬行器总装效果图

学习情境九　直流稳压电源制作与调试

【学习目标】

1. 掌握安全用电与安全文明生产管理技能。
2. 正确识读直流稳压电源方框图与原理图，掌握编制其元器件功能表的技能。
3. 掌握直流稳压电源元器件的名称、参数、作用与检测方法。
4. 熟悉三端可调输出集成稳压器的型号、特性与使用方法。
5. 掌握直流稳压电源的制作步骤和注意事项。
6. 提高手工焊接技能，掌握集成稳压器等元器件装配技能。
7. 掌握用仪器与仪表调试、测量直流稳压电源及模块法处理故障的技能。
8. 掌握仿真软件测试技能，掌握数据分析与处理技能。
9. 培养良好的学习态度、实训意识与团队协作精神。
10. 培养工具书查阅与运用、语言表达、系统运筹能力。

一、原理图

如图 9-1 所示，220V/50Hz 的交流电压 u_1 加到变压器 T_1 的初级，经过降压，从次级 u_2 输出交流 12V 低压；经四只硅二极管 $VD_1 \sim VD_4$ 组成的桥式整流电路后，变为单向脉动的直流电压；经两只不同容量的电容 C_1、C_2 组成的滤波电路后，滤除不同频率的交流成分，变成较平滑的直流电压，该直流电压加在三端稳压器 LM317 的输入端 3 脚，从输出端 2 脚输出稳定的直流电压。改变电位器 R_P 的阻值，可调节输出电压 U_o 的大小。

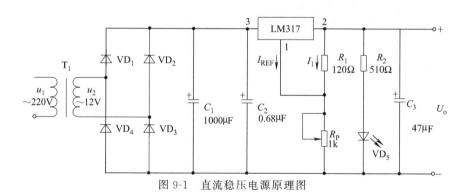

图 9-1　直流稳压电源原理图

已知基准电路工作电流 $I_{REF} \approx 50\mu A$，基准电压 $U_{REF} = 1.25V$，所以有 $I_1 = U_{REF}/R_1 = 1.25V/120\Omega = 10.4mA \gg I_{REF}$，则

$$U_o = U_{REF} + U_{RP} = U_{REF} + (I_{REF} + I_1)R_P \approx U_{REF} + I_1 R_P$$

故

$$U_o \approx U_{REF} + \frac{R_P}{R_1}U_{REF} = U_{REF}\left(1 + \frac{R_P}{R_1}\right)$$

$$U_{\text{omin}} = 1.25\text{V} \times (1 + 0/120\Omega) = 1.25\text{V}$$
$$U_{\text{omax}} = 1.25\text{V} \times (1 + 1\text{k}\Omega/120\Omega) = 11.67\text{V}$$

可见，该直流稳压电源输出电压调节范围为 $1.25 \sim 11.67\text{V}$，且在忽略 I_{REF} 的前提下，输出电压 U_o 只与 U_{REF}、R_1、R_P 有关，所以稳定。

二、方框图

直流稳压电源方框图见图 9-2，其工作波形见图 9-3。

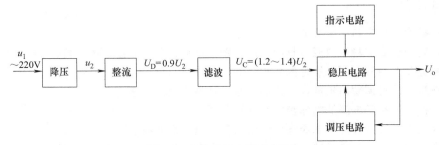

图 9-2　直流稳压电源方框图

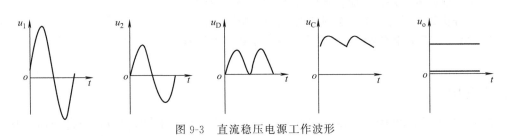

图 9-3　直流稳压电源工作波形

三、元器件识别与检测

（一）三端可调输出集成稳压器识别与检测

1. 三端可调输出集成稳压器简介

三端可调输出集成稳压器是在三端固定输出集成稳压器的基础上发展起来的，集成片的输入电流几乎全部流到输出端，流到公共端的非常小，因此用少量的外部元件即可组成精密可调稳压电路，应用更为灵活。

① 典型产品　117/217/317 系列为正电压输出，负电源系列有 137/237/337 等，同一系列的内部电路和工作原理基本相同。

② 工作温度　117（137）为 $-55 \sim 150℃$，217（237）为 $-25 \sim 150℃$，317（337）为 $0 \sim 125℃$。

③ 输出电流　型号最后标有 L，即 L 型系列 $I_o \leqslant 100\text{mA}$，M 型系列 $I_o \leqslant 500\text{mA}$，不标注的 $I_o \leqslant 1.5\text{A}$。

2. LM317 的识别

如图 9-4 所示，1 脚为调整端，2 脚为输出端，3 脚为输入端。当输入端与输出端之间的压差为 $2 \sim 40\text{V}$ 时，能保证其基准电压 $U_{\text{REF}} = U_{21} = 1.25\text{V}$。

3. LM317 的检测

将万用表拨至合适电阻挡，红表笔接散热片（带小圆孔），黑表笔依次接 1、2、3 脚，如图 9-5 所示，数据则填在表 9-1 中。

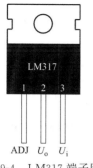

图 9-4　LM317 端子图

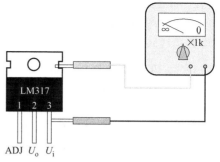

图 9-5　LM317 检测图

表 9-1　LM317 质量检测表

红笔	黑笔	功能	电阻值/kΩ
散热片	1 端子	调整端	
散热片	2 端子	输出端	
散热片	3 端子	输入端	

（二）其他元器件识别与检测

1. 二极管 VD_1～VD_4 识别与检测

2. 电解、涤纶电容器 C_1～C_3 识别与检测

3. 色环电阻器 R_1、R_2 识别与检测

4. 电位器 R_P 识别与检测

5. 发光二极管 VD_5 识别与检测

四、元器件功能表编制

结合直流稳压电源原理图及实际元器件的识别与检测，按表 9-2 要求列出该电路的元器件功能表。

表 9-2　直流稳压电源元器件功能表

序号	项目代号	元器件名称	参数	作用
1				
2				
3				
4				
5				
6				
7				
8				
9				
10				

五、印制电路板图设计与绘制

（一）基本概念

1. 布置图

根据电路原理图、元器件的实际尺寸与安装要求等，按一定比例画出由元器件安装孔、电路符号、项目代号等组成的图。LM317 不用画电路符号，但需标出各引脚号码。

2. 布线图

在布置图的基础上，将元器件安装孔转换成一定尺寸的焊盘，并将原理图中元器件之间的电气连线转换成一定尺寸空心导线的图。

（二）设计注意事项

① 搞清设计布线走向，便于对照着原理图一起来调试与检修。

② 留足变压器安装空间，定准其两安装孔间轴心距、孔直径尺寸。

③ 电位器是用来调节输出电压的，设计时应满足顺时针调节电位器输出电压升高，逆时针调节时输出电压降低的规律。其安放位置应满足整机结构安装要求，尽可能放在板的边缘处，方便调节。安装孔位置与孔直径尺寸应准确。

④ 注意 LM317 的引脚排列顺序，间距应合理。散热片安装孔位置与尺寸应准确。

⑤ 预留各模块间的 6 个测试点，详见下面的"测试点设计"。

⑥ 元器件最好分布合理，排列均匀，力求结构严谨，不要浪费空间。

⑦ 元器件尽量横平竖直排列，力求整齐美观，且与实际尺寸吻合。如电容两焊盘间距应尽可能与其引脚间距相同。

⑧ 连线之间或转角必须 ≥90°。

⑨ 走线按一定顺序，力求直观，尽可能短，尽可能少转弯，便于安装与检修。

⑩ 安装面元器件不允许架桥，焊接面导线不允许交叉。

（三）边框尺寸设定

建议在 90mm×60mm 的印制板范围内进行设计，这样可直接采用该尺寸的万能板来实现电路。

（四）测试点设计

本实训将运用模块式电路调试方法，故为方便起见，应在以下环节设计合适的测试点。

① 变压器次级两个测试点①、②。

② 4 只二极管 VD_1～VD_4 整流之后两个测试点③、④，其中④为负极，可安置在稳压电源输出端，即电容器 C_3 负极的等电位点。

③ 两只电容 C_1、C_2 滤波之后两个测试点⑤、④。

④ 直流稳压电源输出两个测试点⑥、④。

⑤ ①～⑥ 6 个测试点对应着 10 个焊盘。除①、②是单个焊盘外，③～⑥测试点均留两个焊盘。

六、电路制作

① 看懂印制电路板图，搞清实际印制板的装配方向。

② 注意装配顺序：先装小的、低的、轻的、需卧装的元器件，后装大的、高的、重的、需立装的元器件。

③ 色环电阻器的阻值选择正确。

④ 二极管、电解电容器、发光二极管极性装配正确，且注意保证离印制板的合适高度。

⑤ LM317 引脚正确安装，且注意高度，保证散热片能铆上去。

⑥ 留足变压器的安装位置，并定准其安装孔。次级先不焊接到印制板上，等调试好再焊。

⑦ 6 个测试点的焊盘中焊上对应插针。除①、②是单个插针外，③、④、⑤、⑥测试点均焊双联插针，但 4 个双联插针在焊接面先不焊通。

⑧ 为便于后续调试、测量，以及将来为其他电子产品供电，整流、滤波、稳压三个环节之间的③、④、⑤、⑥这四个双联插针，根据需要用短路帽连接。

七、通电前检查

为确保安全，一个电子产品焊接装配的各个阶段，应按模块进行相应检查，确认无误后，方可总装通电。通电前的故障检查方法有直观目测法、逐点检查法、电阻测量法等。

（1）直观目测法

是根据已设计的产品印制电路板图，用眼睛直观检查所有元器件，应按指定项目代号、数值、极性、安装要求等正确装配。如检查整流模块时，应确认将四只1N4007型号的二极管按阴、阳极标志卧式装配；与前面降压模块变压器次级线圈相连的两个焊盘已装配两个独立的测试插针①、②，且错位排列，能预防两接点相碰造成短路现象；与后面滤波模块连接的测试点③两个焊盘装配两个紧挨的插针，即一个双联插针，但焊接面这两个焊盘之间断开，调试时在装配面通过短路帽相连。

（2）逐点检查法

运用指针式万用表Ω×1挡或数字万用表"—▸—》）"挡，根据电路原理图，将两表笔放置在各等电位点逐一检查，指针表应偏转到零电阻值，数字表在显示零的同时还发出"嘀"声，以排除用万能板制作时的元器件引脚及电气连线的虚焊现象。如VD_4阳极、VD_3阳极、C_1负极、C_2负极、R_P一个引脚、发光二极管VD_5阴极、C_3负极、④号测试点双联插针的一个焊盘全部为直流稳压电源负极的等电位点，都应相通。

（3）电阻测量法

选择万用表合适挡位，根据电路原理图，检查关键元器件的在路电阻，或检查各模块电阻，或检查产品整机的总电阻，以排除短路、开路等故障。如将指针式万用表打到Ω×1k挡，按表9-3检查整流模块各测试点，红、黑表笔接测试点①、②时均为∞。当将红表笔接阴极即③测试点、黑表笔接阳极即④测试点时，此为正向测量状态，指针应偏转，阻值为8kΩ左右；而调换表笔为反向测量状态，阻值应为∞。

表9-3 整流模块电阻测量

接法	红→①,黑→②	红→②,黑→①	红→③,黑→④	红→④,黑→③
阻值/Ω				

如果有些产品用硅整流桥替代四只二极管构成桥式整流模块时，称为桥堆，对应如表9-4所示，也可于通电之前用电阻测量法来检查硅整流桥质量好坏。常用的硅整流桥外部引脚排列有如图9-6（a）所示的扁桥桥堆，桥堆内部对应电路如图9-6（b）所示。随着电子产品小型化发展趋势，目前桥堆已有贴片产品，引脚排列如图9-6（c）所示。

表9-4 硅整流桥电阻测量

接法	红→a,黑→b	红→b,黑→a	红→c,黑→d	红→d,黑→c
阻值/Ω				

下面结合三种方法对直流稳压电源做通电前各项检查。

① 保证VD_1～VD_4极性，C_1、C_2与C_3极性，LM317引脚均正确装配。

② 确认R_P中心抽头与安装在电路中的一个固定端之间阻值应该可连续调节，且顺时针旋转时阻值增加。

③ 检查VD_5发光二极管极性：指针式万用表Ω×10挡，黑笔接阳极，红笔接阴极，应发光。

(a)

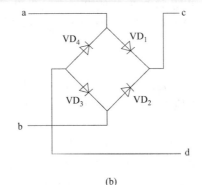
(b)

(c)

图 9-6　硅整流桥引脚排列和内部电路图

④ R_1、R_2 标称阻值核对，用合适挡位检查与周边元器件电气连接正确。

⑤ 检查①～⑥共 6 个测试点的数量与设置位置。确保取下短路帽时，前后模块能正确断开；安上短路帽时，各模块连接。

⑥ 检查整流模块正反向电阻。③测试点短路帽不装时，用指针式万用表合适挡位，按表 9-3 要求的接法检查，正常则继续，不正常则查找此模块故障。

⑦ 检查滤波模块漏电阻。③、⑤测试点短路帽不装时，用指针式万用表合适挡位，检查滤波模块电容器，如无充放电现象，或者正反向漏电阻值不吻合者，则说明需查找此模块故障。

⑧ 检查稳压、调压与指示模块电阻。与整流、滤波模块断开时，用指针式万用表合适电阻挡，在直流稳压电源输出端测量电阻。当红表笔接正极输出端即⑥测试点，黑表笔接负极输出端即④测试点时，调节电位器 R_P，阻值应在 $120\Omega \sim 1k\Omega$ 范围变化；当红表笔接负极时、黑表笔接正极时，调节 R_P，阻值应在 $120 \sim 650\Omega$ 范围变化，同时发光二极管发光，由暗逐渐变亮。短路、开路或阻值不吻合者，则为不正常，不允许通电，必须对应检查稳压、调压与指示模块的故障。

上述直观检查法、逐点检查法与电阻测量法是检查电路时用得较多且易学的方法，应多加以训练。

在电路通电前的检查中，还有一些方法可以运用。如本产品整流电路模块，除可以用指针式万用表检查外，还可以用数字万用表 "➤⊢ ⑴)" 挡。将黑表笔固定放在③测试点，红表笔依次去接其他测试点：当红笔接④时，数字表电压在 $1.0 \sim 1.4V$，红笔接①、②时，电压均应在 $0.5 \sim 0.7V$，测量并将数据记录于表 9-5 中。同理，该方法可用于检测硅整流桥质量。

表 9-5　数字万用表检查整流模块

黑表笔	红表笔	电压/V	备注
③测试点	①测试点		VD_1 正向
	②测试点		VD_2 正向
	④测试点		全整流桥正向

八、通电前准备工作

① 用万用表合适电阻挡，检查变压器初级线圈直流电阻＝_____Ω，短路或断路的不允许使用。

② 用万用表合适电阻挡，检查变压器次级线圈直流电阻＝_____Ω，短路或断路的不允许使用。

③ 用兆欧表或万用表高阻挡，检查变压器绝缘电阻，以防止变压器漏电，危及人身和设备安全。初、次级线圈之间电阻＝_____Ω，初级线圈与接地屏蔽层之间电阻＝_____Ω，次级线圈与接地屏蔽层之间电阻＝_____Ω，未达到绝缘指标者不允许使用。

④ 使变压器接市电，初级电压 U_1＝220V，检查变压器温升，若短期通电就明显升温，甚至发烫，则说明变压器质量较差，不能使用。

⑤ 用万用表合适交流电压挡，测量次级输出电压 U_2＝_____V，应为 12V 左右，才可做下一步操作。

⑥ 断电，将变压器次级线圈套好绝缘黄蜡管，焊接到印制板的①、②测试点。

九、通电测试

产品未通电前经过严格检查与测试，满足要求的才允许通电。在通电过程中可根据实际产品，灵活运用万用表、示波器、信号发生器等仪表仪器，采取电流测量法、电压测量法、波形观测法、信号注入法等进行故障排查。本直流稳压电源主要运用电压测量法与波形观测法。

(1) 电流测量法

用万用表合适电流挡测量整机工作电流或电路各关键支路电流。如学习情境五中，要求测量整机的总静态工作电流 $I_总$、VT_3 基极电流 I_{B3} 和 VT_4 发射极电流 I_{E4}，在 EWB 仿真软件故障模拟中也多次运用此法来发现与排除故障。学习情境六和学习情境七中也运用到该方法。

(2) 电压测量法

用万用表合适电压挡测量产品元器件引脚或模块的工作电压，再通过 EWB 仿真或理论分析获得正常电压值，将两者进行比较，从而快速缩小故障范围，查找到故障在某一个模块或某一个元器件并及时排除。这是电子产品维修中应用最广泛的检查方法之一，也是在本教材中用得最多的方法。

运用电流、电压测量法时，首先应注意合理选择万用表功能挡与量程。根据测量对象是直流量还是交流量，对应选择直流或交流功能挡；量程过大会造成误差大，量程太小将烧坏万用表，故数字万用表量程应大于并最接近于被测量为宜，指针式万用表一般应使指针落在刻度盘 2/3 处为宜。

其次，如果被测量对象是直流量，还应注意表笔极性正确连接。测量直流电流时，应让电流从红表笔流入，黑表笔流出，万用表串接于电路支路中；测量直流电压时，应将红表笔接高电位，黑表笔接低电位或零电位，即万用表与被测量对象并联。如果测量对象为 50Hz 交流电压，则不分极性，从指针式万用表刻度盘或数字万用表显示窗口上读出的为有效值。如果是其他频率的小信号交流电压，需使用毫伏表测量，比数字万用表更精确些。

(3) 波形观测法

根据被观测对象的频率、电压，分别选择示波器的合适 X 轴灵敏度、Y 轴灵敏度，在获得数据的同时，能直观观察波形形状，从而可判断故障所在位置。如果观察对象是交流量，注意示波器测量的电压数值为峰-峰值。本产品下面即将操作的内容即属此方法，本教材多个学习情境中均用到该法。

(4) 信号注入法

用信号发生器提供合适频率、峰-峰值的模拟信号，注入到各级放大电路的输入端，利用扬声器声音或示波器波形来缩小故障范围，判断故障所在位置。学习情境六和学习情境七及仿真波形观测中运用到该方法。

下面以该直流稳压电源为研究对象，运用电压测量法。要求均用万用表直流电压挡测量，合理选择量程；测量数据应与整流、滤波、稳压、调压各模块理论值做比较，在误差允许范围内不吻合者，应查找相应模块内各元器件本身或连接故障后，方可继续调试与测量。

① 测量整流后输出电压 $U_D = $ _____ V，与变压器次级电压有效值 U_2 的关系，$U_D = $ _____ U_2。

② 测量滤波后空载输出电压 $U_{C空载} = $ _____ V = _____ U_2。

③ 测量滤波后带负载输出电压 $U_{C带负载} = $ _____ V = _____ U_2。

④ 测量三端稳压器 LM317 的 2 脚与 1 脚间输出电压 $U_{21} = $ _____ V。

⑤ 测量电位器 R_P 的中心抽头与某一固定端之间的电压调节范围，顺时针调节从小到大为 _____ ～ _____ V。

⑥ 顺时针调节电位器，测量直流稳压电源输出电压 U_o 调节范围从小到大为 _____ ～ _____ V。

十、波形观测

将示波器各旋钮调整到能正常观察与测量波形的状态，依次观察下列波形，并应与理论上的波形做比较。若吻合，则描绘降压、整流、滤波空载与带负载、调压波形于图 9-7 中，并记录每次用到的 X 轴与 Y 轴灵敏度值，然后得出用示波器观测到的电压数值（交流电压是峰-峰值），与前面"通电测试"中万用表所测数值（交流电压是有效值）进行比较，看是否吻合；若不吻合，应查找相应模块内各元器件本身或连接故障后，方可继续调试与观察。

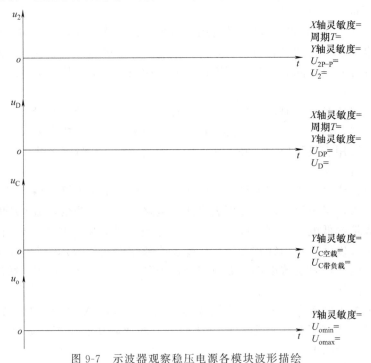

图 9-7　示波器观察稳压电源各模块波形描绘

① 变压器次级线圈输出电压 u_2 波形，$U_{2P-P} = $ _____ V，则 $U_2 = $ _____ V。

② 整流后 u_D 波形，$U_{DP} = $ _____ V，则 $U_D = $ _____ V。

③ 滤波后空载 $u_{C空载}$ 波形，$U_{C空载}$ ＝ _____ V。

④ 滤波后带负载 $u_{C带负载}$ 波形，$U_{C带负载}$ ＝ _____ V。

⑤ 三端稳压器 LM317 的输出端 2 脚与调整端 1 脚之间的电压 u_{21} 波形，U_{21} ＝ _____ V。

⑥ 顺时针调节电位器时，其中心抽头与某一固定端间变化的电压波形，电压为 _____ ～ _____ V。

⑦ 顺时针调节电位器时，直流稳压电源输出电压 u_o 波形，其电压范围 U_o ＝ _____ ～ _____ V。

十一、质量指标测量

直流稳压电源的技术指标通常可分为两大类：一类是反映其固有特性，如最小输入-输出电压差、最大输入-输出电压差、额定输出电流、输出电压调节范围等，称之为特性指标，这些指标在前面已提及或测量过；另一类指标是反映直流稳压电源优劣的质量指标，包括电压调整率 S_U、电流调整率 S_I、输出电阻 R_o、纹波抑制比 S_R 等。

（一）电压调整率 S_U 测量

电压调整率是衡量直流稳压电源稳压性能优劣的重要指标，它表示当输入电压 U_I 变化时，直流稳压电源输出电压 U_o 稳定的程度，又称稳压系数或稳定系数。

① 如图 9-8 所示，将制作的直流稳压电源接入测量电路中。即直流稳压电源的变压器初级线圈接调压器的输出端，直流稳压电源的输出端接负载 R_L、限流保护电阻 R_3，并接入测量直流电流与电压的仪表。

② 使调压器输出为 220V。

③ 调节直流稳压电源输出，使 U_o 为额定区间值 8V；调节负载 R_L，使 I_o 为额定值。

④ 保持 I_o 不变，分别使调压器输出增加 10%，即 242V，减小 10%，即 198V，测量两种输入状态下对应的稳压电源输出，即可求得两个输出电压变化量 ΔU_o。

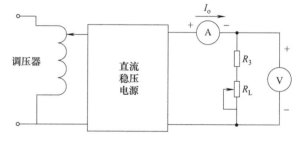

图 9-8　直流稳压电源质量指标测量电路

⑤ 将 ΔU_i、较大的 ΔU_o 代入到 S_U 计算公式中，即可得到该直流稳压电源的电压调整率。S_U 越小，直流稳压电源的稳压性能越好。

$$S_U = \frac{\Delta U_o / U_o}{\Delta U_i} \times 100\% \left|\begin{matrix}\Delta I_o=0\\ \Delta T=0\end{matrix}\right.$$

（二）电流调整率 S_I 和输出电阻 R_o 测量

电流调整率 S_I 是反映直流稳压电源负载能力的主要指标，它表示当输入电压不变时，直流稳压电源对由于负载电流（即输出电流）变化而引起的输出电压波动的抑制能力，又称电流稳定系数。

输出电阻 R_o 也称等效内阻，指当输入电压与环境温度不变时，直流稳压电源输出电压变化量与输入电流变化量之比。

① 保持调压器输出为 220V，即直流稳压电源初级线圈输入为 220V。

② 将负载开路，使负载电流为零，测量直流稳压电源输出电压。

③ 调节 R_L，使负载电流为额定值，测量直流稳压电源输出电压。

④ 将从上两步获得的输出电流变化量 ΔI_o、输出电压变化量 ΔU_o，分别代入 S_I 与 R_o 计算公式，即可得到该直流稳压电源的电流调整率、输出电阻。S_I 越小，说明直流稳压电源输出电压受其负载电流的影响越小，性能越好。R_o 越小，说明直流稳压电源带负载能力越强，性能越好，一般小于 1Ω。

$$S_I = (\Delta U_o / U_o) \times 100\% \Big|_{\substack{\Delta I_o = I_{omax} \\ \Delta T = 0, \Delta U_I = 0}}, R_o = \frac{\Delta U_o}{\Delta I_o} \Big|_{\substack{\Delta U_I = 0 \\ \Delta T = 0}}$$

（三）纹波电压测量

纹波抑制比 S_R 反映直流稳压电源对输入端引入的市电电压的抑制能力。指当输出条件保持不变时，输入纹波电压峰-峰值与输出纹波电压峰-峰值之比。一般用分贝数表示，也可以用百分数表示，或直接用两者比值表示。

考虑到安全性，本处仅测量输出纹波电压。保持调压器输出为 220V，在直流稳压电源输出为额定电压区间值 8V、额定输出电流的状态下，用示波器测量输出电压 u_o 的交流电压峰-峰值，即可得到该直流稳压电源的纹波电压峰-峰值，也可换算为输出纹波电压有效值更直观。

十二、仿真软件测试

（一）原理图绘制

打开 EWB 软件，按图 9-1 绘制直流稳压电源的降压、整流与滤波三个环节，如图 9-9 所示。

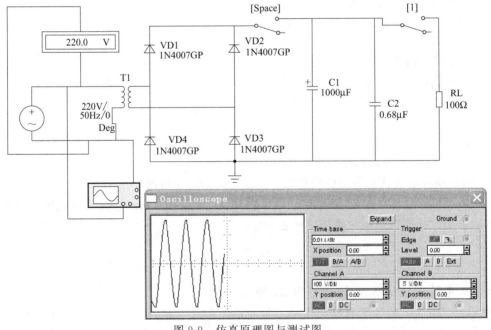

图 9-9　仿真原理图与测试图

① 调出变压器 T_1 图标。从 ⌇⌇ Basic 基本元件库中选取 ⌇⌇ Nonlinear Transformer 非线性变压器。

② 打开变压器特性设置对话框。双击 T_1 图标，在 Models 模型下拉对话框中单击 "Edit" 按钮，打开 Sheet1 下拉对话框。

③ 设置变压器初级线圈参数。在 Primary turns（N1）、Primary resistance（R1）空白框中分别输入初级线圈匝数、直流电阻值。

④ 设置变压器次级线圈参数。在 Secondary turns（N2）、Secondary resistance（R2）空白框中分别输入次级线圈匝数、直流电阻值。

⑤ 设置变压器初级线圈电压输入信号方案一。从 $\underline{\underline{\underline{\quad}}}$ Source 信号源库中选取 $\textcircled{\sim}$ AC Voltage Source 交流电压源。双击该图标，在 Value 数值下拉对话框的 Voltage 和 Frequency 空白框中分别设置电压有效值、频率。

⑥ 设置变压器初级线圈电压输入信号方案二。从 Instruments 仪器库中选取 Function Generator 函数信号发生器。双击该图标，在 Frequency 和 Amplitude 空白框中分别设置频率、电压最大值，使用信号发生器的"＋"端和"公共"端与变压器对应端相连。

⑦ 调出虚拟示波器。从 库中选取 Oscilloscope，将其 A 或 B 通道、接地端与对应测试点相连。双击该图标，设置 X、Y 通道等参数。

⑧ 调出虚拟数字电压表。从 Indicator 指示器件库中选取 Voltmeter。双击该图标，在 Value 对话框的 Resistance 和 Mode 空白框输入表内阻、交直流测量模式。

⑨ 调出虚拟数字万用表。从 库中选取 Multimeter。双击该图标，选择挡位、交直流测量模式。

（二）数据测量、波形观察与绘制

① 用虚拟数字电压表或数字万用表的合适挡位，测量变压器初级电压有效值 $U_1 = \underline{\quad\quad}$ V。

② 将虚拟示波器接至变压器初级，选择合适的 X、Y 轴灵敏度，观察并绘制 u_1 波形于图 9-10，$U_{1P\text{-}P} = \underline{\quad\quad}$ V，则 $U_1 = \underline{\quad\quad}$ V，并与步骤①比较。

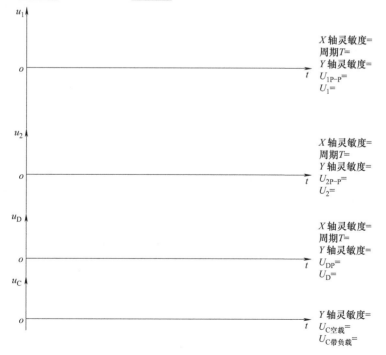

图 9-10 稳压电源各模块仿真波形描绘

③ 测量变压器次级电压 $U_2 =$ _____ V，观察并绘制变压器次级输出电压 u_2 波形，$U_{2\text{P-P}} =$ _____ V，则 $U_2 =$ _____ V。

④ 测量整流模块后输出电压有效值 $U_D =$ _____ V，观察并绘制其波形，$U_{DP} =$ _____ V，则 $U_D =$ _____ V。

⑤ 按 Space 键，测量滤波后空载输出电压 $U_{C空载} =$ _____ V，观察并绘制其电压波形，且 $U_{C空载} =$ _____ V。

⑥ 按数字 1 键，使滤波环节之后并联适当的负载电阻 R_L，测量滤波后带负载输出电压 $U_{C带负载} =$ _____ V。仔细观察并绘制其电压波形，记录此时的电压值 $U_{C带负载} =$ _____ V。

（三）故障模拟

① 将任意一只二极管开路，测量整流模块后的电压 _____ V，观察、描绘其波形，并结合原理图分析数据与波形。

② 将任意一只电容器短路，测量滤波模块后的电压 _____ V，观察其波形，并结合原理图分析可能产生的后果。

③ 将负载短路，测量输出电压 _____ V，观察其波形，并结合原理图分析可能产生的后果。

综合篇

学习情境十 药品仓库控制电路设计与调试

【学习目标】

1. 掌握安全用电与安全文明生产管理技能。
2. 训练根据控制要求与控制流程设计完整控制电路方框图的能力。
3. 训练根据方框图设计原理图并选择部分元件参数的能力。
4. 掌握仿真软件辅助电路原理图设计技能。
5. 掌握根据原理图与实际元器件设计印制电路板图的能力。
6. 掌握传感元器件等识别与检测技能，掌握编制元器件功能表技能。
7. 掌握控制电路装配工艺与制作技能。
8. 掌握用仪器与仪表调试控制电路功能及故障处理的技能，掌握数据测量、分析与处理技能。
9. 培养良好的实训意识、团队合作、语言表达能力。
10. 培养工具书查阅与运用、观察与逻辑推理、系统运筹的能力。

一、控制要求

为了保证某些药品不变质，要求其存放在低温或室温以下的环境中，要求通风良好且避免强光照射；而当存储条件发生变化时，应及时告知或采取相应措施。

根据个人的兴趣与能力，自主选择下面任一种控制要求，结合控制流程进行方框图、原理图、印制电路板图等技术文件的设计，并制作与调试相应电路板。

（一）单输入单输出温控电路

温度信号自动实时采集，常温以下绿灯指示，温度高时绿灯灭（60分）。

（二）单输入双输出温控电路

温度信号自动实时采集，常温以下绿灯指示，温度高时绿灯灭，同时红灯报警（70分）。

（三）双输入双输出温、光控电路

温度信号与光信号通过人工方式切换后实时采集，但每种信号可自动感应；常温以下、光线弱与自然光时绿灯指示，温度高或强光时绿灯灭，同时红灯报警（80分）。

（四）双输入四输出温、光手动控制电路

白天状态下，温度信号与光信号通过人工方式切换后实时采集，但每种信号可自动感应；常温以下、光线弱与自然光时绿灯指示，并控制相应电动机运转去拉开窗帘；温度高或强光时绿灯灭、红灯报警，同时控制另一台电动机运转去关闭窗帘（90分）。

（五）双输入四输出温、光自动控制电路

白天状态下，温度信号与光信号能自动感应并实时采集；常温以下、光线弱与自然光时绿灯指示，并控制相应电动机运转去拉开窗帘；温度高或强光时绿灯灭，红灯报警，同时发出控制指令，去驱动另一台电动机运转去拉上窗帘。该电路原理图设计后仅需用仿真软件去完成（100分）。

二、控制流程识读与方框图设计

（一）温控电路控制流程

当传感器接收到变化的温度信号后，把它变成电信号传送到控制器，控制器将该信号转换成控制信号去推动执行器，让开关闭合或断开去控制指示器，使发光二极管亮或灭，并控制相应电动机运转。

（二）温控电路方框图设计

【任务1】根据控制要求与控制流程，在图10-1基础上设计正确、完整的温控电路方框图。

【任务2】将上述控制流程中的传感器、控制器、执行器、指示器等设计替换成相应的元器件名称，并填写在图10-1圆括号内。

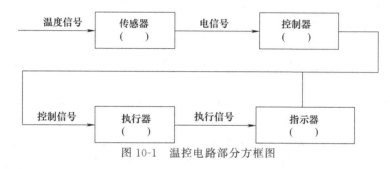

图10-1　温控电路部分方框图

（三）光控电路控制流程

【任务3】仿照温控电路陈述光控电路的控制流程。

（四）光控电路方框图设计

【任务4】根据控制流程，设计正确、完整的光控电路方框图。

三、原理图设计

（一）温控电路原理图设计

【任务5】根据温控电路方框图，设计相应的原理图。

【任务6】试陈述温控电路工作原理。

（二）光控电路原理图设计

【任务7】根据光控电路方框图，设计相应的原理图。

【任务8】试陈述光控电路工作原理。

四、发光二极管限流电阻参数设计

（一）绿色发光二极管限流电阻参数设计

假设绿色发光二极管的工作电压为2.5V，正向电流≥2mA即可发光，最大正向电流为20mA。为使发光二极管能正常发光但又不被烧坏，试设计选用合理的电阻。

（二）红色发光二极管限流电阻参数设计

假设红色发光二极管的工作电压为1.7V，正向电流≥5mA即可发光，最大正向电流为

20mA。为使发光二极管能正常发光但又不被烧坏，试设计选用合理的电阻。

五、元器件识别与检测

（一）热敏电阻

热敏电阻是一种对温度反应灵敏的传感元件，其电阻值会随着温度变化而发生相应变化，因此被广泛地运用于工程测量与控制电子线路中，如手机电池的温度保护等。

1. 主要特点

① 灵敏度较高，其电阻温度系数比金属大 $10\sim100$ 倍以上，能检测出 10^{-6}℃的温度变化。

② 工作温度范围宽。常温器件适用于$-55\sim315$℃，高温器件适用温度高于 315℃（目前最高可达到 2000℃），低温器件适用于$-273\sim55$℃。

③ 体积小。能够测量其他温度计无法测量的空隙、腔体及生物体内血管的温度。

④ 使用方便。电阻值可在一定范围内任意选择。

⑤ 易加工成复杂的形状，可大批量生产。

⑥ 稳定性好，过载能力强。

2. 分类

如果阻值随着温度升高而增加，称为正温度系数热敏电阻（Positive Temperature Coefficient，PTC）。

如果阻值随着温度升高而减小，称为负温度系数热敏电阻（Negative Temperature Coefficient，NTC）。它是以锰、钴、镍和铜等金属氧化物为主要材料，采用陶瓷工艺制造而成的。这些金属氧化物材料都具有半导体性质，因此在导电方式上完全类似硅、锗等半导体材料。温度低时，这些氧化物材料的载流子（电子和空穴）数目少，所以其电阻值较高；随着温度升高，这些金属氧化物的载流子数目将增加，所以电阻值降低。各种规格的 NTC 热敏电阻器在室温下的变化范围为 $100\Omega\sim1M\Omega$，温度系数$-2\%\sim-6.5\%$。

3. 识别与阻值检测

① 观察热敏电阻的外形，并记录其规格。

② 将数字万用表打到摄氏温度测量挡，接好热电偶，将冷端探头紧挨热敏电阻。也可使用专门的数字温度表测量。

③ 选用指针式万用表或数字万用表合适电阻挡位，将其两个表笔接在热敏电阻的两个引脚上。

④ 同时观测热敏电阻的温度与对应的电阻值。

⑤ 按表 10-1 要求，根据天气情况，决定给热敏电阻降温还是加温后，测量所有数据。

⑥ 根据表 10-1 数据判断该热敏电阻类型。

表 10-1　热敏电阻阻值测量表

温度 T/℃	阻值 R_t/kΩ
18	
25	
30	

（二）光电二极管

光电二极管是一种能将光信号变成电信号的半导体传感器件，因此被广泛地运用于检测自动化控制中。其顶端有个能射入光线的窗口，如图 10-2 所示，光线通过窗口照射到管芯上，在光的激发下，光电二极管内能产生大批"光生载流子"，管子的反向电流大大增加，使其反向电阻减小，因而光电二极管工作在反向偏置状态。其正向阻值与普通二极管相似，为几千欧；反向电阻却受光照影响，光线越强，其阻值越小。

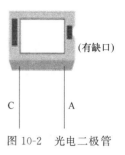

图 10-2　光电二极管

1. 极性识别

如图 10-2 所示，有缺口标记对应的引脚为阳极 A；或从感光窗口观察，长金属极片对应的引脚为阴极 C。

2. 正反向电阻检测

选用指针式万用表合适电阻挡位，按表 10-2 中要求的光线强度，分别测量光电二极管的正向电阻与反向电阻。

表 10-2　光电二极管正反向电阻检测表

光线强度	反向电阻/Ω	正向电阻/Ω
遮住光线		
自然光		
强光(30cm 距离)		

（三）N4078 系列继电器

该系列继电器体积小、重量轻、线圈功耗低，可直接焊接在印刷线路板中，常用于家用电器、自动化系统、电子设备、仪器、仪表、通信装置、遥控系统等。

该系列继电器的线圈直流电阻由具体型号决定；线圈功耗有 0.15W、0.2W、0.36W、0.51W；线圈额定电压为 3V、4.5V、5V、6V、12V、24V、48V；DC 吸合电压不得小于其 75% 的额定电压；释放电压约为其 10% 的额定电压。

1. 引脚图及其功能

如图 10-3 所示，共有 8 个引脚，将继电器反面呈现出来，即可看到标注的引脚号码。

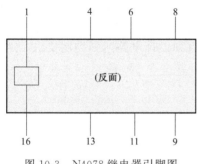

图 10-3　N4078 继电器引脚图

1-16 脚为继电器线圈。共有两组触点，其中 4-6 脚、13-11 脚分别为两组常闭触点，4-8 脚、13-9 脚分别为两组常开触点。

【任务 9】从外形上观察与学习继电器的型号及标注的参数，理解其含义并记录下来。

2. 线圈与触点动作检测

① 用万用表合适电阻挡位，检测各引脚之间的关系是否与图 10-3 吻合。

② 用万用表合适电阻挡位，测量继电器线圈直流电阻为_____Ω。

③ 将直流稳压电源两个输出端分别接至继电器线圈 1 和 16 脚，调节电源输出电压，用万用表合适挡位检测常闭触点 4-6 脚与 13-11 脚从常闭状态转至断开以及常开触点 4-8 脚与 13-9 脚从常开状态得电后转至闭合的过程，记录四次中最大的继电器吸合电压为_____V，此为该继电器实际测量的吸合电压。

④ 稳压电源继续向 1 脚和 16 脚供电，减小输出电压，检测 4-6 脚与 13-11 脚从断开状态恢复至闭合以及 4-8 脚与 13-9 脚从闭合状态失电恢复至断开的过程，记录四次中最小的继电器释放电压为_____V，此为该继电器的实际释放电压。

⑤ 调节直流稳压电源输出电压，使其为继电器的线圈额定电压_____V，接上继电器

线圈 1 和 16 脚的瞬间，重复检测各触点是否正确动作。

六、元器件功能表编制

结合控制电路原理图、实际元器件的识别与检测，按表 10-3 要求列出控制电路元器件功能表。

表 10-3　控制电路元器件功能表

序号	项目代号	元器件名称与型号	参数	功能
1	R_{11},R_{12}			
2	R_P			
3	R_t			
4	VD_4			
5	VT			
6	J			
7	VD_1			
8	R_2,R_3			
9	VD_2			
10	VD_3			
11	M_1			
12	M_2			

七、EWB 仿真辅助设计

根据设计好的电路原理图，在 EWB 仿真软件中绘制。其中前 4 项控制要求所设计的电路中，继电器 J 用 "raltron" 库中的 EMR121A06；第 5 项控制要求所设计的电路因需用到数字集成电路，各模块电路的工作电压均改为 5V，故继电器 J 需调整为 EMR121A05。

热敏电阻、光电二极管用电阻替代。根据这两个元器件实际检测时受温度或光线影响的阻值变化，在 EWB 中改变对应两个替代电阻的阻值，模拟环境温度或光线的变化。

在 EWB 中试运行。根据需要调整元器件参数，一直到设计电路达到控制要求，才进行下一步的实际制作。

八、印制电路板图设计与绘制

（一）设计原则
① 搞清印制电路板的设计方向。
② 元器件最好均匀排列，不要浪费空间。
③ 元器件尽量横平竖直排列，且与实际尺寸吻合。
④ 继电器的放置方向与引脚号码应正确，合理利用各组触点。
⑤ 设计电位器时，应满足顺时针调节阻值增大的规律。其安放位置应满足整机结构安装要求，尽可能放在板边缘处，方便调节。安装孔位置与孔直径尺寸应准确。
⑥ 应考虑后续调试与测量方便，预留测试点，如电源正极与负极、每个传感元件或器件各两个安装孔、温度与光信号检测两组转换点以及通过传感元器件的电流测试口等若干个检测、调试点。

（二）绘制注意事项
① 连线之间或转角必须≥90°。

② 走线尽可能短，尽可能少转弯。

③ 安装面（A 面）的元器件不允许架桥，焊接面（B 面）的导线不允许交叉。

九、控制电路制作

合理安排温控电路制作工作流程。为了后续测量与调试工作的方便，R_t 的两个焊盘、电源正负极的两个焊盘、电流两测试点上焊 6 根插针。将 R_t 两引脚焊在其对应插针上，电流两测试点用短路帽连接。光控电路等满足其他更多控制要求的电路制作均需考虑测试插针的设计。

十、温控电路分析

（一）电源电压 V_{CC} = 6V

① 常温下，$R_P = 0/10\text{k}\Omega$ 时，试分析温控电路中三极管的工作电压 U_{BE} 值、发光二极管的状态，然后结合数据阐述电路的工作流程。

② 某高温下，$R_P = 0/10\text{k}\Omega$ 时，试分析温控电路中三极管的工作电压 U_{BE} 值、通过热敏电阻 R_t 的电流、发光二极管的状态，然后结合数据阐述电路的工作流程。

（二）电源电压 V_{CC} = 5.5V

① 常温下，$R_P = 0/10\text{k}\Omega$ 时，重复上述操作。

② 某高温下，$R_P = 0/10\text{k}\Omega$ 时，重复上述操作。

（三）电源电压 V_{CC} = 5V 时

① 常温下，$R_P = 0/10\text{k}\Omega$ 时，重复上述操作。

② 某高温下，调节 $R_P = 0 \sim$ ____ $\text{k}\Omega$ 时，正好使发光二极管的状态发生变化，从而获得此温度条件下分压式偏置电路的上偏置电阻临界控制设计值。

通过上述工作流程的理论分析，可明确看到，当温控电路工作电压发生改变时，电位器在该电路中所起的调节作用。同理类似地可对光控电路进行分析。

十一、通电前准备工作

① 对照原理图检查所焊电路是否正确。

② 用万用表合适电阻挡位测量控制电路，短路或阻值范围不吻合均需检查故障，正常则可做下一步测试。

十二、通电调试与测量

（一）温控电路功能调试与测量

① 将直流稳压电源输出调至 6V，正、负极分别接到温控电路的电源输入正、负极测试点。在室温状态下调节电位器阻值为 0Ω 和 10kΩ，观察绿色发光二极管状态，记录在表10-4中（"亮"用√表示，"灭"用×表示）。

表 10-4　温控电路功能测试表

电路工作电压	电位器 R_P 阻值		室温____℃时的绿灯状态	加热至____℃时的绿灯状态
6V	0	10kΩ		
5.5V	0	10kΩ		
5V	0	____kΩ 以上		

② 调节电位器阻值为 10kΩ，监测热敏电阻的温度并给其加温，使其升到某临界高温时，正好绿色发光二极管有亮、灭转换状态，将该临界温度记录在表 10-4 中。再将电位器调至 0Ω，记录该温度时绿色发光二极管状态。

③ 将直流稳压电源输出调至 5.5V，按表 10-4 测试并记录。

④ 将直流稳压电源输出调至 5V，监测热敏电阻温度，使其升至步骤②之临界温度时，调节电位器，找到正好使绿色发光二极管亮、灭转换状态时的电位器临界电阻值，记录在表 10-4，并完成表格中该行其他数值测量。

⑤ 结合前面所做的温控电路分析，比较表 10-4 各项记录，看是否吻合？并说明分压式偏置电路中的分压电位器 R_P 设计值是否合理，即是否达到了控制要求。

（二）温控电路参数测量

1. 工作电压 U_{BE} 测量

① 将万用表拨到合适的直流电压挡，红、黑表笔分别接至三极管 VT 的 B、E 极，对应测量表 10-4 中各种状态下的 U_{BE}，记录在表 10-5 中。

② 结合前面所做的温控电路分析，比较表 10-5 各项记录，看是否吻合？为什么？

表 10-5　温控电路工作电压测试表

电源电压	电位器阻值		室温____℃时 U_{BE}/V	加热至____℃时 U_{BE}/V
6V	0	10kΩ		
5.5V	0	10kΩ		
5V	0	____kΩ 以上		

2. 工作电流测量

① 取掉电流测试点上的短路帽，万用表转至合适直流电流挡，红、黑表笔按正确接法串入电流测试点接口。

② 使 $V_{CC}=6V$，调节电位器阻值为 0Ω 和 10kΩ，给热敏电阻加温至表 10-4 步骤②之高温时，读取流过 R_t 的电流值 I，记于表 10-6 中。

表 10-6　温控电路工作电流测试表

发光二极管状态	①亮	②灭
工作电流 I/mA		

（三）光控电路功能调试与测量

① 利用短路帽，人工方式将温控电路转为光控电路。

② 按表 10-7 要求改变直流稳压电源输出、电位器阻值、光照强度，观察绿色发光二极管的亮、灭状态，并做记录。

表 10-7　光控电路功能测试表

电源电压	电位器 R_P 阻值	遮住光线下绿灯状态	自然光下绿灯状态	强光下绿灯状态
6V	0~10kΩ			
5.5V	0~____kΩ			
	____~10kΩ			
4.5V	0~____kΩ			
	____~10kΩ			

③ 如找不到使绿灯亮、灭变化的电位器临界电阻值，可根据需要调换上偏置分压电阻 R_{12} 或 R_P 的阻值，再重复步骤②。

（四）温控电路动作过程观测

① 将万用表拨至合适的直流电压挡位，使 $V_{CC}=6V$，调节 $R_P=0/10k\Omega$，热敏电阻的温度从室温升到临界高温，致使绿色发光二极管由亮到灭的瞬间，观察下面各元器件的动作过程。

　　a. 红表笔接在三极管 VT 的 C 极，黑表笔接 E 极，观察 U_{CE} 的变化过程。

　　b. 红表笔接在 VD_1 的阴极，黑表笔接在其阳极，观察继电器线圈的电压变化过程。

　　c. 红表笔接在绿色发光二极管的阳极，黑表笔接其阴极，观察其电压变化过程。

② 重复上述操作，用示波器观察各元器件的电压变化过程。

③ 比较与前面所做的电路分析是否吻合。

学习情境十一　病房呼叫控制系统制作与调试

【学习目标】

1. 掌握安全用电与安全文明生产管理能力。
2. 掌握编码器电路特点，掌握编码器分类及典型电路运用。
3. 掌握译码器电路特点，掌握译码器分类及典型电路运用。
4. 掌握数字芯片功能表的识读能力。
5. 掌握七段数码管的工作原理及运用。
6. 掌握简单集成电路的调试、故障诊断与排除技能。
7. 培养专业兴趣，培养团队合作、语言表达与持续学习能力。
8. 培养网络资源信息获取与判断、计划制订与修正、观察与逻辑推理能力。

一、原理图

病房呼叫控制系统已经成为医院提高医护服务质量、提高医护人员工作效率和减少医疗事故的一种必不可少的基础设备，医院护士台通过 LED 屏显示呼叫求援的床位号码。

如图 11-1 所示，开关 S1 连接编码器 74LS148 的 EI 输入控制端，S1 闭合，允许编码器正常工作。4 个按键 KEY1～KEY4 分别表示 6、4、2、0 号 4 个病房，并对应连接编码器 74LS148 的输入端 $\overline{I1}$、$\overline{I3}$、$\overline{I5}$、$\overline{I7}$；当病房病人有呼叫请求时，按下对应按键，该病房号将被编成二进制代码，再通过译码器 74LS248 将翻译出的 6、4、2、0 房间号显示在数码管上。

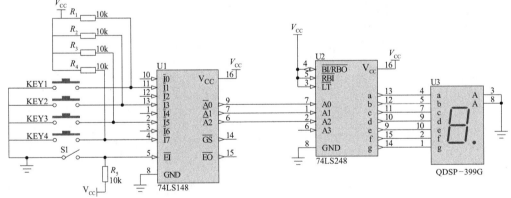

图 11-1　病房呼叫控制系统原理图

二、元件识别

（一）74LS148 编码器

1. 概况与外形图

将具有特定意义的信息编成相应二进制代码的过程，称为编码。实现编码功能的电路，叫做编码器。编码器分类方法有两种：按进制分为二进制编码器和十进制编码器，按是否具有优先编码分为普通编码器及优先编码器。普通编码器输入信号之间相互排斥，当有两个输入信号同时要求编码时，输出编码将产生混乱。而优先编码器不存在这个问题，它允许同时输入多个信号，但只对优先级别最高的输入信号进行编码并输出，而不理会优先级别低的输入信号。

74LS148 是 8 输入 3 输出的二进制优先编码器，本学习情境采用 16 脚双列直插式塑料封装，如图 11-2 所示。

图 11-2　74LS148 外形图

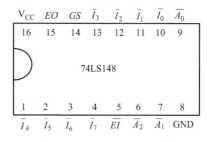

图 11-3　74LS148 引脚图

2. 芯片引脚与功能表

74LS148 引脚图如图 11-3 所示，$\overline{I_0} \sim \overline{I_7}$ 为 8 位编码输入端，低电平有效时表示有编码请求。在 $\overline{I_0} \sim \overline{I_7}$ 中，$\overline{I_7}$ 的优先级别最高，$\overline{I_6}$ 次之，其余依次类推，$\overline{I_0}$ 的级别最低。也就是说，当 $\overline{I_7}=0$ 时，其余输入端不论是 0 还是 1 都不起作用，电路只对其进行编码，输出反码 $\overline{A_2A_1A_0}=000$，其原码为 111，其余类推。

EI 选通输入端（低电平有效），A_0、A_1、A_2 为 3 位二进制编码输出端，GS 优先编码输出端（低电平有效），$\overline{EO}$ 选通输出端。各个引脚功能见表 11-1。

表 11-1　74LS148 功能表

输入									输出				
$\overline{EI}$	$\overline{I_0}$	$\overline{I_1}$	$\overline{I_2}$	$\overline{I_3}$	$\overline{I_4}$	$\overline{I_5}$	$\overline{I_6}$	$\overline{I_7}$	$\overline{A_2}$	$\overline{A_1}$	$\overline{A_0}$	GS	EO
1	×	×	×	×	×	×	×	×	1	1	1	1	1
0	1	1	1	1	1	1	1	1	1	1	1	1	0
0	×	×	×	×	×	×	×	0	0	0	0	0	1
0	×	×	×	×	×	×	0	1	0	0	1	0	1
0	×	×	×	×	×	0	1	1	0	1	0	0	1
0	×	×	×	×	0	1	1	1	0	1	1	0	1
0	×	×	×	0	1	1	1	1	1	0	0	0	1
0	×	×	0	1	1	1	1	1	1	0	1	0	1
0	×	0	1	1	1	1	1	1	1	1	0	0	1
0	0	1	1	1	1	1	1	1	1	1	1	0	1

（二）74LS248 译码器

1. 概况与外形图

译码是编码的逆过程，编码可将含有特定意义的电路信息编成二进制代码，而译码是将表示特定意义信息的二进制代码翻译成电路状态信息。译码器是组合逻辑电路的一个重要器件，从功能上可以分为状态译码器和显示译码器。显示译码器主要用来解决二进制数显示为对应的十进制数或十六进制数转换功能，一般可以分为 LED 驱动和 LCD 驱动两类。

74LS248 是带有 LED 驱动的显示译码器，是内部有上拉电阻的 BCD-七段译码器，其

16 引脚双列直插塑料封装外形如图 11-4 所示。

2. 芯片引脚与功能表

图 11-4　74LS248 外形图

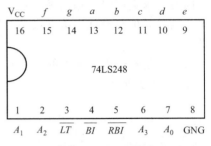

图 11-5　74LS248 引脚图

74LS248 引脚排列如图 11-5 所示。输出端 $a \sim g$ 为段输出，低电平有效，可直接驱动发光二极管指示灯或共阴极 LED 数码管。A_3、A_2、A_1、A_0 为译码地址输入端，输入信号为 BCD 码。$\overline{BI}$ 为消隐输入端，低电平有效，当 $\overline{BI}$ 为低电平时，不管其他输入端状态如何，$a \sim g$ 均为低电平，即 LED 数码管不被点亮，处于熄灭/消隐状态。$\overline{LT}$ 为灯测试输入端，低电平有效。当 $\overline{BI}$ 为高电平开路，$\overline{LT}$ 为低电平时，可使 $a \sim g$ 为高电平，故数码管七段全亮，显示 "8"，从而可快速检测数码管是否正常工作。$\overline{RBI}$ 为动态灭灯输入端。$\overline{RBO}$ 为动态灭灯输出端，和 $\overline{BI}$ 复用 4 号引脚。芯片每个引脚的功能见表 11-2。

表 11-2　74LS248 功能表

十进制数	输入						$\overline{BI}/\overline{RBO}$	输出							字型
	$\overline{LT}$	$\overline{RBI}$	A_3	A_2	A_1	A_0		a	b	c	d	e	f	g	
0	1	1	0	0	0	0	1	1	1	1	1	1	1	0	"0"
1	1	×	0	0	0	1	1	0	1	1	0	0	0	0	"1"
2	1	×	0	0	1	0	1	1	1	0	1	1	0	1	"2"
3	1	×	0	0	1	1	1	1	1	1	1	0	0	1	"3"
4	1	×	0	1	0	0	1	0	1	1	0	0	1	1	"4"
5	1	×	0	1	0	1	1	1	0	1	1	0	1	1	"5"
6	1	×	0	1	1	0	1	1	0	1	1	1	1	1	"6"
7	1	×	0	1	1	1	1	1	1	1	0	0	0	0	"7"
8	1	×	1	0	0	0	1	1	1	1	1	1	1	1	"8"
9	1	×	1	0	0	1	1	1	1	1	0	0	1	1	"9"
×	0	×	×	×	×	×	1	1	1	1	1	1	1	1	点亮"8"
×	×	×	×	×	×	×	0	0	0	0	0	0	0	0	熄灭

（三）数码管

1. 结构与外形图

数码管是一种半导体发光器件，是由多个发光二极管封装在一起组成 "8" 字型的器件，其引线已在内部完成连接，只需引出它们的各个笔画和公共电极。数码管按段数可分为 7 段数码管和 8 段数码管，区别在于 8 段数码管比 7 段数码管多一个用于显示小数点的发光二极管单元 DP。LED 数码管根据 LED 接法不同，分为共阴和共阳两类，图 11-6 所示为 7 段显示数码管的外形图、共阴型与共阳型结构原理图。

2. 分类

为了简化显示电路的连线，常用多位集成的数码管，常见 2～4 位集成的数码管。根据不同

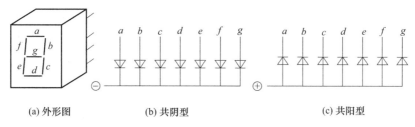

| (a) 外形图 | (b) 共阴型 | (c) 共阳型 |

图 11-6　7 段显示 LED 数码管

场合，可选用不同尺寸的数码管，常见尺寸从 0.3in 到 8in 不等。数码管分类见表 11-3。

表 11-3　数码管分类表

按集成个数分类	1 位共阴极	2 位共阴极	3 位共阴极	4 位共阴极
按尺寸大小分类	1.0in	2.3in	4.0in	5.0in

3. 引脚图

以共阴型数码管为例，其引脚图及显示方式等详见学习情境四"循环音乐、流水彩灯制作"之"延伸学习"内容。

4. 主要参数

使用电流：静态显示总工作电流 80mA（每段 10mA）；动态显示平均工作电流范围为 4～5mA，峰值电流 100mA。

使用电压：每段电压大小根据发光颜色决定；小数点电压根据发光颜色决定。

三、元件检测

（一）74LS148 编码器的检测

1. 数字电路实验箱

在数字电路实验中，在数字电路实验箱上搭建电路，主要用于数字集成芯片逻辑功能的验证。实验中，一般用拨动开关或时钟脉冲作为电路的输入信号，用 7 段数码管或 LED 灯观察实验电路的输出信号。数字电路实验箱提供了实验所需的开关信号、时钟信号、LED、7 段数码管和直流稳压电源，如图 11-7 所示。

图 11-7　数字电路实验箱功能图

2. 验证 74LS148 优先编码器逻辑功能

目测 74LS148 编码器引脚是否缺损。如无缺损，则把编码器放置于数字电路实验箱 16 引脚的 IC 锁紧座，拨动锁紧座的摇杆至水平位置，即锁紧编码器。

按图 11-8 连线，用实验箱配套连接线将锁紧座 16 号引脚插孔连接实验箱 5V 电源插孔，

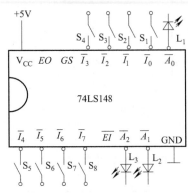

5号、8号引脚插孔连接实验箱接地插孔，$\overline{I}_0\sim\overline{I}_7$ 对应的插孔分别连接实验箱拨动开关 $S_1\sim S_8$ 插孔，$\overline{A}_0\sim\overline{A}_2$ 插孔依次接 LED 灯 $L_1\sim L_3$ 对应插孔。检查无误后实验箱通电。

改变拨动开关的输入电平，观察 LED 灯的显示状态，按表 11-4 验证 74LS148 优先编码器的逻辑功能。

① 当输入端 $\overline{I}_0\sim\overline{I}_7$ 为全"1"时，LED 灯全亮，输出端 $\overline{A}_2\,\overline{A}_1\,\overline{A}_0=111$，"111"是"000"的反码，74LS148 编码器的输出是以反码形式表示的。

② 当输入端 $\overline{I}_7=0$ 时，输出端 $\overline{A}_2\,\overline{A}_1\,\overline{A}_0=000$，"000"是"111"的反码。此时，无论改变其他哪个输入端，都不能改变输出状态 $\overline{A}_2\,\overline{A}_1\,\overline{A}_0=000$。所以 $\overline{I}_7$ 的优先级最高。

③ 当输入端 $\overline{I}_7=1$ 时，表示输入端 $\overline{I}_7$ 没有编码请求，此时令 $\overline{I}_6=0$ 时，输出端 $\overline{A}_2\,\overline{A}_1\,\overline{A}_0=001$，且无论改变其他哪个输入端，都不能改变其输出状态。所以 $\overline{I}_6$ 的优先级仅次于最高 $\overline{I}_7$。依次类推，重复验证其他输入端的功能，易得知 $\overline{I}_7$ 优先级最高，$\overline{I}_0$ 优先级最低。

按照上述步骤，将 74LS148 功能验证结果填入表 11-4。

表 11-4　74LS148 功能验证表

输入								输出		
$\overline{I}_0$	$\overline{I}_1$	$\overline{I}_2$	$\overline{I}_3$	$\overline{I}_4$	$\overline{I}_5$	$\overline{I}_6$	$\overline{I}_7$	$\overline{A}_2$	$\overline{A}_1$	$\overline{A}_0$
1	1	1	1	1	1	1	1			
$\times$	$\times$	$\times$	$\times$	$\times$	$\times$	0	1			
$\times$	$\times$	$\times$	$\times$	$\times$	0	1	1			
$\times$	$\times$	$\times$	$\times$	0	1	1	1			
$\times$	$\times$	$\times$	0	1	1	1	1			
$\times$	$\times$	0	1	1	1	1	1			
$\times$	0	1	1	1	1	1	1			
0	1	1	1	1	1	1	1			
$\times$	$\times$	$\times$	$\times$	$\times$	$\times$	$\times$	0			

（二）74LS248 译码器与数码管的检测

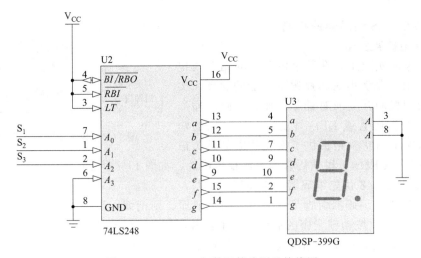

图 11-9　74LS248 与数码管检测连接线图

把 74LS248 译码器、数码管分别放置于数字电路实验箱 16 引脚、10 引脚的 IC 锁紧座，拨动锁紧座的摇杆至水平位置，即锁紧对应译码器及数码管。按照图 11-9 连线，译码器的 4、5 及 16 号引脚接实验箱 5V 电源端，6、8 号引脚接实验箱接地端。译码器 $a \sim g$ 端与数码管的 $a \sim g$ 端一一连接，数码管的 3、8 号引脚接实验箱接地端。

数字电路实验箱通电，数码管被点亮。控制拨动开关 $S_1 \sim S_3$ 的状态，即改变 $A_0 \sim A_2$ 状态，观察数码管显示的字型，并填入表 11-5。

表 11-5 74LS248 功能验收表

输入				输出
A_3	A_2	A_1	A_0	显示字型
0	0	0	0	
0	0	0	1	
0	0	1	0	
0	0	1	1	
0	1	0	0	
0	1	0	1	
0	1	1	0	
0	1	1	1	

四、电路板设计与制作

（一）设计原则

① 所用万能板面积尽可能小，以降低制作成本。

② 元器件尽量均匀排列，不要浪费空间。

③ 元器件或芯片插座尽量横平竖直排列。

④ 连线之间或转角必须为 90°。

⑤ 走线尽可能短，尽可能少转弯。

⑥ 安装面放置元器件，布置走线，焊接面尽量不要拖焊。只有当两个以上的元器件引脚安装孔在相邻焊盘且需要连接时，可以拖焊。

⑦ 万能板最外围有两组已连通的焊盘框，设置其中一组为电源端，另一组为接地端。电路所有的电源端及接地端分别连线至对应焊盘框。

⑧ 为了方便后续的故障检查，设置红线为电源端走线，黑线为地端走线，其他颜色为信号走线。

⑨ 从万能板电路电源端和地端引出一组线，分别连接直流电源正、负极。

⑩ 为方便电路后续调试工作，将 74LS248 的 3 号引脚 $\overline{LT}$ 端、4 号引脚 $\overline{BI}$ 端连接到两组 2 芯插针一端，插针另一端连接电源 5V，即 3、4 号引脚与电源隔开。

（二）电路制作

① 目测万能板，分清安装面与焊接面。无焊盘那面是安装面，如图 11-10 所示。

② 用万用表合适挡位检测万能板特性，注意焊盘哪段是连通的，哪些焊盘不连通。

③ 按照图 11-1 电路原理图，并结合万能板与实际元器件尺寸，绘制元器件布局图。

④ 在布局图基础上，绘制万能板连线图。

⑤ 根据布局图安放元器件。74LS148 与 74LS248 都是 16 引脚的芯片，安放其 16 引脚插座时，两个凹口应统一方向。

⑥ 微动按钮开关共有四个脚，应为其设计四个焊盘，但其中只有两个与电路相连接，另两个为空焊盘。

(a) 焊接面　　　　　　　　　　　　　(b) 安装面

图 11-10　万能板

⑦ 插座焊接时，先焊接斜对角两个引脚，把插座固定。

⑧ 根据已设计好的万能板连线图连接线路，注意先焊接电源线（红线）及地线（黑线），后焊接电路信号连接线。

⑨ 为了后续测量和调试工作的方便，在 74LS148 编码器 4 个输入端 $\overline{I_1}$、$\overline{I_3}$、$\overline{I_5}$、$\overline{I_7}$ 焊 4 根跳针作为测试点。

五、电路调试与测量

将病房呼叫控制系统分成 3 个模块按键电路、编码电路、译码显示电路依次进行调试。

（一）按键功能调试

① 检查电路板，确认所有元器件焊接正确、牢固。

② 将直流稳压电源输出调节为 5.0V，用万用表直流电压合适挡位校准。

③ 将电路板的电源线及地线分别接到直流稳压电源 5V 正、负极端，通电。

④ 按下 KEY1 按键，同时用万用表直流电压挡测试电路板 74LS148 编码器 $\overline{I_1}$ 输入端的测试点，观察其电平是否由高电平变为低电平。如果变为低电平，则说明 KEY1 按键电路正常；反之如没有电平变化，需检查 KEY1 按键电路故障，如检查供电是否正常、按键电路是否连通、按键功能是否正常等，以此排除电路故障。

⑤ 按照步骤④依次检查 KEY2～KEY4 的按键电路是否正常，如有故障，及时排除，保证按键电路正常工作。

（二）编码功能测试

① 闭合编码允许开关 S_1，按下任意按键，测试 74LS148 的 14 号引脚是否为低电平。如果为低电平，表明编码器工作，能有编码请求。如不正常，则查找故障，如检查 74LS148 的供电是否正常、其 5 号引脚是否接至低电平。

② 闭合编码器允许开关 S_1，按下 KEY1 时，测试输出端 $\overline{A_2}$、$\overline{A_1}$、$\overline{A_0}$ 输出电平，是否与表 11-6 吻合。

③ 依次按下 KEY2、KEY3、KEY4，测试输出电平并与表 11-6 比较。如不正常，则查找按键电路与编码器连接是否正确。

（三）译码显示功能测试

编码功能调试成功后，再测试 74LS248 和 7 段数码管组成的译码显示电路。

表 11-6　编码功能测试表

按键状态				输出电平/V		
KEY1	KEY2	KEY3	KEY4	$\overline{A}_2$	$\overline{A}_1$	$\overline{A}_0$
闭合	断开	断开	断开	1	1	0
断开	闭合	断开	断开	1	0	0
断开	断开	闭合	断开	0	1	0
断开	断开	断开	闭合	0	0	0

① 灭灯消隐功能测试。把 74LS248 的 4 引脚 $\overline{BI}$ 端连接到电路板接地端，观察 7 段数码管是否熄灭，如熄灭，表示 74LS248 灭灯功能正常工作。

② 点亮功能测试。把 74LS248 的 3 引脚接地，4 引脚接上 5V，观察数码管是否点亮成字符 "8"。

③ 译码功能测试。将 74LS248 的 3、4、5 引脚都连接 5V，依次按下 KEY1、KEY2、KEY3、KEY4，观察 7 段数码管显示的字型是否与表 11-7 吻合。

表 11-7　译码显示功能测试表

按键状态				显示字符
KEY1	KEY2	KEY3	KEY4	
闭合	断开	断开	断开	6
断开	闭合	断开	断开	4
断开	断开	闭合	断开	2
断开	断开	断开	闭合	0

学习情境十二 数字秒表制作与调试

【学习目标】

1. 培养安全用电与安全文明生产管理能力。
2. 掌握脉冲信号产生电路的特点。
3. 掌握 555 定时器的识别与检测技能。
4. 掌握计数器电路的特点。
5. 掌握 74LS192 芯片的识别、检测与运用。
6. 掌握简单集成电路的调试、故障诊断与排除技能。
7. 培养专业兴趣，培养团队合作、语言表达与持续学习能力。
8. 培养网络资源信息获取与判断、计划制订与修正、观察与逻辑推理能力。

数字秒表是一种常见的测时仪器。它一般都是利用石英振荡器或 555 多谐振荡器的振荡频率作为时间基准，通过液晶屏或数码管显示时间：带有时、分、秒的数值。

一、原理图

图 12-1 所示为简易数字秒表系统原理图。它是由 555 多谐振荡器（也称脉冲信号产生电路）作为时间基准，两片 CT74LS192 构成六十进制减法计数器，形成 60s 倒计时的数字

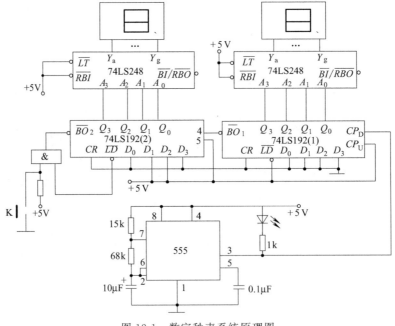

图 12-1 数字秒表系统原理图

秒表。通电后，周期为 1s 的脉冲信号从 555 定时器号引脚输出到 CT74LS192（1）CP_D 端，构成 60s 的倒计时。当前的计数显示在数码管上。

二、元件识别

（一）74LS192 计数器

1. 概况与外形图

数字系统中使用最多的时序电路就是计数器。计数器不仅用于对输入脉冲进行计数，还可以用于分频、脉冲序列、定时等。计数器内部主要由触发器组成。计数器对累计输入脉冲的最大数目称为计数器的"模"，记为 M。计数器的种类非常多，分类方法也不一，常见三种分类方法：

① 按进制分　二进制、八进制、十进制及十六进制计数器等；

② 按计数增减分　加法、减法及可逆计数器；

③ 按计数器内的触发器状态是否同时翻转分　同步、异步计数器。

计数器 74LS192 是同步可逆十进制计数器，图 12-2 所示为其外形图。

图 12-2　74LS192 外形图

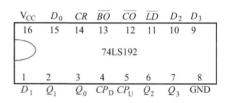

图 12-3　74LS192 引脚图

2. 芯片引脚与功能表

图 12-3 所示为 74LS192 的逻辑功能引脚图。CR 为异步置 0 控制端，高电平有效；$\overline{LD}$ 为异步并行置数控制端，低电平有效；$D_0 \sim D_3$ 为并行数据输入端；CP_U 为加计数时钟输入端；CP_D 为减计数时钟输入端；$\overline{CO}$ 为进位输出端；$\overline{BO}$ 为借位输出端；$Q_0 \sim Q_3$ 为状态输出端。

表 12-1 所示 74LS192 有如下主要逻辑功能。

① 异步置 0 功能　当 $CR=1$ 时，不论有无时钟脉冲 CP 和其他信号输入，计数器均被置 0，即 $Q_3 Q_2 Q_1 Q_0 = 0000$。

② 异步置数功能　当 $CR=0$ 时，只要 $\overline{LD}=0$，不论有无时钟脉冲 CP 输入，并行数据输入端 $D_0 \sim D_3$ 输入的数据 $d_1 \sim d_3$ 均被置入计数器，即 $Q_3 Q_2 Q_1 Q_0 = d_3 d_2 d_1 d_0$。

表 12-1　74LS192 功能表

输入							输出				说明
CR	$\overline{LD}$	CP_U	CP_D	D_0	D_1	D_2	D_3	Q_0	Q_1	Q_2	Q_3	
1	×	×	×	×	×	×	×	0	0	0	0	异步置 0
0	0	×	×	d_0	d_1	d_2	d_3	d_0	d_1	d_2	d_3	异步置数
0	1	↑	1	×	×	×	×	加计数				$\overline{CO} = \overline{CP_U Q_3 Q_0}$
0	1	1	↑	×	×	×	×	减计数				$\overline{BO} = \overline{CP_D \cdot \overline{Q_3} \cdot \overline{Q_2} \cdot \overline{Q_1} \cdot \overline{Q_0}}$
0	1	1	1	×	×	×	×	保　持				$\overline{BO} = \overline{CO} = 1$

③ 计数功能　当 $CR=0$、$\overline{LD}=1$、$CP_D=1$ 时，由 CP_U 端输入计数脉冲，则进行十进制加法计数。在计数到最大数 9 时，$\overline{CO}$ 端变成低电平。当输入第 10 个计数脉冲时，$\overline{CO}$ 端

由低电平跃为高电平，其输出上升沿的进位信号，使相邻高位加1，同时，计数器回到 $Q_3Q_2Q_1Q_0=0000$ 状态。

当 $CR=0$、$\overline{LD}=1$、$CP_U=1$ 时，由 CP_D 端输入计数脉冲，则进行十进制减法计数，在计到 $Q_3Q_2Q_1Q_0=0000$ 时，$\overline{BO}$ 端变为低电平。如果再输入一个计数脉冲时，$\overline{BO}$ 端输出一个上升沿的借位信号，使相邻高位减1，同时计数器回到最大数 $Q_3Q_2Q_1Q_0=1001$。

④ 保持功能 当 $CR=0$、$\overline{LD}=1$、$CP_D=CP_U=1$ 时，$\overline{BO}=\overline{CO}=1$，计数器保持原状态不变。这时禁止计数。

3. 六十进制减法计数器

利用计数器的异步置数功能可获得 N 进制计数器。异步置数和时钟脉冲 CP 没有任何关系。只要异步置数控制端出现置数信号时，并行数据输入端 $D_0 \sim D_3$ 输入的数据便被立即置入计数器。因此，利用异步置数端构成 N 进制计数器时，应在输入第 N 个计数脉冲 CP 后，将计数器输出端 $Q_0 \sim Q_3$ 中的高电平1通过控制电路产生的置数信号，反馈到计数器的异步置数控制端，使计数器立刻回到初始的预置数状态，从而实现了 N 进制计数。

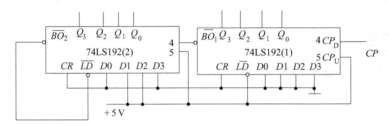

图 12-4　两片 74LS192 构成六十进制减法计数器

图 12-4 所示为两片 74LS192 构成的六十进制减法计数器，两片 74LS192 的 CP_U 端接高电平1。个位片 74LS192（1）的 CP_D 端输入计数脉冲 CP，为十进制减法计数器。十位片 74LS192（2）取 $D_3D_2D_1D_0=0110$ 构成六进制减法计数器。这样，两片 CT74LS192 便构成了六十进制减法计数器。

（二）555 多谐振荡器

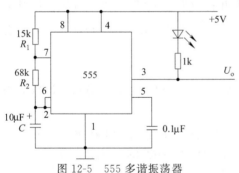

图 12-5　555 多谐振荡器

图 12-5 所示为 555 多谐振荡器，也称为脉冲信号产生电路。将输入引脚 2 与输入引脚 6 连接一起，使 555 定时器组成施密特触发器，在此基础上，连接 RC 积分电路构成脉冲信号发生器。按图 12-5 所示组成脉冲信号发生器，引脚 3、4 之间连接发光二极管及其限流电阻，方便通电后观察 LED 的闪烁以判断脉冲信号有无及快慢。脉冲信号的振荡周期 $T=0.7(R_1+2R_2)C$。把图 12-5 中参数代入公式得 $T \approx 1\mathrm{s}$。

三、元件检测

（一）74LS192 计数器的检测

在数字电路实验箱 16 引脚的 IC 锁紧座安放一片 74LS192 计数器，锁紧该计数器。

用 74LS192 构成十进制加法计数器。按图 12-6 连线，用实验箱配套连接线将锁紧座 16 号引脚插孔连接实验箱 5V 电源插孔，4、8 号引脚插孔连接实验箱接地插孔，$D_0 \sim D_3$ 对应的插孔分别连接实验箱拨动开关 $S_1 \sim S_4$ 插孔，$\overline{LD}$、CR 对应插孔分别连接 S_5、S_6 插孔，

$Q_0 \sim Q_3$ 插孔依次接 LED 灯 $L_1 \sim L_4$ 对应插孔。检查无误后实验箱通电。

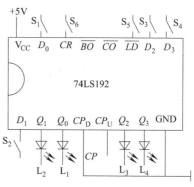

图 12-6 74LS192 连线图

① 验证计数器的置 0 和置数功能 设置 $CR=1$，即拨动开关 S_6 向上拨动时，观察 LED 灯 $L_1 \sim L_4$ 的显示状态。设置 $CR=0$，$\overline{LD}=0$，即拨动开关 S_5、S_6 向下拨动时，按照 $D_3 D_2 D_1 D_0 = 0000$ 及 $D_3 D_2 D_1 D_0 = 1001$ 两种值设置拨动开关 $S_1 \sim S_4$ 的电平状态，观察 LED 灯 $L_1 \sim L_4$ 的显示状态，将结果填入表 12-2。

② 验证十进制计数 首先将数字电路实验箱脉冲输出端连接 74LS192 计数器 CP_U 端的对应插孔，然后设置 $CR=1$，使 74LS192 输出置 0，即 $Q_3 Q_2 Q_1 Q_0 = 0000$，此为 74LS192 输出端的初始状态值。最后设置 $CR=0$，$\overline{LD}=1$，按下数字实验箱脉冲输出按钮，输出单次脉冲到 74LS192 的 CP_U 端，CP 脉冲数量每改变一次，输出端 $Q_3 \sim Q_0$ 改变一次状态，其输出状态值构成 8421BCD。验证其十进制计数功能，并填入表格 12-3 中。

表 12-2 74LS192 置 0 和置数功能验证表

输入							输出			
CR	LD	D_3	D_2	D_1	D_0	CP	Q_3	Q_2	Q_1	Q_0
1	$\times$	$\times$	$\times$	$\times$	$\times$	$\times$				
0	0	0	0	0	0	$\times$				
0	0	1	0	0	1	$\times$				

表 12-3 74LS192 十进制计数功能验证表

CP	Q_3	Q_2	Q_1	Q_0
初值	0	0	0	0
1				
2				
3				
4				
5				
6				
7				
8				
9				
10				

（二）脉冲信号产生电路的检测

根据图 12-5，在面包板放置芯片 555 定时器及相应的电阻电容发光二极管。用单芯导线连接电路如图 12-7 所示。

接入电源，通电后观测发光二极管显示状态。同时，将示波器探头接到 555 定时器的 3 号引脚，观察输出信号的特点及其周期。如果周期不为 1s，如何修改电路呢？试改变 R_1、R_2 及 C 的参数，测量 555 定时器 3 引脚输出信号的周期与脉宽。测试数据记录在表 12-4 中。

表 12-4 脉冲信号发生器功能测试表

R_1/Ω	R_2/Ω	C/mF	周期 T/s（理论值）	周期 T/s（测量值）	脉宽 t_{on}/s（理论值）	脉宽 t_{on}/s（测量值）

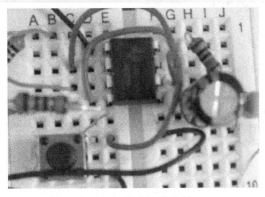

图 12-7　脉冲信号电路

四、电路制作

① 根据原理图画出数字秒表系统的方框图，将系统分成几个模块电路。

② 根据原理图及元器件、芯片尺寸，初步定好万能板的面积。

③ 参照学习情境十一的电路制作，绘制元器件、芯片布局图和万能板连线图。

④ 焊接脉冲信号产生电路模块、计数器电路模块、译码显示模块。

⑤ 将脉冲信号产生电路模块信号输出端连接 2 芯插针 P1 的一端，将计数器电路模块输入端连接该插针的另一端，并保证 P1 两端不通，而该模块的 8 个输出端（高位、低位 74LS192 的 $Q_3Q_2Q_1Q_0$ 端）引出，按序列连接 8 芯的单排插针 P2。

⑥ 将译码显示模块的 8 个输入端（高位、低位 74LS248 的 $A_3A_2A_1A_0$ 端）引出，按步骤⑤序列连接另一个 8 芯的单排插针 P3。

五、电路调试与测量

将数字秒表系统分成脉冲信号产生电路、计数器电路、译码显示电路，依次进行调试。首先检查电路板，确认所有元器件焊接正确、牢固；然后将直流稳压电源输出调为 5.0V，用万用表直流电压合适挡位校准；最后将电路板的电源线及地线分别接到直流稳压电源 5V 正、负极端。

（一）脉冲信号产生电路功能调试

① 将脉冲信号产生电路通电，观察发光二极管的显示状态。如果有闪烁，说明电路功能正常，反之如不闪烁，需检查该电路故障，如检查供电是否正常，电路是否连通，发光二极管、电解电容极性是否接对等，以此排除电路故障。

② 如果正常闪烁，再用示波器探头连接 2 芯插针 P1 的测试端，观察脉冲信号的周期，调节电位器，使周期为 1s。

（二）计数器电路功能调试

① 脉冲信号产生电路调试成功后，将短路帽连接 2 芯插针，将脉冲信号送给计数器的输入端。

② 将 8P 的杜邦线插在 8 芯单排插针 P2 上，杜邦线的另外端依次连接数字电路实验箱的显示数码管输入端。

③ 将电路板与数字电路实验箱电源线连一起，地线也连一起，即共地。

④ 将电路板的脉冲产生电路及计数器电路通电，数字电路实验箱通电，观察数码管显示状态。如果出现 60 倒计时的显示，说明计数器电路功能正常；如显示数字不连续，则检查电路连线是否正确，以排除故障。

（三）译码显示电路调试

译码显示电路调试详见学习情境十一"病房呼叫控制系统制作与调试"之"电路调试与测量"内容。

（四）整体电路装调

各个电路模块调试成功后，将之前独立的部分连接起来，用"母对母"杜邦线将计数器连接的 8 芯片单排插针 P2 与译码显示电路的 P3 连接，将各模块信号线及地线统一连接起来。将电路板通电，观察数码管显示状态，如果呈现 60s 倒计时，说明电路制作成功。如不正常，用万用表的蜂鸣挡检查模块之间的连接是否正确、是否连通。

在整体电路的连接过程中，由于刚开始的时候各个模块是相对独立的，并且各部分的连线比较复杂，连线时要仔细认真，各部分的连接线一定要接在对应位置，布线要合理。

六、仿真模拟

图 12-8 图为信号源仿真图。

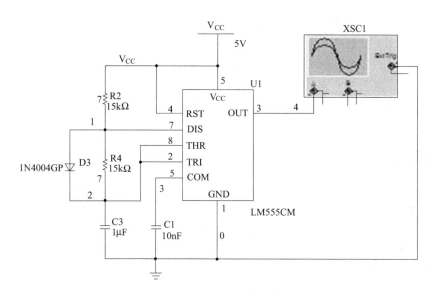

图 12-8　信号源仿真图

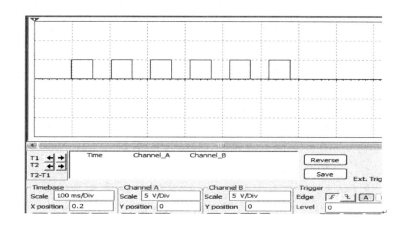

图 12-9　信号源波形图

假设信号源仿真要求得到 10 Hz 矩形波，用图 12-5 所示多谐振荡器电路，设定好 R、C 参数在 multisim12 中仿真，就得到如图 12-9 所示的矩形波。

学习情境十三 51 最小系统板制作与调试

【学习目标】

1. 了解 STC80C51 单片机最小系统板的工作原理。
2. 熟悉 51 单片机最小系统硬件组成。
3. 熟悉 51 单片机最小系统中编译软件的使用。
4. 掌握 51 单片机软件烧写程序的方法。
5. 掌握 51 单片机最小系统中 I/O 口的控制及应用。

一、单片机常用开发软件简介

（一）Keil 编译软件的使用介绍

1. Keil 51 软件简介

单片机开发中除必要的硬件外，同样离不开软件。汇编语言源程序要变为 CPU 可以执行的机器码有两种方法：一种是手工汇编，目前已极少使用；另一种是机器汇编。

机器汇编通过汇编软件将源程序变为机器码。MCS-51 单片机汇编软件早期有 A51，随着单片机开发技术不断发展，从普遍使用汇编语言到逐渐使用高级语言开发，单片机开发软件也在不断发展，Keil 软件是目前开发 MCS-51 系列单片机最流行的软件。

Keil 提供了包括 C 编译器、宏汇编、连接器、库管理和一个功能强大的仿真调试器等在内的完整开发方案，通过一个集成开发环境（μVision），将这些部分组合在一起。

运行 Keil 软件，需要 Pentium 或以上的 CPU、16MB 或更多 RAM、20MB 以上空闲的硬盘空间，以及 Win98、NT、Win2000、WinXP 等操作系统。掌握该软件对于使用 51 系列单片机来说十分必要。

2. Keil 51 软件功能

Keil 51 是美国 Keil Software 公司出品的 51 系列兼容单片机 C 语言软件开发系统，它能提供丰富的库函数和功能强大的集成开发调试工具，为全 Windows 界面。与汇编语言相比，C 语言在功能性、结构性、可读性、可维护性上有明显优势，易学易用。用过汇编语言后再使用 Keil 51，就能体会到其生成目标代码效率非常之高，多数语句生成的汇编代码很紧凑且易理解。在开发大型软件时更能体现高级语言的优势。

Keil 51 工具包整体结构中有 μVision 与 Ishell，分别是 C51 for Windows 和 for Dos 的集成开发环境（IDE），可以完成编辑、编译、连接、调试、仿真等整个开发流程。

开发人员可用 IDE 本身或其他编辑器编辑 C 或汇编源文件，然后分别由 C51 及 A51 编译器编译生成目标文件（.OBJ）。目标文件可由 LIB51 创建生成库文件，也可以与库文件一起经 L51 连接定位生成绝对目标文件（.ABS）。ABS 文件由 OH51 转换成标准的 Hex 文件，以供调试器 dScope51 或 tScope51 使用，进行源代码级调试，也可由仿真器使用直接对目标板进行调试，也可以直接写入程序存储器如 EPROM 中。

Keil 51 编译环境如图 13-1 所示，可分为 4 个区域，分别为菜单条、项目文件管理窗口、代码编译工作窗口和代码编译信息窗口等。

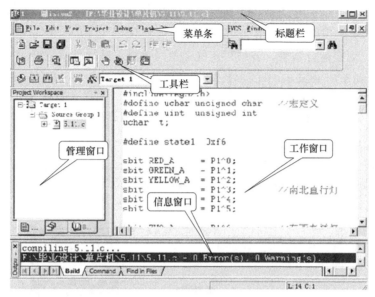

图 13-1   Keil 51 的编译环境

菜单条分为 10 项，所有操作命令均可在对应菜单中查找。工具栏中有常用命令的快捷图标按钮，如文件的打开、关闭及保存等，其中编译命令最为常用。

中间靠左是项目文件管理窗口，这里可看到当前项目中所包含的所有待编译文件，并显示各个寄存器值的变化、参考资料等。

右侧是代码编译工作窗口，这是最主要的工作区域，是程序的编译窗口。

最底层为代码编译信息窗口，显示当前文件编译、运行等相关信息。当代码有语法错误时，可在此找到问题所在。

下面以建立一个简单的项目为例，说明 Keil 51 开发项目的一般方法。

第 1 步   打开 Keil 51 软件，弹出开机启动画面，进入 Keil 51 开发界面，如图 13-1 所示。

第 2 步   单击 Project 菜单，选择 New Project 项，弹出 Create New Project 对话框，选择合适路径，在文件名一栏中填入新项目工程名字，单击"保存"。

第 3 步   根据所用器件，选择 CPU 型号，单击"确定"。Keil 51 询问是否生成默认的配置文件，单击"Yes"，观察项目文件管理窗口的变化。在 File 菜单下单击 New 选项，新建文件，此时在代码编译工作窗口出现"Text1"空白文档。在"Text1"中编辑完代码后，单击 File 菜单中的保存项，弹出保存对话框，保存名写为 text.c，单击"保存"。**注意**对文件命名时必须加扩展名。

第 4 步   在项目文件管理窗口的导航栏中 Source Group 上单击右键，选 Add File to Group 'Source Group 1'，弹出 Add File 对话框，选中刚才保存的 text.c 文件，单击"Add"，此时在项目文件管理窗口中就会出现刚才所添加的文件 text.c。

第 5 步   单击快捷菜单栏中的编译按钮 ▦，开始编译程序。单击 Project 菜单项，选择 Option for Target 'Target 1' 选项。在弹出的对话框中可以对 Project 进行总体配置。

第 6 步   选择 Output 选项卡，单击 Create HEX File，代码输出格式应为 HEX-80。单

击"确定"后并重新编译。可以看到编译成功之后，Build 选项卡里又多了一项，这是生成的 HEX 文件。

第 7 步 单击 Debug 菜单项中的 Start/Stop Debug Session 命令，进入调试界面。单击调试界面 Debug 菜单项中的 Go 命令或工具栏中的运行程序 ![icon]，单击 Stop Running 命令 ![icon] 来结束程序。观察运行结果，若结果正确，便可通过下载软件将它烧写到目标板上去。

这样，一个简单的 Keil 51 下的项目就完成了。

Keil 51 对汇编语言文件的编译调试步骤和对 C 语言的编译调试基本上是一样的，只是在第 5 步中用汇编语言进行代码的编写，并在保存文件时将扩展名加成 .asm。

（二）STC-ISP 程序下载软件使用介绍

STC-ISP 是一款针对 STC 系列单片机而设计的下载烧录软件，STC89、12C2052 和 12C5410 等系列的 STC 单片机都可运用，因操作简便，现已被广泛使用。

第 1 步 找到并打开 STC-ISP 烧写软件，如图 13-2 所示。

图 13-2　STC-ISP 烧写软件

第 2 步 打开 STC-ISP 软件，并进行相关参数设定，如图 13-3 所示。

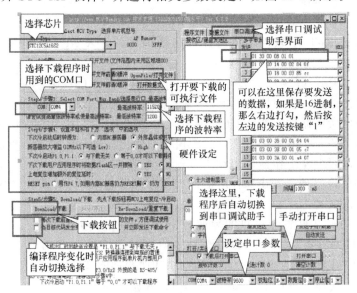

图 13-3　参数设定说明图

芯片选择：根据具体板上使用的芯片来定。下载程序的波特率：一般选择如图 13-3 所示即可，如果最高波特率调低些，下载时间会长些，但下载成功率会更高。下载程序用到的COM口，根据连接的实际COM口进行选择。以上参数设定好以后，用串口线连接电脑与目标板，点击图13-3中的"下载按钮"，出现如图13-4所示画面。

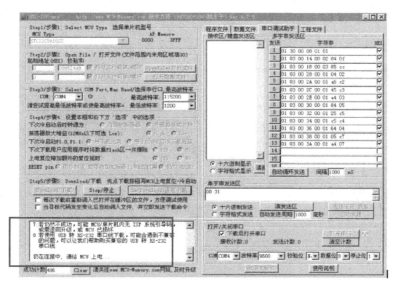

图13-4　芯片等候断电重启

第3步　断电，重启目标板。如果芯片正常，将会出现如图13-5所示下载画面。

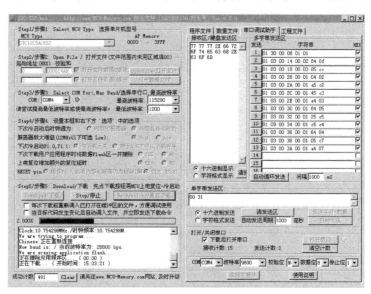

图13-5　程序下载

第4步　当芯片烧写完成，会出现烧写成功的画面，如图13-6所示。

芯片在烧写程序过程中如果遇到问题，可检查下列事项：

① 硬件连接没问题的情况下，如果使用USB串口线，则可能是串口线不匹配，更换另一种USB串口线进行尝试；

② 下载不了，首先检查目标板上晶振是否焊接；

③ 下载不了，其次检查RS-232的相关电路是否正常，因为STC单片机要求RS-232冷

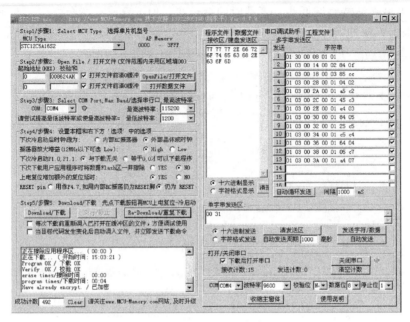

图 13-6　芯片烧写完成

启动来下载；

④ 打开 STC_ISP_V479.EXE 反复弹出 Microsoft office lite edition 2003 或 2007 安装对话框，提示"找不到 PR011.msi"。遇到此类问题，直接卸载或重新安装 Microsoft office 工具。

二、51 单片机最小系统板制作

单片机最小系统主要由电源、复位、振荡电路以及扩展电路等部分组成。最小系统原理图如图 13-7 所示。

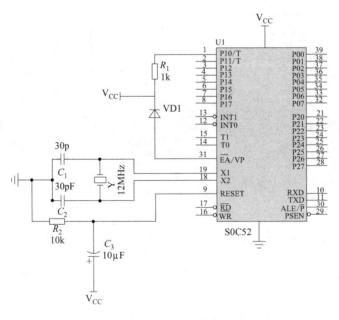

图 13-7　单片机最小系统电路图

（一）单片机电源电路

在实际使用过程中，51 单片机易受到干扰而出现程序跑飞现象，解决手段就是为其配置一个稳定可靠的供电电源模块。

可使用外部稳定的 5V 电源供电模块，也可通过计算机 USB 口供给，如图 13-8 所示。该电源电路中接入了电源指示 D10，R_{11} 为 LED 的限流电阻。S1 为电源开关。

（二）单片机复位电路

单片机置位和复位，都是为了把电路初始化到一个确定状态。复位电路的作用是使单片机的 PC 指针指向程序寄存器的 0000 位置，同时把一些寄存器以及存储设备装入厂商预设的一个值。当单片机受到干扰导致程序跑飞或宕机，按下复位按钮，程序将重新运行。

复位电路的原理是在单片机复位引脚 RST 上外接电阻和电容，实现上电复位。复位电平持续时间必须大于单片机的 2 个机器周期，具体数值可由 RC 电路计算出时间常数。

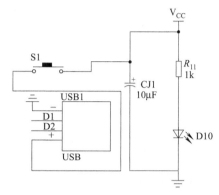

图 13-8　电源模块电路图

复位电路由按键复位和上电复位两部分组成，如图 13-9 所示。

① 上电复位　STC89 系列单片机为高电平复位，通常在复位引脚 RST 上连接一个 $10\mu F$ 电容到 V_{CC}，再连接一个 $10k\Omega$ 电阻到 GND，由此形成一个 RC 充放电回路，保证单片机在上电时 RST 引脚有足够时间的高电平进行复位，随后回归到低电平进入正常工作状态。

② 按键复位　按键复位就是在复位电容 C_3 上并联一个开关 S1，当开关按下时 RST 引脚被拉到高电平，而且由于电容充电作用，会保持一段时间的高电平来使单片机复位。

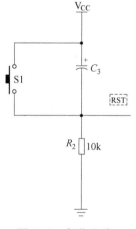

图 13-9　复位电路

（三）单片机起振电路

单片机系统里都有晶振，其作用非常大，全称叫晶体振荡器。晶振结合单片机内部电路产生单片机所需的时钟频率，晶振提供的时钟频率越高，单片机运行速度就越快，单片机一切指令的执行都是建立在晶振提供的时钟频率上。简而言之，晶振就是单片机的心脏，没有晶振，单片机就无法运行。

在通常工作条件下，普通的晶振频率绝对精度可达 50%，高级的精度更高。通常一个系统共用一个晶振，便于各部分保持同步。有些通信系统的基频和射频使用不同的晶振，而通过电子调整频率的方法保持同步。

晶振通常与锁相环电路配合使用，以提供系统所需的时钟频率。如果不同子系统需要不同频率的时钟信号，可以用与同一个晶振相连的不同锁相环来提供。

STC89C51 使用 11.0592MHz 的晶体振荡器作为振荡源，如图 13-10 所示。由于单片机内部带有振荡电路，所以外部只要连接一个晶振和两个电容即可，电容容量一般在 15pF 至 50pF 之间。

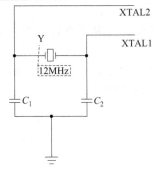

图 13-10　单片机起振电路

（四）单片机最小系统板调试

经过元器件检查、最小系统工作原理分析后，完成最小系统板的焊接并进行硬件调试。具体调试步骤如下。

第 1 步　确认电源电压。用电压表测量接地引脚与电源引脚之间的电压应为 5V。

第 2 步　检查复位引脚电压。测量按下复位按钮后复位引脚电压应为 0V，放开复位按钮后复位引脚电压应为 5V。

第 3 步　检查晶振是否起振。

方法一：用示波器观察晶振引脚波形，**注意**应使用示波器探头的"×1"挡。正常起振波形幅度应为 3.3V 左右的正弦波。

方法二：测量复位状态下的 I/O 口电平。按住复位键不放时，测量 I/O 口电压应是高电平，如果不是高电平，则很有可能是晶振没有起振导致。

如果单片机最小系统工作不稳定，可能是起振波形不稳定。起振波形不稳定，有时是因为电源滤波不好导致，在单片机电源与地引脚之间接一个 $0.1\mu F$ 的电容，会有所改善。如果最小系统板电源电路设计没有滤波电容，则需要加接一个例如 $220\mu F$ 的大滤波电容。

三、51 单片机引脚功能及简单操作流程

（一）51 单片机引脚功能

51 单片机的引脚说明如图 13-11 所示。单片机的 40 个引脚大致可分为 4 类：电源、时钟、控制线和 I/O 引脚。

1. 电源

① V_{CC}：芯片电源，接 +5V。

② V_{SS}：接地端。

2. 时钟

XTAL1、XTAL2：晶体振荡电路反相输入端和输出端。

3. 控制线

控制线共有 4 根。

① ALE/PROG：地址锁存允许/片内 EPROM 编程脉冲。

a. ALE 功能：用来锁存 P0 口送出的低 8 位地址。

b. PROG 功能：片内有 EPROM 的芯片。在 EPROM 编程期间，此引脚输入编程脉冲。

② PSEN：外 ROM 读选通信号。

③ RST/VPD：复位/备用电源。

a. RST（Reset）功能：复位信号输入端。

b. VPD 功能：在 V_{CC} 掉电情况下，接备用电源。

④ EA/V_{pp}：内外 ROM 选择/片内 EPROM 编程电源。

a. EA 功能：内外 ROM 选择端。

b. V_{pp} 功能：片内有 EPROM 的芯片。在 EPROM 编程期间，施加编程电源 V_{PP}。

4. I/O 引脚

80C51 共有 4 个 8 位并行 I/O 端口：P0、P1、P2、P3 口，共 32 个引脚。P3 口还具有

第二功能，用于特殊信号输入输出和控制信号（属控制总线）。P0 口输入时需要接上拉电阻才能置 1。

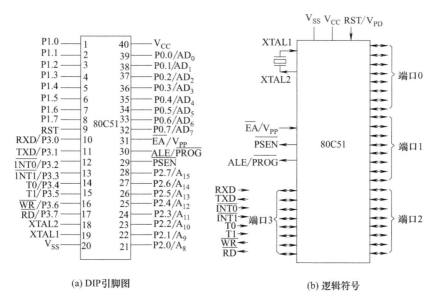

(a) DIP引脚图   (b) 逻辑符号

图 13-11   51 单片机引脚图

（二）简单操作流程

硬件焊接及调试完成后，用 C51 对单片机内部定时器进行编程，并将程序用 STP-ISP 写入单片机，实现从 P1.0 口产生周期为 20ms 的方波，并用示波器测量校验程序输出的结果是否准确。测试程序如下：

```c
#include<reg52.h>
sbit P10 = P1^0;
main()
{
    TMOD = 0x01;
    TH0 = 0xD8;
    TL0 = 0xF0;
    TR0 = 1;
    while(1)
    {
        while(TF0 == 0);
        TH0 = 0xD8;
        TL0 = 0xF0;
        TF0 = 0;
        P10 = ! P10;
    }
}
```

测试程序流程图如图 13-12 所示。

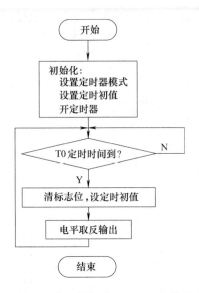

图 13-12   P1.0 口产生周期为 20ms 方波的程序流程图

测试波形如图 13-13 所示。

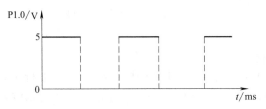

图 13-13   示波器测量 P1.0 口的波形图

周期 $T=20\text{ms}$；幅值 $A=5\text{V}$。

【简答题】

(1) 画出 51 单片机的起振电路，并简述其作用。

(2) 画出 51 单片机的复位电路，并简述其作用。

拓展篇

学习情境十四　红外通信收发系统设计与调试

【学习目标】

1. 掌握安全用电与安全文明生产管理技能。
2. 掌握红外光发射、接收电路设计原理和原则，掌握简单红外光通信电子收发系统方案、方框图与具体电路原理图设计能力。
3. 掌握识别、检测并编制红外光收发系统元器件清单、功能表技能。
4. 熟悉仿真软件辅助电路原理图设计技能。
5. 掌握根据原理图与实际元器件设计印制电路板图的技能。
6. 掌握较复杂电子线路的焊接与装配技能。
7. 掌握用仪器与仪表调试整机功能、测量数据的技能。
8. 掌握模块式判断与排除系统故障的技能。
9. 培养专业兴趣，培养观察与逻辑推理、语言表达能力。
10. 培养良好的实训意识，培养团队合作、系统分析与运筹能力。

一、设计要求与步骤

红外通信系统设计是光通信系统的一个重要分支，它和目前世界上所采用的骨干通信网——光纤通信系统有许多相同之处，唯一的差别就是两者所采用的传输媒质不同，前者是大气，后者是光纤。

语音和音乐等低频电信号一般不适合直接远距离传输，而是通过调制加载到光或者高频信号上传输出去。本实训要求设计一个合适的红外收发电路系统，以实现多种信号传输，如让音乐信号在一定的距离内顺畅、清晰、不失真地传播。

（一）实现方案制定

根据设计要求，选择系统实现方案，运用模块法制订信号流程图与总方框图。

（二）具体电路设计

根据方框图，设计具体实现的单元电路与总电路，选择元器件型号、数量与理论参数，编制元器件清单与功能表。

（三）电路仿真和优化

运用电子仿真软件，对所设计的电路原理图分步仿真调试，根据需要修改单元电路。对总电路调试，进一步优化电路，拿出最合理的总原理图。

（四）印制电路板图设计与电路制作

根据原理图与实际元器件，设计正确、简练、规范的印制电路板图，并合理设置电流、电压测量点与波形观察点。采购并检测元器件质量，通过万能板装配、焊接实现电路。

（五）电路调试、故障排除

制订安全的通电前检查方案，运用直观目测法、逐点检查法、电阻测量法检查电路，判断并排除故障。制订安全的通电调试方案，以模块的方式，运用电流测量法、电压测量法、波形观测法、信号注入法等进行故障判断与排除，通电调试电路至成功。

（六）电路功能测试

合理选用仪表记录测试数据，正确选用仪器观察波形，使电路功能得到定量测试。如传送音乐信号，则要求从扬声器中能听到音质清晰、音量适中、不失真的音乐。

二、总方框图设计

图 14-1 是一个简单的红外通信收发系统方框图。通过实训，应能根据该方框图进行模块化设计。通常，商用红外光通信系统是相当复杂的，这里只需考虑最基础和最必要的部分来完成整个红外光通信收发系统的设计。

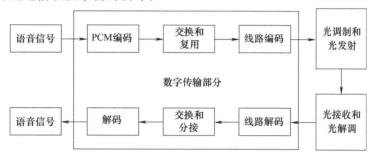

图 14-1　红外通信收发系统方框图

三、信号产生模块设计

根据图 14-1 方框图，可用 KD-9300、CW9300 或 LX9300 系列音乐集成电路来产生语音信号，接线图参见图 14-2 所示。当然设计若不采用语音信号，也可以用 RC 振荡器构成信号产生电路，但注意信号幅度不宜过大。

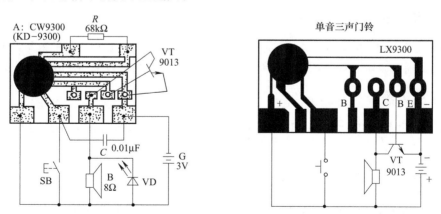

图 14-2　各系列音乐集成电路接线图

四、红外光发送模块设计

设计原则主要是考虑红外发射管的工作电流。如图 14-3 中，红外发射管 VD_1 处于三极

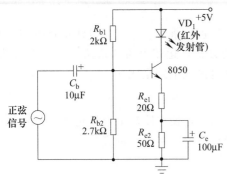

图 14-3 红外光发射驱动电路

管放大电路的集电极，应合理选择静态偏置电路元器件参数与红外发射管规格，保证输入信号得到放大且不失真。合理调试给放大管 8050 基极送来的正弦输入信号幅值，以确定前级信号产生模块的输出信号幅度。电流过小，传输距离短；电流过大，又容易毁坏该红外发射管。

五、红外光接收模块设计

设计原则是选择与红外发射管规格配套的红外接收二极管，如图 14-4 所示的光电二极管 LED2。接收到的音频信号经过电位器 R_P 可调节音量，再通过功率放大器 LM386 组成的电路，将接收的音频信号放大，从而驱动扬声器发声。

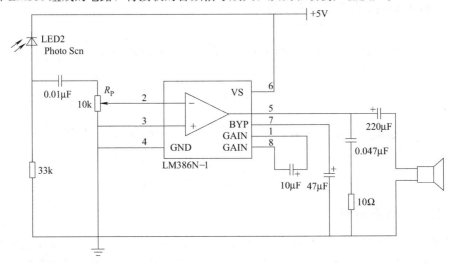

图 14-4 红外光接收放大电路

六、高通滤波器

红外接收管采用光电二极管，故普通灯光对其也有影响。为了获得更好的效果，可在其信号输出端加接高通滤波器，消除恒定的外接低频信号干扰，这样接收效果和灵敏度将显著提高。

七、功率放大器

利用音频功率专用放大器 LM386，可以得到 50～200 的增益，足以驱动 0.5W 的扬声器。如图 14-5 所示。

八、系统调试

系统调试原则：根据电路原理先调制各单元电路，然后再整机调试。

（一）调试发射电路

记录图 14-3 的红外光发射驱动电路模块输出波形和流过红外发射管的电流。

（二）调试接收电路

将图 14-4 中的光电二极管 LED2 焊脱一只引脚，即从该电路模块中去掉红外接收管，从

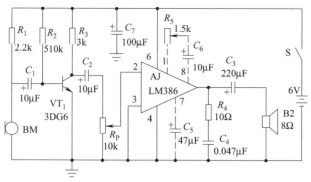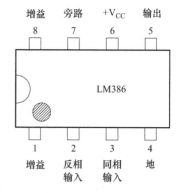

图 14-5　功率放大电路

该处施加合适幅值的正弦音频小信号。调节电位器 R_P,使 LM386 的 2 脚获得输入信号;改变 LM386 的 1 脚与 8 脚间的电阻器、电容器串联支路参数,可调试功率放大器输出放大倍数,要求为 50~200 倍,且输出为不失真的正弦波,确保不是自激信号或干扰信号。

（三）整机调试

将图 14-3 发送电路和图 14-4 接收电路模块一起联调。在发送端送入合适幅值的正弦小信号,观察 LM386 的 5 端子输出信号波形。

（四）整机测试

按图 14-2 中音乐芯片 CW9300 的接线图焊好各引脚,将芯片中音乐输出信号作为红外光发射电路的输入信号,在扬声器中应能听到优美、无噪声的音乐。

九、元器件清单

表 14-1　红外通信收发系统主要元器件参考清单

序号	名称与规格	数量	序号	名称与规格	数量
1	电阻器 10Ω	1	13	电解电容 100μF	1
2	电阻器 20Ω	1	14	电解电容 220μF	1
3	电阻器 50Ω	1	15	红色 φ5mm 发光二极管	1
4	电阻器 2kΩ	1	16	三极管 8050	1
5	电阻器 2.7kΩ	1	17	三极管 9013	1
6	电阻器 33kΩ	1	18	红外发射管 303	1
7	电阻器 68kΩ	1	19	红外接收管 302	1
8	电位器 10kΩ	1	20	音乐集成电路 CW9300	1
9	瓷片电容 0.01μF	2	21	功率放大器 LM386	1
10	钽电容 0.047μF	1	22	扬声器 0.5W/8Ω	1
11	电解电容 10μF	1	23	门铃专用按钮开关	1
12	电解电容 47μF	1	24	3V 电池盒	1

注：表 14-1 中未考虑图 14-5 用到的元器件。

电路各模块全部调试好后,在表 14-1 基础上,根据实际制作使用情况,完成红外通信收发系统全部元器件清单与功能表编制,填在表 14-2 中。

表 14-2　红外通信收发系统元器件清单与功能表

序号	项目代号	元器件名称	参数	作用

注：表 14-2 可根据实际制作时用到的元器件增加行数。

学习情境十五 心电模拟信号发生器设计与制作

【学习目标】

1. 熟悉心电波形的特点。
2. 熟悉心电图的导联。
3. 训练根据心电模拟信号发生器功能要求设计完整控制电路方框图的能力。
4. 训练根据方框图设计原理图并选择部分元器件参数的能力。
5. 掌握较为复杂电子线路的焊接与装配技能。
6. 掌握模块式故障诊断与排除技能。

一、设计要求

模拟心电信号发生器是一个产生多种心电波形的仪器,它用于检查心电图机各个导联波形是否正常。它是维修和使用医用电子仪器的一种有效工具。

根据个人的兴趣与能力,自主选择下面要求,完成方框图、原理图、电路板图等技术文件的设计。

(一)基本要求

① 产生 P 波、Q 波、R 波、S 波及 T 波。
② 输出频率 40~100 次/min。
③ 输出幅度:5~5000mV。
④ 输出接示波器便可显示心电波形。

(二)提高部分

能够输出标准导联信号。

二、设计思路

(一)心电波形及其特征

把人体四肢及胸部的电位变化,用电极给予引出,形成体表心电信号,将心电信号通过导联线送入心电图机,经放大输出的波形就是心电波形。如图 15-1 所示,心电波形是一组由 P 波、Q 波、R 波、S 波和 T 波组成的序列波形,频率约为 1Hz。

① P 波　正常的 P 波呈向上形,其波顶一般是圆钝的,波宽约为 0.1s,振幅小于 0.25mV。

② P-R 间期　从 P 波开始处到 QRS 波群的开始处,称为 P-R 间期,随年龄的增大而有加长的趋势,成人约为 0.12~0.20s。

③ QRS 波群　第一个向下的波称为 Q 波,向上的波称为 R 波,第二个向下的波称为 S 波。QRS 的最大振幅不超过 5mV,宽度小于 0.1s。

④ T 波　是一个较钝而宽的波。T 波由基线慢慢上升到达顶点，随即较快速下降，故上下不对称，T 波宽度约 0.2～0.3s。

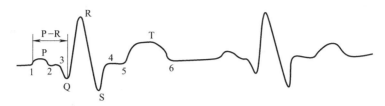

图 15-1　正常心电波形

（二）心电导联

将电极置于人体表面上的不同点，并用导线与心电图机相连，即可在心电图机上描得一系列的波形。这种连接方式和描记方法，称为心电图的导联。

目前，临床上将标准导联（Ⅰ、Ⅱ、Ⅲ）、单极导联和胸导联三种作为常用导联。一般的方法是用四个肢体电极和一个或三个胸电极引出心电信号，肢体电极置放在下臂或小腿的内侧面，胸电极置放在胸部。这些电极符号有统一的规定，如表 15-1 所示。

表 15-1　电极符号

电极的部位	右臂	左臂	左腿	胸	右腿
符号	RA(或 R)	LA(或 L)	LF(或 F)	CH(或 V)	RL

1. 标准导联

常用导联中，标准导联运用最为广泛。标准导联又称"双极肢体导联"。该导联选用左手、右手和左脚作为置放三个电极的部位。假设这三点在前额面形成等边三角形，同时假设心脏产生的电偶向量位于此等边三角形的中心，这样就形成了 3 个标准导联，如图 15-2（a）所示。标准导联连接肢体方法如图 15-2（b）所示。

Ⅰ导联：左手臂接正极，右手臂接负极，组成双极Ⅰ导联，反映了两个电极间的电位差。当左手臂电位高于右手臂时，描记出正向波，反之，右手臂电位高于左手臂，描记出负向波。

Ⅱ导联：左脚接正极，右手臂接负极，组成Ⅱ导联。

Ⅲ导联：左脚接正极，左手臂接负极，组成Ⅲ导联。

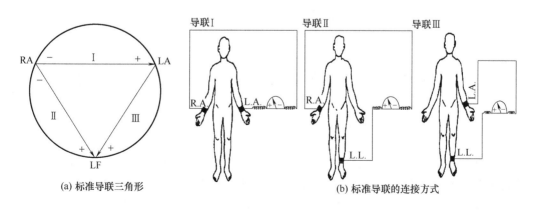

(a) 标准导联三角形　　　　　　　　　(b) 标准导联的连接方式

图 15-2　标准导联

2. 单极导联

为了满足临床应用，在左、右上肢和左下肢各接上一根电极，每根电极通过 5kΩ 电阻，以减少皮肤阻力差别，将这三根导线连接起来，组成一个中心电端。将这个中心电端与心电图机负极连接，探察电极与心电图机正极连接，便成为单极导联，把这样的导联分别称为 VR、VL、VF。图 15-3 为单极导联的连接方式。图中 T 为中心电端，阻力即为电阻。

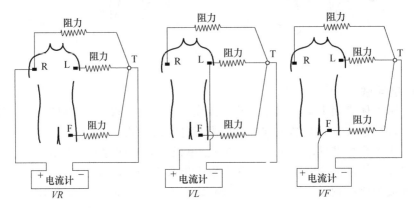

图 15-3　单极导联的连接方式

根据心电图学的规定，标准导联与单极导联之间的电压关系为 $V_I = VL - VR$，$V_{II} = VF - VR$，$V_{III} = VF - VL$，由此也可知

$$VR = -(V_I + V_{II})/3 \tag{15-1}$$

$$VL = (V_I - V_{III})/3 \tag{15-2}$$

$$VF = (V_I + V_{III})/3 \tag{15-3}$$

（三）心电信号发生器方案设计

根据心电波形的特点，设计一款心电信号发生器，它将模拟人体心电信号，即满足基本功能及扩展功能要求，其设计框图如图 15-4 所示，虚线左边为满足基本功能的基本电路，右边为满足扩展功能的扩展电路。

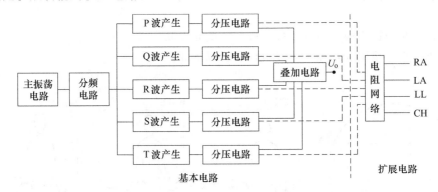

图 15-4　模拟心电信号发生器框图设计

基本电路包括主振荡电路、分频电路、各个波产生电路、调幅电路及叠加电路。其设计思路为主振荡电路产生脉冲信号，经过分频、滤波得到各个波形信号，再通过调幅得到对应的幅值，最后将各波形信号叠加形成完整的心电波形。扩展电路主要是电阻网络，其设计思路是各个波形信号经过电阻网络形成不同的单极导联信号。

三、主振荡电路设计

主振荡电路将产生 $10\,Hz$ 左右的脉冲信号。图 15-5 所示 555 定时器组成的脉冲信号发生器可作为主振荡电路。

将输入引脚 2 与输入引脚 6 连接一起，使 555 定时器组成施密特触发器，在此基础上，连接 RC 积分电路构成脉冲信号发生器。按图 15-5 所示组成的脉冲信号发生器的闪烁判断脉冲信号有无及快慢。脉冲信号的振荡周期 $T \approx 0.7(R_1 + 2R_2 + 2R_P)C_1$。把图 15-5 中参数带入公式得 T，从 $0.05\,s$ 到 $0.19\,s$。脉冲信号也可采用晶振产生。

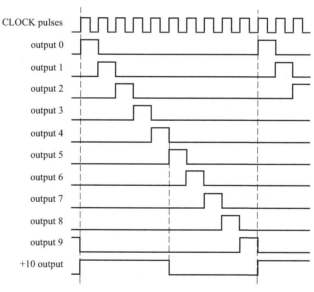

图 15-5　555 定时器构成脉冲信号发生器

四、心电波形电路设计

CD4017 是常用的十进制计数器芯片，常用在记数脉冲等功能电路中，可顺序产生固定频率（10 分频）的波形，如图 15-6 所示。如主振荡产生 $10\,Hz$ 左右脉冲信号，则 4017 产生的每个序列波形脉宽为 $0.1s$。根据各个波形的特点（图 15-1），选择合适的通道输出，依次产生 P 波、Q 波、R 波、S 波和 T 波信号，然后叠加产生连续的模拟心电信号。心电信号幅值非常低，在 $0.2\sim5\,mV$ 范围内，而 CD4017 产生的序列信号幅值有 5V 左右，故产生模拟心电信号实为幅值放大 1000 倍的模拟心电信号，便于调试检测及示波器显示。

```
CLOCK pulses
output 0
output 1
output 2
output 3
output 4
output 5
output 6
output 7
output 8
output 9
+10 output
```

图 15-6　4017 输出序列波形

① 设置 P 波宽度约 $0.1s$，幅值 $0.2V$。

首先由 CD4017 的 Q0 通道产生脉宽为 $0.1s$、周期为 $1s$ 的脉冲信号。

然后通过低通滤波，过滤高频谐波信号，得到平滑的低频信号。图 15-7（a）所示为低通滤波电路，R_W 值越大，输出 u_o 更加平滑，图 15-7（b）所示为 $R_W = 10\,k\Omega$ 时滤波效果，输出信号还有较多高频成分。但 R_W 越大，产生的 P 波宽度也越大，如图 15-7（c）所示，所以 R_W 需要调到合适位置。如滤波输出的 P 波不符合光滑且 $0.1s$ 的脉宽，可考虑再接一级低通滤波，以达到更好的效果。

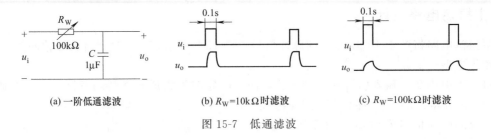

| (a) 一阶低通滤波 | (b) $R_W=10k\Omega$ 时滤波 | (c) $R_W=100k\Omega$ 时滤波 |

图 15-7　低通滤波

最后输出信号通过分压电路，幅值降为 0.2V，获得符合设计要求的 P 波信号。

② 负波（Q 波、S 波）的产生由二极管和电容组合获得，如图 15-8 所示。输入电压为正时，二极管导通，对电容充电；电压为 0V 时，二极管截止，对外输出电压为负。

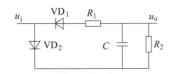

图 15-8　矩形脉冲变负波电路

③ QRS 波群宽度较窄，设置周期 0.1s，幅值 4V，实际中可能需要对输出波进行二次分频，再使用一个 CD4017 芯片。

④ 在出现 T 波之前，有一段时间波形为零，所以对序列波叠加时，S 波之后时序的波形不取。

⑤ 设置 T 波宽度约 0.2s，可利用两段时序波形的叠加实现。

⑥ 最后各输出信号叠加，产生需要的序列波形。

由于各序列波形电压的不同，在叠加之前，各输出波形通路上设置一电位器，可通过电位器得到不同的幅度。

五、电阻网络设计

用心电图机可以得到临床的导联，包括标准导联、加压导联及胸导联，共 12 种导联的波形。对于不同导联，它们的幅度、形状都不一样，要把这些波形都模拟出来，需要 12 个电路，十分复杂。设计这样的模型：有一个产生波形的信号源，还有 5 个输出节点，当模拟心电信号出现时，5 个接点的电位随之变化，其变化情况与每一心动周期内人体四肢及胸部等 5 个相应部位变化相同。显然，只用一个信号源就可以模拟导联各种正常的心电波形，使电路大为简化。

心电信号连接到电阻网络，一旦 P 波、QRS 群波及 T 波产生，便在电阻网络中分压成 VR、VL 及 VF 的电位（RL 端同时接地）。再根据式（15-1）到式（15-3），容易得到各个标准导联的输出。

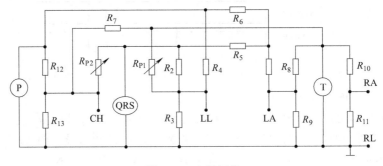

图 15-9　电阻网络

通过上述分析，可以得到电阻网络的基本电路。从图 15-9 可知，P 波经 R_6 和 R_9 分压为 LA；通过 R_4 和 R_3 可分压成 LL；同样 QRS 波群和 T 波信号也是通过电阻分压在 RA、LA、LL、CH 几点的电位值。

六、系统调试

系统调试原则：根据电路原理先调试各单元电路，然后再整机调试。

（一）调试脉冲信号

根据图 15-5 调节电位器 R_P，使得脉冲信号输出的周期约为 0.1s。

（二）调试心电信号

依次调节 P 波、Q 波、R 波、S 波、T 波对应的滤波电路的电位器，调整波形的形状脉宽；再调节各个支路后端的分压电路，以改变对应波形的幅度，使得输出心电信号 P 波幅值 0.2V，Q 波幅值－0.2V，R 波幅值 4V，S 波幅值－0.2V，T 波幅值 2V。把所有波形放到叠加电路中得到信号，便为放大 1000 倍的模拟心电信号 u_o，输出端接到示波器进行显示。如检查波形不准确，再次调节对应支路的电位器，以最终达到设计要求。

（三）调试电阻网络

如需要完成扩展要求，得到单极导联信号，则根据 P 波、Q 波及 T 波幅度要求，将基本电路输出的心电信号衰减 1/1000，再把 P 波、QRS 波及 T 波连接到电阻网络。设定图中接地电阻参数如下：$R_9=600\Omega$，$R_{11}=100\Omega$，$R_3=500\Omega$，$R_{13}=1.5\text{k}\Omega$，$R_6=21\text{k}\Omega$，$R_4=13\text{k}\Omega$，$R_{12}=60\text{k}\Omega$，$R_5=480.6\text{k}\Omega$，$R_2=200\text{k}\Omega$，$R_{P2}=265\text{k}\Omega$，$R_{P1}=550\text{k}\Omega$，$R_7=705.6\text{k}\Omega$，$R_8=1\text{M}\Omega$。从电阻网络连接导联到心电图机或监护仪，观察标准导联输出信号。调节 R_{P1}、R_{P2} 观察心电波形的变化。

学习情境十六 智能抢答器设计与制作

【学习目标】

1. 掌握安全用电与安全文明生产管理技能。
2. 训练根据抢答器功能要求设计完整控制电路方框图的能力。
3. 训练根据方框图设计原理图并选择部分元器件参数的能力。
4. 掌握较为复杂电子线路的焊接与装配技能。
5. 掌握模块式故障诊断与排除技能。

一、设计要求

抢答器已广泛应用于各种智力和知识竞赛场合。智能抢答器的设计需满足抢答、存储、显示等功能。其功能要求分为基本功能及扩展功能要求。

（一）基本功能要求

① 设计一个智力竞赛抢答器，可同时供 8 名选手参加比赛，他们的编号分别为 0、1、2、3、4、5、6、7，各用一个抢答按钮，按钮的编号与选手的编号相对应，分别是 K_0、K_1、K_2、K_3、K_4、K_5、K_6、K_7。

② 给节目主持人设置一个控制开关，用来控制智能抢答器的清零和抢答的开始。

③ 抢答器应具有数据锁存和显示的功能。抢答开始后，若有选手按下抢答按钮，选手编号立即被锁存，并显示在 LED 数码管上；此外，抢答器封锁其他输入信号，禁止其他选手抢答。LED 数码管显示的编号一直保持到主持人将系统清零为止。

（二）扩展功能要求

① 抢答器具有定时抢答的功能，且一次抢答的时间设定为 30s。当主持人启动"开始"键后，要求定时器立即减计时，并用 LED 数码管显示，同时扬声器发出响声。

② 参赛选手在设定的时间内抢答，抢答有效，定时器停止工作，显示器上显示选手的编号和抢答时刻的时间，并保持到主持人将系统清零为止。

③ 如果定时抢答的时间已到，却没有选手抢答时，本次抢答无效，抢答器封锁输入信号，禁止选手超时抢答。

二、抢答器方框图设计

根据抢答器的基本功能及扩展功能要求，定时抢答器的总体框图（图 16-1）由主体电路和扩展电路两部分组成。主体电路完成基本的抢答功能，即开始抢答后，当选手按动抢答按键时，能显示选手的编号，同时能封锁输入信号，禁止其他选手抢答。扩展电路完成计时及提示的功能。抢答与计时需要相互制约：规定时间内抢答才有效，超过时间不可以抢答；有抢答，计时时间停止。这些制约需要逻辑控制电路来完成。

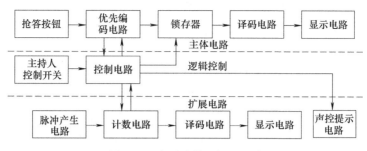

图 16-1　定时抢答器框图设计

三、电路设计

（一）抢答电路设计

抢答电路的功能有两个：一是能分辨出选手按键的先后，并锁存优先抢答者的编号，同时在 LED 数码管上显示；二是禁止其他选手再次抢答。电路设计可选用 74LS148 编码器对选手编号进行编码，选用 74LS279 锁存器存储这些二进制代码信息，再送到 74LS248 显示译码器翻译成 7 段码，最后连接共阴极数码管显示选手的编号。

设计抢答电路如图 16-2 所示。设计思路如下。

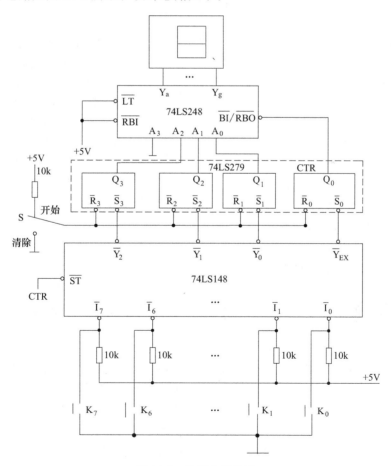

图 16-2　抢答电路设计

① 74LS148编码器的输入端$\overline{I_0} \sim \overline{I_7}$依次接8个选手的按键$K_0 \sim K_7$，3个输出端$\overline{Y_0} \sim \overline{Y_2}$及一个输出选通$\overline{Y_{EX}}$端接74LS279锁存器的4个置位端$\overline{S_0} \sim \overline{S_3}$，保证每个选手的按键信息都能存储到该锁存器中。

② S锁存器的复位端$\overline{R_0} \sim \overline{R_3}$一起连接主持人的控制开关，抢答之前开关S接到清除端，清空锁存器的内容，禁止选手抢答，同时使得显示清除端CTR输出低电平。CTR连接74LS248的消隐输入端$\overline{BI}$，熄灭数码管的显示。开关S接到开始端允许选手抢答。

③ 选手抢答时，74LS148编码器工作，编译的二进制代码送到74LS279锁存器，并且$\overline{Y_{EX}}$输出低电平使得CTR端输出高电平，则点亮数码管并显示选手的编号。

④ CTR端反馈连接到74LS148编码器的输入控制端$\overline{ST}$。有选手抢答时，CTR输出高电平，即$\overline{ST}$也为高电平，则编码器不再响应其他选手的编码请求。

（二）定时电路设计

设定抢答的时间30s，定时电路设计为选用两片74LS192计数器组成的三十进制减法计数器，具体设计方法参考学习情境十二数字秒表制作与调试。

（三）声控提示电路设计

声控提示电路是抢答器设计的关键，它完成以下几个功能：

① 主持人将控制开关拨到"开始"位置时，扬声器发声，抢答电路和定时电路进入正常抢答工作状态；

② 当参赛选手按动抢答按键时，扬声器发声，抢答电路和定时电路停止工作；

③ 在设定的抢答时间内无人抢答，计时时间到时，扬声器发声，抢答电路和定时电路停止工作，根据发声时间不同设计相应的原理图。

把555定时器形成的单稳态触发器设计成声控提示电路，如图16-3所示。K为启动开关，K一旦闭合，扬声器发出响声，响声时间受R_W和C的参数控制。R_W、C参数自行设计。

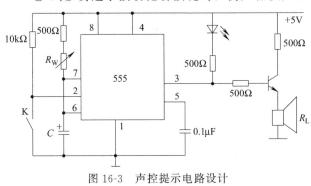

图16-3 声控提示电路设计

（四）控制电路设计

控制电路是抢答器设计的关键，它要完成以下三项功能。

① 抢答器应具有开启抢答和清除计时功能。设置拨动开关，当抢答器通电后，拨到"开始"端，定时电路开始计时，抢答电路进入工作状态，选手准备抢答；拨到清除端，时间清零，清除前一次抢答者的编号。

② 选手按下按键抢答时，计时停止。

③ 如30s内没有选手抢答，计时时间到，停止抢答，即编码器停止工作。

根据上述三项功能，使用二输入与非门74LS00及三输入与非门74LS10芯片连接抢答电路模块与定时电路模块，使得该两个电路模块功能相互制约。控制电路设计如图16-4所示。

① 拨动开关S同时接锁存器复位端、计数器$\overline{LD}$置数端，将开关S拨到清除端，用低电平清除锁存器，也使计数器变为初始状态30，准备倒计时计数。

② 因为计数器能否计数需同时满足三个条件：没有选手按下按键、计数不为0、有脉冲

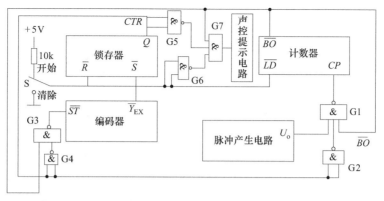

图 16-4 逻辑控制电路设计

输入，即 CTR 为低电平，$\overline{BO}$ 为高电平，脉冲产生电路的脉冲才能输送到计数器的 CP 端。此可设计三输入与非门 G1。

③ 因为编码器正常工作需满足两个条件：计数器计数不为 0、没有选手按下按键，即 CTR 为低电平，$\overline{BO}$ 为高电平，编码器才允许编码工作。由此可设计与非门 G3。

④ 根据声控提示电路的设计可知，扬声器发声条件是控制开关拨到开始端瞬间或选手按下按键瞬间或计时时间到，即 CTR 端、开关 S 为高电平瞬间或 $\overline{BO}$ 为低电平瞬间，声控提示电路获得下降沿的触发信号，扬声器发声。由此可设计与非门 G5、G6 及与门 G7 电路。

四、芯片识别与检测

（一）锁存器

锁存器 74LS279 其引脚图如图 16-5（a）所示，其内部有 4 个 RS 触发器，如图 16-5（b）所示，4 个触发器中有两个具有置位端 $\overline{S}_A$、$\overline{S}_B$。对应 $\overline{S}_A$ 和 $\overline{S}_B$，S 低电平表示 $\overline{S}_A$ 和 $\overline{S}_B$ 其中一个为低电平即可，$\overline{S}$ 高电平表示 $\overline{S}_A$ 和 $\overline{S}_B$ 均为高电平。

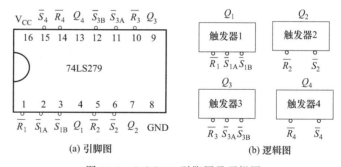

(a) 引脚图　　(b) 逻辑图

图 16-5　74LS279 引脚图及逻辑图

当 $\overline{S}$ 为低电平、$\overline{R}$ 为高电平，对应触发器输出端高电平；当 $\overline{S}$ 为高电平、$\overline{R}$ 为低电平，触发器输出端为低电平；当 $\overline{R}$、$\overline{S}$ 均为高电平时，输出端保持原状态不变；当 $\overline{R}$、$\overline{S}$ 均为低电平时，输出端为不稳定的高电平状态。锁存器 74LS279 的具体功能如表 16-1 所示。

表 16-1　74LS279 功能表

输入		输出
$\overline{S}$	$\overline{R}$	Q
1	1	保持
1	0	0
0	1	1
0	0	不定

把 74LS279 放置数电实验箱中，按表 16-1 检测其内部复位及置数功能。

（二）逻辑门电路

控制逻辑门电路需要用两块芯片 74LS00 四 2 输入与非门及三 3 输入与非门 74LS10，其引脚图及逻辑图分别如图 16-6 和图 16-7 所示。

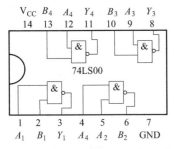

图 16-6　74LS00 引脚图及逻辑图

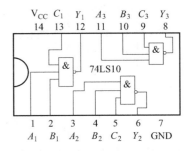

图 16-7　74LS10 引脚图及逻辑图

将 74LS00 及 74LS10 分别放置数电实验箱芯片插槽中，按照真值表表 16-2 及表 16-3 分别验证它们的与非逻辑功能。

表 16-2　74LS00 真值表

输入		输出
A	B	Y
0	0	1
0	1	1
1	0	1
1	1	0

表 16-3　74LS10 真值表

输入			输出
A	B	C	Y
0	0	0	1
0	0	1	1
0	1	0	1
0	1	1	1
1	0	0	1
1	0	1	1
1	1	0	1
1	1	1	0

五、制作与调试

智能抢答器系统的制作基本要求，可参照学习情境十一病房呼叫系统制作与调试，先绘制元器件布局、万能板连线图，然后安放元器件、芯片、测试点及排针等，最后再焊接电路板。系统的制作与调试基本原则：根据电路设计，先分模块制作、调试，然后再整机调试。

1. 抢答电路制作与调试

抢答电路模块又可分为 4 个小模块：按键电路、编码电路、存储电路、译码显示电路。其制作与调试方法可参照学习情境十一的电路调试。4 个小模块全部调试好后，再整体调试抢答电路，检测电路的功能是否满足设计要求。如果没有满足，则根据功能缺失检测对应的功能模块电路。

2. 定时电路制作与调试

定时电路模块又可分 3 个小模块：脉冲信号产生电路、计数电路、译码显示电路。其制作与调试方法可参照学习情境十二数字秒表制作与调试的电路制作、调试，先调试小模块电路，后调试定时电路整体，检测电路是否做到 30s 的倒计时。

3. 声控提示电路制作与调试

参照图 16-3 焊接声控提示电路。按下开关 K 后，判断扬声器是否有响声。如没有响声，用万用表直流电压挡检测电路板是否通电、信号连接是否正常。如果正常，则再检测蜂鸣器的连接是否正确。如果有响声，用一字螺丝刀旋转电位器旋钮，测试提示电路输出矩形信号的脉宽是否变化。

4. 控制电路制作与调试

根据图 16-4 逻辑控制电路，确定 74LS00 及 74LS10 与各个电路模块的连线，并按连线焊接。检测电路的功能是否满足设计要求。如果没有满足，则根据功能缺失检测对应的功能模块电路。

六、元器件清单

电路各模块全部调试好后，在表 16-4 基础上，根据实际制作使用情况，完成智能抢答系统全部元器件清单与功能表编制，填在表 16-5 中。

表 16-4　智能抢答器设计与制作元器件参考清单

序号	名称与规格	数量	序号	名称与规格	数量
1	电阻 10kΩ	10	12	74LS148 编码器	1
2	电阻 15kΩ	1	13	74LS248 译码器	3
3	电阻 68kΩ	1	14	74LS192 计数器	2
4	电阻 1kΩ	1	15	共阴极七段数码管	3
5	电阻 500Ω	3	16	74LS279 锁存器	1
6	瓷片电容 0.1μF	2	17	74LS10 三 3 输入与非门	1
7	电解电容 10μF	1	18	74LS00 四 2 输入与非门	1
8	电解电容 100μF	1	19	NE555 定时器	2
9	红色发光二极管	2	20	电位器 100kΩ	3
10	复位开关	9	21	三极管 9013	1
11	单刀双掷拨动开关	1	22	扬声器 0.5W/8Ω	1

表 16-5　智能抢答器设计与制作元器件清单与功能表

序号	模块电路	元器件名称	参数	作用

学习情境十七 PM2.5 检测仪设计与制作

【学习目标】

1. 了解 PM2.5 检测仪的工作原理。
2. 熟悉 PM2.5 检测仪数据采集的方法。
3. 熟悉 LCD1602 液晶屏的工作原理。
4. 掌握 LCD1602 液晶屏的使用方法。
5. 掌握 PM2.5 检测仪数据采集及显示的方法。

一、PM2.5 检测仪原理框图

PM2.5 检测仪总体设计方案采用单片机和传感器技术相结合来实现 PM2.5 浓度的检测。工作原理是由粉尘传感器实时采集 PM2.5 浓度值，通过 A/D 转换器将传感器输出的模拟电压转换成数字信号，并传送给单片机进行数据处理，将检测结果显示在液晶屏上；而且当检测到 PM2.5 浓度值大于设置的浓度限值时，要求红色发光二极管亮，蜂鸣器发出声响；PM2.5 浓度报警值可以通过按键进行设置。

系统总体设计如图 17-1 所示。根据该方框图，选择相关电路模块，按照要求进行对应电路的搭建和软件设计，详细的 PM2.5 检测仪电路原理图见附录二。

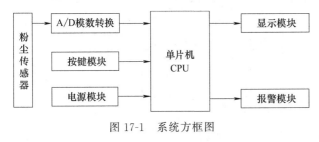

图 17-1 系统方框图

二、PM2.5 检测仪硬件模块

选择正确的硬件模块，是实现 PM2.5 检测仪功能的基础。PM2.5 检测仪通过对传感器、单片机、显示器、报警器等进行设置与控制，让它们发挥各自功能，完成数据采集、处理、输出、显示等功能。下面详细介绍各个硬件模块功能及选择要求，为相应硬件电路的具体设计提供借鉴。

（一）CPU

CPU 的选择直接关系到整个系统的高效工作性能。PM2.5 检测仪需要采集装置对周围环境的 PM2.5 浓度进行采集，要求采集快速、准确。采集装置的工作状态受单片机的控制，其工作电压应与电源电压、单片机工作电压一致。新一代 8051 单片机 STC89C52 是一个功能很强的 8 位微处理器，具有高速、低功耗、超强抗干扰的特点，指令代码完全兼容传统8051 单片机系列，可以满足系统设计要求。

（二）PM2.5 粉尘传感器

PM2.5 检测仪采用 GP2Y1010AU0F 传感器，它体积小巧且灵敏度高，可以用来测量

$0.8\mu m$ 以上的微小粒子，常用于室内环境中烟气、粉尘、花粉等浓度检测。

GP2Y1010AU0F 传感器对角安放着红外线发光二极管和光电晶体管，能探测到空气中尘埃的反射光，即使非常细小的烟草、烟雾颗粒也能够被检测到。它还具有分辨烟雾和灰尘的功能。该传感器不但可以比较灵敏、准确地检测出单位体积粒子的绝对个数，而且因有内置气流发生器，还可以自行吸入外部空气。

GP2Y1010AU0F 粉尘传感器电路原理图如图 17-2 所示，其最优工作电压为 5V，与电源电压一致，可以采集 PM2.5 浓度并输出对应的模拟电压信号。它的采集周期不到 0.01ms。

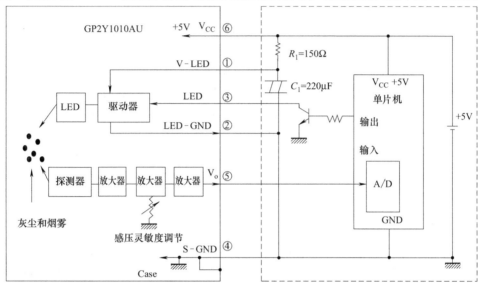

图 17-2　GP2Y1010AU0F 粉尘传感器电路原理图

如图 17-3 所示，GP2Y1010AU0F 粉尘传感器的红色线为 6 号线，接电源 5V，向左依次为 5、4、3、2、1 号线。如图 17-2 所示，5 号线接模数转换器 ADC0832 的输入端；4 号线、2 号线均接 GND；3 号线接 STC89C52 单片机的 P1.1 端；1 号线接 $R_1 = 150\Omega$ 和电解电容 $C_1 = 220\mu F$ 正极的结点，R_1 另一端接 5V 端，C_1 负极接 GND 端。

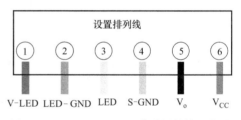

图 17-3　GP2Y1010AU0F 传感器排线示意图

（三）模数转换芯片

ADC083X 是市面上常见的 8 位串行 I/O 模-数转换器件系列，如 ADC0831、ADC0832、ADC0834、ADC0838 芯片。本设计选用 ADC0832，它除了体积小、性价比高之外，还具有以下特点：

① 8 位分辨率，最高分辨可达 256 级，可适应一般模拟量的转换要求；

② 双通道 A/D 转换，能分别对两路模拟信号实现模-数转换，可在单端输入方式和差分方式下工作，具有双数据输出作为数据校验，以减少数据误差；

③ 兼容性强，输入、输出电平与 TTL/CMOS 芯片皆兼容；

④ 转换速度较高，转换时间 $32\mu s$，工作频率为 250kHz；

⑤ 单电源供电；

⑥ 电源输入与参考电压输入复用，5V 电源供电时模拟电压输入在 0～5V 之间；

⑦ 功耗低，15mW。

ADC0832 是 8 脚双列直插式，如图 17-4 所示，它能分别对两路模拟信号实现模-数转换，可以用在单端输入方式和差分方式下工作。ADC0832 采用串行通信方式，其内部电源输入与参考电压复用，通过 DI 数据输入端进行通道选择、数据采集及数据传送。8 位分辨率（最高分辨可达 256 级），可以适应一般模拟量转换要求。其内部电源输入与参考电压复用，使得芯片的模拟电压输入在 0～5V 之间。

ADC0832 有 8P、14P-DIP（双列直插）、PICC 多种封装；商用级芯片温宽为 0～＋70℃，工业级芯片温宽为 -40～＋85℃；

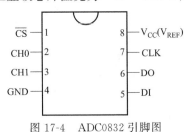

图 17-4　ADC0832 引脚图

1. ADC0832 芯片引脚说明

ADC0832 是 8 脚双列直插式封装，各引脚排列如图 17-4 所示。

① CS ，片选使能，低电平有效。

② CH0，模拟输入通道 0，或作为 IN＋/－使用。

③ CH1，模拟输入通道 1，或作为 IN＋/－使用。

④ GND ，芯片参考零电位（地）。

⑤ DI ，数据信号输入及通道选择控制，通过 DI 可进行通道选择、数据采集及数据传送。

⑥ DO，数据信号输出，即转换数据输出。

⑦ CLK，芯片时钟输入。

⑧ V_{CC}（V_{REF}），电源输入及参考电压输入（复用）。

2. ADC0832 工作原理

正常情况下 ADC0832 与单片机的接口应为 4 条数据线，分别是 CS、CLK、DO、DI。但由于 DO、DI 端在通信时并未同时使用，且单片机接口是双向的，故在 I/O 口资源紧张时，可将 DO 和 DI 并联在一根数据线上使用。

当 ADC0832 不工作时，CS 片选使能端应为高电平，则芯片禁用，CLK 和 DO/DI 电平可任意。

当进行 A/D 转换时，应将 CS 使能端置于低电平，且保持低电平直到转换完全结束，此时芯片开始转换工作。同时由 CPU 处理器向该芯片时钟 CLK 输入端传送时钟脉冲，在第一个时钟脉冲的下降沿到来之前 DI 端必须是高电平，表示启始信号，在第二、三个脉冲下降沿到来之前，DI 端应输入两位数据，用于选择通道功能。

如表 17-1 所示，当此两位数据为 "1""0" 时，只对 CH0 进行单通道转换。当两位数据为 "1""1" 时，只对 CH1 进行单通道转换。当两位数据为 "0""0" 时，将 CH0 作为正输入端 IN＋，CH1 作为负输入端 IN－进行输入。当两位数据为 "0""1" 时，将 CH0 作为负输入端 IN－，CH1 作为正输入端 IN＋进行输入。作为单通道模拟信号输入时，ADC0832 的输入电压是 0～5V 且 8 位分辨率时的电压精度为 19.53mV，即 5/256V。如果作为由 IN＋与 IN－输入的输入时，将电压值设定在某一个较大范围之内，从而提高转换的宽度。但值得注意的是，在进行 IN＋与 IN－输入时，如果 IN－的电压大于 IN＋的电压，则转换后的数据结果始终为 00H。

表 17-1　通道地址设置表

通道地址		通道		工作方式说明
SGL/DIF	ODD/SIGN	0	1	
0	0	＋	－	差分方式
0	1	－	＋	
1	0	＋		单端输入方式
1	1		＋	

本检测仪需要转换传感器输出 0～5V 的模拟电压，ADC0832 为 8 位分辨率的 A/D 转换芯片，其最高分辨可达 256 级，当输入信号最大值为 5V 时，此 A/D 可以区分的信号的最小电压为 0.01953V，能满足对 PM2.5 检测仪模拟电压转换要求。此外，ADC0832 转换时间仅为 $32\mu s$，转换速度快且稳定。

ADC0832 具有独立的芯片使能输入，使得处理器控制起来很方便。所以选择 ADC0832 作为 PM2.5 检测仪的模数模块，是符合要求且比较便捷的。

（四）LCD1602 液晶屏

字符型液晶显示模块是一种专门用于显示字母、数字、符号等点阵式 LCD，目前常用 16×1、16×2、20×2 和 40×2 等模块，其中，16×1 表示 16 字×1 行，即 1 行共 16 个字符的液晶显示模块，余者类推。下面以 LCD1602 字符型液晶显示器为例，介绍其用法。一般 LCD1602 字符型液晶显示器实物如图 17-5 所示。

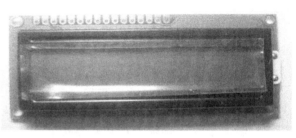

图 17-5　LCD1602 字符型液晶显示器实物图

1. LCD1602 引脚功能及控制寄存器使用说明

LCD1602 分为带背光和不带背光两种，其控制器大部分为 HD44780，带背光的比不带背光的厚，是否带背光在应用中并无差别。LCD1602 采用标准的 14 脚（无背光）或 16 脚（带背光）接口，各引脚接口说明如表 17-2 所示。

表 17-2　LCD1602 液晶屏引脚说明

编号	符号	引脚说明	编号	符号	引脚说明
1	GND	电源地	9	DB2	数据
2	V_{CC}	电源正极	10	DB3	数据
3	VL	液晶显示偏压	11	DB4	数据
4	RS	数据/命令选择	12	DB5	数据
5	R/W	读/写选择	13	DB6	数据
6	EN	使能信号	14	DB7	数据
7	DB0	数据	15	LED+	背光源正极
8	DB1	数据	16	LED−	背光源负极

LCD1602 液晶模块内部的控制器共有 11 条控制指令，如表 17-3 所示。

液晶显示屏是一个慢显示器件，所以在执行每条指令之前一定要确认忙标志是否为低电平，为低电平才表示不忙，否则此时输入指令无效。

表 17-3　LCD1602 液晶屏控制寄存器控制指令说明

序号	指令	RS	D7	D6	D5	D4	D3	D2	D1	D0
1	清显示	0	0	0	0	0	0	0	0	1
2	光标返回	0	0	0	0	0	0	0	1	*
3	置输入模式	0	0	0	0	0	0	1	I/D	S
4	显示开/关控制	0	0	0	0	0	1	D	C	B
5	光标或字符移位	0	0	0	0	1	S/C	R/L	*	*
6	置功能	0	0	0	1	DL	N	F	*	*
7	置字符发生存储器地址	0	0	1	字符发生存储器地址					
8	置数据存储器地址	0	1	显示数据存储器地址						
9	读忙标志或地址	0	BF	计数器地址						
10	写数到 CGRAM 或 DDRAM	1	要写的数据内容							
11	从 CGRAM 或 DDRAM 读数	1	读出的数据内容							

注：* 表示可任意取值，即 0 和 1 均可。

2. 显示字符 "A" 操作实例

显示字符应先输入显示字符地址，即告诉模块在什么位置显示字符。图 17-6 所示是 LCD1602 的内部显示地址。

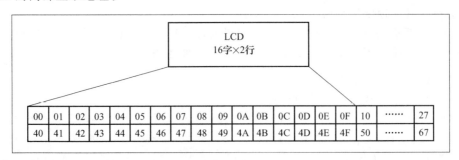

图 17-6　LCD1602 内部显示地址

① 如要在第二行第一列显示字符，其地址是 40H，同时表 17-3 中规定写入显示地址时要求控制寄存器最高位 $D7$ 恒定为高电平 1，所以实际写入的显示地址应是 01000000B（40H）+10000000B（80H）=11000000B（C0H）。

```
01110    ○■■■○
10001    ■○○○■
10001    ■○○○■
10001    ■○○○■
11111    ■■■■■
10001    ■○○○■
10001    ■○○○■
```

图 17-7　"A" 字字模对应数据图

② 在对液晶模块初始化时要设置显示模式。在液晶模块显示字符时光标是自动右移的，无需人工干预。每次输入指令前都要判断液晶模块是否处于忙状态。

③ LCD1602 液晶模块内部的字符发生存储器（CGROM）已经存储了 160 个不同的点阵字符图形，这些字符有阿拉伯数字、英文字母的大小写、常用的符号和日文假名等，每一个字符都有其固定的代码。图 17-7 所示英文字母 "A" 的代码是 01000001B（41H）。LCD1602 液晶的 HD7440 芯片里内置了 DDRAM、CGROM 和 CGRAM。其中 DDRAM 就是显示数据 RAM，用来寄存待显示的字符代码，共有 80 个字节，其地址和屏幕的对应关系如表 17-4 所示。

表 17-4　LCD1602 液晶显示地址对应关系表

	显示位置	1	2	3	4	5	6	7	……	40
DDRAM 地址	第一行	00H	01H	02H	03H	04H	05H	06H	……	27H
	第二行	40H	41H	42H	43H	44H	45H	46H	……	67H

④ 综上所述，若要在 LCD1602 屏幕的第一行第一列显示一个 "A"，就要向 DDRAM 的 00H 地址写入字母 "A" 的代码。但具体的写入是要遵循 LCD 模块的指令格式的。

文本文件中每一个字符都是用一个字节代码记录，一个汉字是用两个字节代码记录。在 PC 上，只要打开文本文件，就能在屏幕上看到对应的字符，是因为在操作系统里和 BIOS 里都固化有字符字模。字模代表了在点阵屏幕上点亮和熄灭的信息数据。例如 "A" 字的字模：图 17-7 左边数据是字模数据，右边是将左边数据分别用 "○" 代表 0，用 "■" 代表 1。文本文件中 "A" 的代码是 41H，PC 机收到 41H 的代码后就去字模文件中将代表 A 的这一组数据送到显卡去点亮屏幕上相应的点，就可以看到 "A" 字。

在 LCD 模块上也固化了字模存储器，这就是 CGROM 和 CGRAM。HD44780 内置了 192 个常用字符的字模，存于字符产生器 CGROM（Character Generator ROM）中，另外还有 8 个允许自定义的字符产生 RAM，称为 CGRAM（Character Generator RAM）。CGROM 和 CGRAM 与字符的对应关系如图 17-8 所示。

从图 17-8 可以看出，"A" 字对应上面高位代码为 0100，对应左边低位代码为 0001，合起来

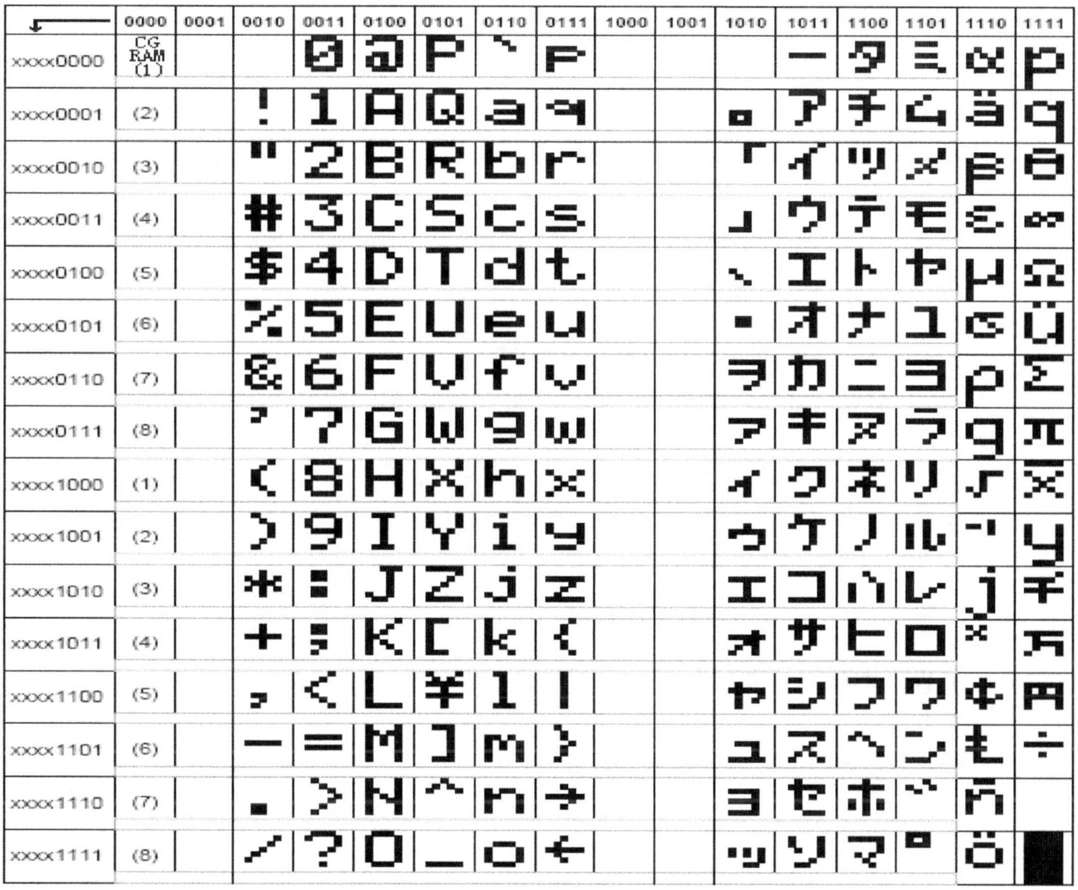

		0000	0001	0010	0011	0100	0101	0110	0111	1000	1001	1010	1011	1100	1101	1110	1111
xxxx0000	CG RAM (1)				0	@	P	`	p				―	タ	ミ	α	p
xxxx0001	(2)			!	1	A	Q	a	q			。	ア	チ	ム	ä	q
xxxx0010	(3)			"	2	B	R	b	r			「	イ	ツ	メ	β	θ
xxxx0011	(4)			#	3	C	S	c	s			」	ウ	テ	モ	ε	∞
xxxx0100	(5)			$	4	D	T	d	t			、	エ	ト	ヤ	μ	Ω
xxxx0101	(6)			%	5	E	U	e	u			・	オ	ナ	ユ	σ	ü
xxxx0110	(7)			&	6	F	V	f	v			ヲ	カ	ニ	ヨ	ρ	Σ
xxxx0111	(8)			'	7	G	W	g	w			ア	キ	ヌ	ラ	g	π
xxxx1000	(1)			(	8	H	X	h	x			ィ	ク	ネ	リ	√	x̄
xxxx1001	(2)			)	9	I	Y	i	y			ゥ	ケ	ノ	ル		y
xxxx1010	(3)			*	:	J	Z	j	z			エ	コ	ハ	レ	j	千
xxxx1011	(4)			+	;	K	[	k	{			ォ	サ	ヒ	ロ	ˣ	万
xxxx1100	(5)			,	<	L	¥	l	|			ャ	シ	フ	ワ	¢	円
xxxx1101	(6)			―	=	M	]	m	}			ュ	ス	ヘ	ン	℮	÷
xxxx1110	(7)			.	>	N	^	n	→			ョ	セ	ホ	゛	ñ	
xxxx1111	(8)			/	?	O	_	o	←			ッ	ソ	マ	゜	ö	█

图 17-8　CGROM 和 CGRAM 与字符的对应关系

就是 01000001，也就是 41H。它的代码与 PC 中的字符代码是一致的。因此在向 DDRAM 写 C51 字符代码程序时，甚至可以直接用 P1='A'这样的方法。PC 在编译时就把"A"先转为 41H 代码了。字符代码 0x00～0x0F 为自定义的字符图形 RAM（对于 5×8 点阵的字符，可以存放 8 组，5×10 点阵的字符，存放 4 组），就是 CGRAM 了。0x20～0x7F 为标准的 ASCII 码，0xA0～0xFF 为日文字符和希腊文字符，其余字符码（0x10～0x1F 及 0x80～0x9F）没有定义。

3. LCD1602 液晶屏的使用设置例程

（LcdInitiate）函数功能：对 LCD 的显示模式进行初始化设置。

```
void LcdInitiate（void）
{
    delay（15）;                      //延时 15ms，首次写指令时应给 LCD 一段较长的
                                      //反应时间
    WriteInstruction（0x38）;         //显示模式设置：16×2 显示，5×7 点阵，8 位数
                                      //据接口
    delay（5）;                       //延时 5ms
    WriteInstruction（0x38）;
    delay（5）;
```

```
        WriteInstruction（0x38）;
        delay（5）;
        WriteInstruction（0x0f）;         //显示模式设置：显示开，有光标，光标闪烁
        delay（5）;
        WriteInstruction（0x06）;         //显示模式设置：光标右移，字符不移
        delay（5）;
        WriteInstruction（0x01）;         //清屏幕指令，将以前的显示内容清除
        delay（5）;
    }
    void main（void）                       //主函数
    {
    LcdInitiate（）;                        //调用 LCD 初始化函数
    WriteAddress（0x07）;                   //将显示地址指定为第 1 行第 8 列
    WriteData（'A'）;                       //将字符常量'A'写入液晶模块
    delay（5）;

                                          //字符的字型点阵读出和显示由液晶模块自动完成

    }
```

4. LCD1602 液晶接口电路

LCD1602 液晶显示模块可以和单片机 AT89C51 直接接口，若系统采用 I/O 口线工作方式，液晶接口电路如图 17-9 所示。

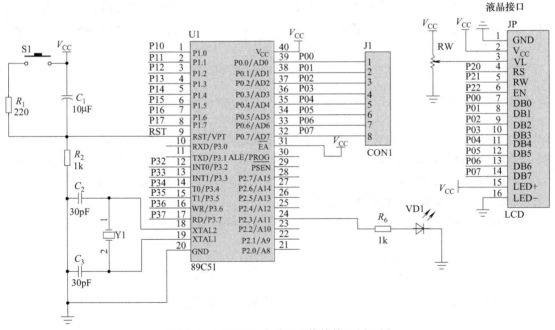

图 17-9　LCD1602 液晶显示模块接口原理图

三、PM2.5 检测仪软件流程设计

PM2.5 检测仪的设计，主要任务是驱动传感器，采集传感器输出的电压值，通过单片机的实时计算，在 LCD 上面显示出测量的 PM2.5 的浓度值。

（一）PM2.5 检测仪程序设计流程图

PM2.5 检测仪使用 AT89S52 作为微控制中心的主控芯片。软件设计主要分为系统初始化模块、驱动传感器模块、A/D 模数转换模块、PM2.5 数值计算和显示等模块，各个模块功能不同，单片机 AT89S52 通过软件程序实现对硬件电路的控制，最终在 LCD1602 上显示出来 PM2.5 的浓度。系统的主程序流程图如图 17-10 所示。

进入程序后，首先初始化，主要包括对 ADC0832 初始化，液晶 LCD1602 进行初始化，选择转换的虚拟模拟量通道，对定时器进行初始化。相关程序详见附录三"PM2.5 检测仪源程序"。

（二）中断程序设计流程图

PM2.5 检测仪采用定时器中断，是为了驱动粉尘传感器工作，定时器 1 中断设定工作在方式 1，每次进入中断后需要不断地重新赋值。中断程序设计流程图如图 17-11 所示。

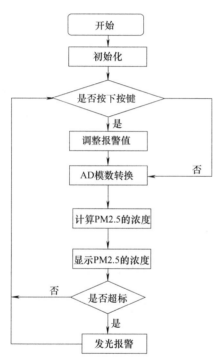

图 17-10　PM2.5 检测仪主流程框图

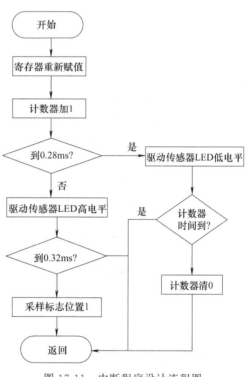

图 17-11　中断程序设计流程图

四、PM2.5 检测仪制作与调试

（一）PM2.5 检测仪制作步骤

① 首先按照功能设计出电路方框图，然后分析信号采集、信号转换、LCD1602 显示等功能模块。

② 选择相关电路模块并画出电路原理图，编写程序并进行仿真。

③ 电路仿真通过后，焊接电源电路及 CPU 核心电路，并测试 CPU 核心电路中起振、复位功能，确保测试通过。

④ 焊接外围电路。依次焊接 LCD1602 接口、报警模块、按键模块以及传感器模块电路。每部分电路焊接完成后都要进行测试，确保功能正常后，再进行下一步电路模块的焊接。

在制作PM2.5检测仪的过程中，不按顺序焊接，一旦出现故障，会导致故障排查困难，因为整个系统的各个电路模块彼此有关联性。分模块焊接测试，将提高工作效率。

（二）PM2.5检测仪的调试

系统调试包括硬件调试和软件调试。硬件调试是排除系统的硬件电路故障，包括设计性错误和工艺性故障。软件调试是利用开发工具进行程序在线仿真，能及时发现和解决程序错误，也可间接发现硬件故障。

单片机应用系统的硬件调试和软件调试是相辅相成的，通常先排除系统中明显的硬件故障后，再和软件结合起来联调。

1. 常见硬件故障

① 电源故障　包括电路板短路、电压值不符合设计要求、电源引出线和插座不对应、电源功率不足和负载能力差等。加电后可能造成器件损坏。

② 逻辑错误　硬件逻辑错误主要是由于设计错误或加工过程中的工艺性错误造成，包括错线、开路和短路等，短路是最常见的故障。

③ 元器件失效　失效的原因有两个：一是元器件本身已经损坏或性能不符合要求；二是由于组装错误造成元器件失效，如电解电容、二极管的极性错误或集成块安装方向错误等。

④ 可靠性差　引起系统不可靠的因素有很多，如接插件接触不良会造成系统时好时坏；内部和外部的干扰、电源纹波系数过大或器件负载过大等造成逻辑电平不稳定；另外走线和布局不合理等也会导致系统的可靠性差。

2. 硬件调试方法

① 脱机调试　在样机加电之前，用万用表等仪器，根据硬件原理图和装配图，仔细检查线路的正确性，并核对元器件符号、规格和安装是否符合要求。特别注意电源的走线，防止电源正、负极短路和极性错误。

重点检查系统的总线或其他信号线之间是否存在相互的短路。不插芯片的情况下，加电检查各插座上引脚的电位，尤其应注意单片机插座上的各点电位应正常。

② 联机调试　脱机调试可排除一些明显的硬件故障，但有些硬件故障需要通过联机调试才能发现和排除。通电后，执行读写指令，对样机的存储器、I/O端口进行读写和逻辑检查等操作。用示波器等设备观察波形，如输出波形、读/写控制信号、地址数据波形和有关控制电平，通过对波形的观察分析，发现和排除故障。

3. 软件调试

软件调试方法与选用的软件结构和程序设计技术有关，如果采用模块程序设计技术，则逐个模块调好后再进行系统程序总调试；如果采用实时多任务操作系统，一般是逐个任务进行调试。

对于模块结构程序，需对子程序分别调试。调试子程序时，一定要符合入口条件和出口条件，调试手段可用单步运行和断点运行方式，通过检查系统的CPU现场情况、RAM内容和I/O口状态，检测程序执行结果是否符合设计要求。通过检测，可以发现程序中的死循环错误、机器码错误和转移地址的错误。同时，还可以发现系统中的硬件故障、软件算法和硬件设计错误，在调试过程中不断调整系统的软件和硬件，完成每个子程序模块的调试。

所有子程序模块通过后，再把相关功能程序模块连在一起进行总调。这个阶段若有故障，可以考虑各子程序运行时是否破坏了现场，缓冲单元、工作寄存器是否发生冲突，标志位的建立和清除是否有误，堆栈区是否有溢出，输入设备的状态是否正常等，还要考虑缓冲单元是否和监控程序的工作单元发生冲突。

单步运行只能验证程序正确与否，而不能确定定时精度、CPU 的实时响应等问题，所以单步和断点调试后，还应进行连续调试。除了观察稳定性之外，还要观察系统的操作是否符合原始设计要求，以及安排的操作是否合理等，必要时还要做适当修正。

4. 系统联调

指让系统的软件在其硬件上实际运行，将软、硬件联合调试，从中发现硬件故障或软、硬件设计错误。

系统联调主要解决以下问题：

① 软、硬件能否按预定要求配合工作；

② 系统运行中是否有潜在的设计时难以预料的错误，如硬件延时过长造成工作时序不符合要求、布线不合理造成有信号串扰等；

③ 系统的动态性能指标，包括精度、采样速度参数等是否满足设计要求。

系统联调时，首先采用单步、断点、连续运行方式调试与硬件相关的各程序段，既可以检验这些程序段的正确性，又可以在各功能独立的情况下，检验软、硬件的配合情况。

然后，将软、硬件按系统工作要求综合运行，采用全速断点、连续运行方式进行总调试，以解决在系统总体运行的情况下软、硬件的协调与提高系统动态性能。在具体操作时，在开发系统环境下，借用仿真器的 CPU、存储器等资源进行工作。若发现问题，按上述软、硬件调试方法准确定位错误，分析错误原因，找出解决办法。

系统调试完成后，将程序固化到程序存储器中，再借用仿真器 CPU 使系统运行。若无问题，则系统插上单片机即可正常运行。

实时多任务操作系统的调试方法与上述方法类似，只是需逐个任务进行调试，在调试某一个任务时，同时也调试相关的子程序、中断服务程序。各个任务调试好后，再使各个任务同时运行。如果系统中没有错误，一般情况下系统就能正常运转。

学习情境十八 安全文明生产管理

【学习目标】

1. 建立医用电气设备安全用电意识。
2. 熟悉医用电气设备安全操作规范，掌握防触电、防火与灭火技能。
3. 熟悉医用电气设备生产、选购、维护要求，了解其相关标准。
4. 建立实训安全用电理念，掌握电子产品制作与调试中防雷电、防静电、防机械损伤、防烫伤技能。
5. 训练文献资料获取、分析与整理能力。

一、安全用电

（一）防止触电

1. 产生电击的因素

从根本上讲，产生电击的原因主要有两点：一是人与电源之间存在两个接触点，形成回路；二是电源电压和回路电阻产生了较大的电流，该电流流过人体发生了生理效应。具体说可能有以下几种因素。

（1）仪器故障造成漏电

泄漏电流是从仪器的电源到金属机壳之间流过的电流，所有的电子设备都有一定的泄漏电流。根据产生来源，泄漏电流由电容泄漏电流和电阻泄漏电流两部分组成。

电容泄漏电流是由两根电线之间或电线与金属外壳之间的分布电容所致。例如 50Hz 的交流电，2500pF 的电容产生大约 $1M\Omega$ 的容抗、$220\mu A$ 的泄漏电流。电源变压器、电源线等都可产生泄漏电流。

绝缘材料失效、导线破损、电容短路等仪器故障一般属于电阻泄漏电流。如电源火线偶然与仪器的外壳短路，此时站立在地上的人又触及该仪器的金属壳体，人就成为 220V 电压与地之间的负载，数百毫安的电流通过人体，将产生致命的危险。

（2）电容耦合引起漏电

如仪器的外壳没有接地，外壳与地之间就形成电容耦合，进而在两者之间产生电位差。这种漏电电流虽不会超过 $500\mu A$，人接触时至多有点麻木的感觉，但这种电流若流过对电气敏感的病人心脏时，就会引起严重后果。

（3）外壳未接地或接地不良产生电击

如果仪器的外壳未接地或接地不良，则当电源火线和机壳之间的绝缘降低时，医务人员或病人接触到机壳时就会遭到电击。

（4）非等电位接地导致电击

如果有几台仪器（包括金属病床）同时与病人相连，则要求每台仪器的外壳地电位必须相等，否则也会由于不同地电位带来的电位差而导致电击。

（5）皮肤电阻减小或消除造成电击

心电这类生物电测量过程中，为了提高测量的正确性，往往在皮肤和电极之间涂上一层导电膏以减小皮肤电阻，但如果该仪器偶然漏电，就会对正在接受诊断的病人造成电击。

2. 医用电子设备的电击防护措施

医用电子设备的适用对象多为不健康的人。首先，疾病使患者对外界刺激的抵抗力降低；其次，有的病人由于疾病或者麻醉和药物的影响，有可能意识处于不清醒状态；再者，由于治疗的需要，可能要将患者身体固定在病床和检查台上。因此要加强医用电子设备的电气安全措施，保障患者免受电击的危险。

针对前面所讲的电击因素，可从两个方面去防止电击：一是将病人同所有接地物体和所有电流源进行绝缘；二是将病人所有能触碰到的导电表面都保持在同一电位上。具体有以下几种方法。

（1）设备外壳接地

当外壳可靠接地时，即使外壳不小心接触火线或漏电，故障电流的绝大部分也会泄放到地，同时该大电流能立即熔断线路中的保险丝后迅速切断设备电源，最终保障患者安全。

（2）等电位接地

使病人环境中的所有导电表面和插座地线处于相同电位，并真正地接"地"，以保护ICU（Intensive Care Unit，重症加强护理病房/深切治疗部）及对电气敏感的病人免受电击。

（3）基础绝缘

用金属设备或绝缘外壳将整个医用电子设备的电路部分覆盖起来，病人接触不到，防止电击。医用电子设备暂定安全标准中，如果电源电压为220V，要求设备的绝缘阻抗必须在5MΩ以上。

（4）双重绝缘

为确保安全，先用保护绝缘层将易与人体接触的带电导体与设备的金属外壳隔离，再将设备的金属外壳与它的电气部分隔离。

（5）低电压供电

ICU、CCU（Coronary Care Unit，冠心病监护病房/心脏病加护病房）监护系统中，采用低压电池供电对病人的心脏、脉搏、呼吸等参数进行不间断的生理遥测监护。眼底镜和内窥镜等只有一个灯泡且耗电量较大的医疗设备中，就用低压隔离变压器供电，这样即使是基础绝缘老化或损坏，也不会发生电击事故。

（6）采用非接地配电系统

配电采用低压隔离变压器，其次级不接地，保证其次级对地阻抗足够大，并用动态线路隔离监测器监控该对地阻抗，一旦失效，及时报警，让维修人员排除故障。

（7）患者保护

这主要体现在医疗器械产品的设计中。利用右腿驱动心电放大器，使病人有效与地隔离的同时，减少电源的共模干扰，以便得到清晰的心电图测量信号。利用人体小电流接地电路，一旦通过人体的入地电流过量时，二极管桥路将切断接地线，确保人身安全。利用光电耦合、电磁耦合等器件或声波、超声波、机械振动等介质来传递人体生理信号，使人与接收电路隔离，从而保障人的安全。

（二）遵守安全操作规程

医用电子设备有从生物体取得信息的检测仪器，有作用于生物体的刺激仪器、治疗仪器和各种监护仪器等。各类不同的医用电子仪器有可能因各种各样的原因对人体产生危害。

1. 医用电气设备的事故原因分类

（1）能量引起的事故

为了治疗和测量的需要，很多医用电子设备，特别是除颤器、高频电刀、X 射线等装置，给患者的能量达不到某一规定量，就没有效果；但提高能量到超出治疗或者手术的正常需要水平时，将引起严重事故。

（2）仪器性能的缺点和停止工作引起的事故

当患者生命是由仪器来维持的情况下，由于使用操作上的错误或准备工作不足，使心脏手术中人工心肺停止工作、心脏起搏器没有刺激脉冲输出、除颤器之类的紧急治疗仪器不工作等，都会导致严重事故。

（3）仪器性能恶化引起的事故

如心电图机的时间常数由 RC 电路构成，当日常维护工作不力，因空气潮湿等因素造成高电阻值下降时，时间常数减小，使输出波形失真，将导致诊断错误。

（4）有害物质引起的事故

当电子仪器消毒、灭菌不彻底，污染仍存在的情况下作用于人体，易引起病人感染；而如果消毒和灭菌操作方法不当，又会损坏电子仪器。因此，要掌握科学而规范的方法。

2. 谨记医用电子设备的正确操作规范

（1）确保仪器安全输出能量

除颤器输出过大，可造成胸壁烧伤和心肌障碍；电刀输出过大，可使电极板附近烫伤，或使切口深度和凝固深度超出要求。因此，必须正确使用仪器，了解其特性，严格按安全能量标准施加给病人。

（2）确保仪器工作正常

在病人附近使用高频仪器、微波治疗机、电刀、电子透镜、产生火花的电焊机等设备时，埋植心脏起搏器本机的肌肉受到影响，有可能使按需电路停止振荡，造成一时性的意识丧失。

由于体液浸蚀等因素，使心脏起搏器电极和本机连接部分接触不良，从本机发出的刺激脉冲不能传到心室，或者因电流小，刺激作用很短或消失，有可能引发患者的阿-斯氏综合征，诱发摔倒等二次事故。

所以，要熟悉仪器的抗干扰特性，了解病人的肌体特征，尤其应做好重要仪器的应急电源，保证仪器正常作用。

（3）确保仪器性能良好

放射线测量等仪器的测量精确度下降时，将产生误差，在诊疗上造成很大的危险。除颤器在紧急使用时才发现电极种类不够、电极接线断线等，本应帮助患者脱险而达不到要求。故而，要做好仪器的日常维护工作，确保仪器性能良好。如经常检查除颤器的本机与附件，特别是电极，每个月至少检查一次。此外，仪器操作的培训也应定期进行。

（4）确保仪器消毒到位

电子仪器既要及时灭菌，又要用正确的方法或药剂灭菌。应根据仪器的材质、污染物种类，选择适宜的无泡清洁剂，以确保消毒到位。如血压计用 2‰ 过氧乙酸擦拭；碱性清洁剂对金属物品的腐蚀性小。

总之，医用电子仪器在使用中应注意正确操作，做到细致地保养与爱护。有关 X 射线治疗机的安全操作规范可查阅国家颁布的《医用 X 射线治疗卫生防护标准》；有关 ICU 病房心电监护仪的正确操作规范可参见附录四《心电监护使用中易忽略的问题》以及其他文献资料。

（三）用电防火措施

1 电气火灾的原因

总的看来，除本身缺陷、安装不当等设计与施工原因外，危险温度与各种电火花是引起火灾的直接原因。

（1）危险温度

引起设备过热，从而产生危险温度的原因主要有以下几种情况。

① 短路故障。由于维护不及时，使导电粉尘或纤维进入电子设备；或因为安装和检修工作中接线和操作错误，引起短路故障时，线路中的电流增加为正常时的几倍，如果产生的热量达到引燃温度，将导致火灾。

② 过载。设备连续使用时间过长，超过线路与设备的设计能力；或三相电动机等设备缺相运行造成过载。

③ 接触不良。可拆卸的触头连接不紧密、由于振动而松动等现象，均会导致接头发热；或铜铝接头处易因电解作用而腐蚀，也可导致接头过热。

④ 散热不良。由于环境温度过高或使用方式不当，使仪器散热恶化，导致温度过高。

⑤ 电气设备中的铁磁材料。在交流电作用下，因磁滞损耗和涡流损耗而产生热量。

⑥ 绝缘材料性能变差。绝缘材料劣化会泄漏电流，进一步导致绝缘热损坏。

⑦ 电热器具和照明灯具。使用时未注意安全距离或安全措施不妥；或使用红外线加热装置时，误将红外光束照射到可燃物上，均会引起火灾。

⑧ 漏电。漏电电流集中在某一点，如经过金属螺钉等，引起木制构件起火。

（2）电火花和电弧

电火花是电极间的击穿放电，大量密集的电火花汇集而成电弧。产生电火花的原因可分为如下几种。

① 工作原因，如开关切合时的火花。

② 事故原因，如绝缘损坏或不正常操作时产生的火花。

③ 外来原因，如雷电、静电产生的火花。

④ 机械原因，如高温工作器件碰撞产生的火花。

2. 电气火灾的灭火措施

（1）切断电源以防触电

从灭火角度讲，着火后电气设备可能是带电的，如不注意将引起触电事故。故有条件的情况下，首先应迅速切断电源，并注意以下几项。

① 拉闸时用绝缘工具操作。

② 高压先操作油断路器而不是隔离开关，低压先操作磁力启动器而不是闸刀开关，以免引来弧光短路。

③ 切断电源的范围要适当，防止断电后影响灭火工作和扩大停电范围。

④ 剪断电线时，三相线路的非同相电线应在不同位置剪，以免造成短路。

当电气设备和线路的电源切断后，其灭火方法与一般火灾方法相同。

（2）带电灭火安全要求

当有紧急原因而无法切断电源时，则带电灭火时必须注意以下几点。

① 选择合适的灭火剂。二氧化碳灭火剂、干粉灭火剂等不导电，可用于带电灭火；而泡沫灭火剂有一定的导电性，不宜使用。

② 人体与带电体之间保持安全距离。

③ 如有带电导线断落地面，须画出警戒区。

二、安全要素

（一）安全意识

人的不良安全行为，往往是从小的违章行为开始的；而人的思想意识又常常指导着其行为。行业中，"本质安全型员工"就是从员工的安全意识、安全技能以及安全行为三个方面综合评价员工的自主安全素质水平，即"想安全、会安全、能安全"。因此，在使用、维护电子设备与器具时，要时时加强安全意识，养成良好的安全习惯，学会所需的安全技能，全面提升自主安全素质，这样才能避免违章操作。

（二）安全技术

有了安全意识，还应该知道从哪些方面去保障安全性，即要掌握必需的安全技术。

1. 生产方面

作为生产者，在生产医用电子设备与器具时，应严格按照国际与国家的各项安全标准，保障安全性、治疗性和诊断性。

国际电工委员会制定 IEC60601-1—2014 Medical electrical equipment Part 1：General requirements for safety（《医用电气设备第一部分：安全通用要求》）是医疗器械产品通用电气安全标准，也是国际上通用的医疗器械强制安全标准。

为了加强我国医疗器械行业的规范化管理，提高我国医用电气设备的安全性，进一步保证医疗器械产品使用者的安全，同时也为了实现与国际同行业的接轨，新版本 GB 9706.1—2007《医用电气设备——第一部分：安全通用要求》强制性标准于 2007 年 7 月 2 日发布，并于 2008 年 7 月 1 日正式实施。

国家食品药品监督管理局于 2005 年发布 YY 0505—2012《医用电气设备 第 1-2 部分：安全通用要求 并列标准：电磁兼容要求和试验》强制性标准，让企业能依照新强制性标准在产品的安全性、可靠性设计、检测技能方面进行改进。

具体某一类医用电气设备的生产标准，如 GB 9706.2—2003《医用电气设备 血液透析装置专用安全要求》；GB 9706.3—2000《医用电气设备 第 2 部分：诊断 X 射线发生装置的高压发生器安全专用要求》；GB 9706.5—2008《医用电气设备 能量为 1~50MeV 医用电子加速器专用安全要求》；GB 9706.6—2007《医用电气设备微波治疗设备专用安全要求》；GB 9706.7—2008《医用电气设备 超声治疗设备专用安全要求》；GB 9706.8—2009《医用电气设备 第二部分：心脏除颤器和心脏除颤器监护仪的专用安全要求》；以及 YY 0607—2007《医用电气设备 第 2 部分：神经和肌肉刺激器安全专用要求》；X 射线治疗机在生产中应遵循的总则是 GBZ131—2017《医用 X 射线治疗放射防护要求》。

2. 选购方面

在医院里，电子医疗设备如果因为停电而停止工作，对病人的影响是致命的，因此，可根据设备特点，适当考虑选购供电时间较长、更加环保、电源品质更高、更经济实惠的 UPS（Uninterrupted Power Supply），在保障设备不断电的情况下，保护软件数据不丢失和损坏。

实验室选医用离心机时，应考虑安全措施越完善越好，标准认证项目越多越好，微机控制优于分立元件控制，厂家的售后服务越优越好等。

3. 维护方面

随着先进电子仪器在临床检测、疾病诊断与治疗、病情监护等方面的广泛应用，维护不当除了会给病人带来危害之外，如果医疗设备出现断路、短路和零件损坏等电路故障，还易造成电器起火。因此，其运行维护显得极为重要。

作为维护者，应根据需要掌握以下某种类型仪器的保养与维修。

① 生理功能检测仪器的运行维护。如心电诊断仪器有单导心电图机、多导心电图机、胎儿心电图机、心电向量图机、心电图综合测试仪、晚电位测试仪、无损伤心功能检测仪、心率变异性检测仪、心电分析仪、心电多功能自动诊断仪、运动心电功量计、心电多相分析仪、心电遥测仪、心电电话传递系统、实时心律分析记录仪、长程心电记录仪、心电标测图仪、心电工作站。

脑电诊断仪器有脑电图机、脑电阻仪、脑电波分析仪、脑地形图仪、脑电实时分析记录仪。

眼电诊断仪器有眼动图仪、眼震电图仪、视网膜电图仪。

电声诊断仪器有听力计、小儿测听计、心音图仪、舌音图仪、胃电图仪、胃肠电流图仪、数字式胃肠机。

肌电诊断仪器有肌电图机。光谱诊断仪器有医用红外热像仪、红外线乳腺诊断仪。其他生物电诊断仪器有血流图仪、诱发电位检测系统（含视、听、体）等。

② 生化检测电子仪器的运行维护。如比色计、分光光度计、血氧分析仪、尿液分析仪、血细胞计数器、γ放射免疫计数器、β液体闪烁计数器、电泳仪、酸度计、离心机等。

③ 理疗电子仪器的运行维护。如声频理疗仪、光线治疗仪、高频理疗仪、高频电疗仪、干扰电疗仪、低频和中频电疗仪、磁疗机、康复治疗仪等。

④ 治疗电子仪器的运行维护。如呼吸机、人工心肺机、血液透析机、体外冲击波碎石机、牙科治疗机、放射治疗机、高频电刀、麻醉机、睡眠呼吸治疗系统等。

⑤ 超声诊断仪器的运行维护。如A型超声诊断仪即超声示波仪、B型超声诊断仪（应用最广泛）、M型超声心动图仪（主要用于心血管疾病诊断）、D型超声血流仪（运用多普勒效应探测血液流动和脏器活动）。

⑥ 医用X射线诊断仪器的运行维护。如血管造影系统、泌尿X射线机、乳腺X射线摄影系统、口腔颌面全景X射线机、数字化X射线透视系统、移动式X射线机、便携式诊断X射线机、遥控胃肠X射线系统、全身骨密度测量仪、车载X射线机、头部X射线CT机、全身CT机。

⑦ 无创监护仪器的运行维护。如病人监护仪（监护参数除心电外，还有血氧饱和度、无创血压、脉搏、体温、呼吸、呼吸末二氧化碳）、麻醉气体监护仪、呼吸功能监护仪、睡眠评价系统、分娩监护仪。

⑧ 生理研究实验仪器的运行维护。如方波生理仪、生物电脉冲频率分析仪、生物电脉冲分析仪、微电极控制器、微操纵器、微电极监视器。

另一种对医院电子设备的分类方式可参见附录五（医院专用电子设备一览）。

（三）安全制度

有了安全意识，掌握了安全技能，还应有安全督促机制。医院安全制度的出台，是维持医院安定的基础，是保障医院正常运行和发展的重要环节，是保卫医院职工与患者生命财产安全的必要举措。具体的制度可结合电子设备的种类与特点详细制定。

① 在病房禁止用火与吸烟等；禁止病人和家属使用煤油炉、电炉等在医疗设备周围加热食品；防止水或其他物质进入设备内部，造成医疗设备损坏，以免造成安全隐患。

② 各种医疗设备不得擅自改动线路或内部结构，不得擅自移动。医疗设备使用电源为专用电源，不得私设电炉、电茶壶等加热设备，不得超负荷，以免妨碍医疗设备和急救设备的正常工作或导致电气火灾。

③ 严格执行医疗设备的使用规程，经常对设备进行常规检查和保养，发现问题及时处理。

④ 医务人员在防静电时应采用特制的导电软管，或对麻醉机和手术床做导除静电处理，并应穿着防静电服装和防静电鞋操作。麻醉机及手术台周围地板要采用金属导线接地等导除静电的技术措施。其他医疗设备应做好相应的接地处理。

⑤ 室内非防爆型的开关、插头、插座等每天要检查，如有损坏及时通知相关部门解决。

⑥ 对于每台医疗设备的使用应有专人负责，每天应有记录，记录内容包括开机时间、关机时间、设备运转情况、故障维修情况等。

⑦ 烘箱应有自动恒温装置，在烘干含有易燃剂的样品时不准用电热烘箱烘干，以防电热丝与易燃液体蒸气发生爆炸，可用蒸气烘箱或真空烘箱烘干。及时观察电热烘箱的工作状态，如果设备出现不稳定状态，应及时联系维修人员或设备管理部门。

⑧ 电气设备及线路必须符合电气安装规程，电缆变压器的负载、容量应达到规定的安全系数，防止超载失火。如中型以上的诊断用 X 线机，应设置一个专用的电源变压器。

三、实训安全

（一）防止电击

1. 防止雷电

雷电是雷云之间或雷云对地面放电的一种自然现象。雷电会破坏电气设备甚至造成人的伤亡。故打雷或闪电时，应注意以下几项。

① 迅速关掉实训场所的所有门窗。

② 不要在靠近建筑物的外墙或用电设备时打电话。

③ 不要摸金属管道。

④ 迅速并正确操作，关掉正在使用的所有电子设备。

2. 防止静电

在电子组装工业中，产生静电的主要途径为摩擦、感应和传导。

两种物质相互摩擦时，失去电子的物质带正电，得到电子的物质带负电，这是因摩擦而产生的静电。针对导电材料而言，因电子能在它的表面自由流动，如将其置于某电场中，由于同性相斥，异性相吸，正负电子就会转移，这是因感应而产生的静电。当导电材料与带电物体接触时，也将发生电荷转移，这是因传导而产生的静电。

在电子产品的生产中，从元器件的预处理、安装、焊接、清洗工序，到单板测试、总测环节，再到包装、存储、发送等工序，都可能产生静电，造成击穿器件的危害。所以，在电子产品的制作或电子设备的维护与使用中，为防止静电，接地是最直接、最有效的方法。此外可使用屏蔽类材料等。具体做法如下。

① 配置防静电工作台，测试仪器、工具夹、电烙铁等接地。

② 穿防静电鞋或配防静电脚腕鞋带。防静电工作鞋应符合 GB 4385—1995《防静电鞋、导电鞋技术要求》的有关规定。

③ 戴防静电手腕带。

④ 穿防静电工作服，其面料应符合 GB 12014—2009《防静电工作服》规定。

⑤ 操作员工需经常手拿静电敏感元器件时，要戴防静电手指套。

⑥ 坐防静电椅。

⑦ 有条件的话，可铺设防静电地板，配备防静电周转车、箱、架等。

（二）防止机械损伤

电子制作中，会涉及到一些机械操作，如制板中的钻孔，元器件安装中的成形、剪切等，因此要注意这些设备或工具的正确操作，避免人、设备或工具的机械损伤。

如使用手电钻时要注意以下几项。

① 检查穿戴，扎紧袖口。长头发者须戴工作帽或盘紧头发。严禁戴手套操作。

② 安装钻头时，不许用锤子或其他金属制品物件敲击。应用专用钥匙将钻头紧固在卡头上，并检查是否卡紧。

③ 开始使用时，不要手握电钻去接电源。应将其放在绝缘物上再接电源，用试电笔检查外壳是否带电。按一下开关，让电钻空转一下，检查转动是否正常，并再次验电。

④ 手拿电动工具时，必须握持工具的手柄，不要一边拉软导线，一边搬动工具，要防止软导线擦破、割破和被轧坏等。

⑤ 钻孔时用手压紧电路板，防止电路板飞出伤人和损坏钻头。

⑥ 钻孔时不宜用力过大过猛，以防止工具过载。转速明显降低时，应立即把稳，减少施加的压力。

⑦ 电钻出现噪声变大、振动、突然停止转动等故障时，应立即切断电源，并请指导教师处理，禁止自行拆卸修理。

⑧ 电钻未停止前禁止换钻头或用手握钻卡头。

⑨ 外壳的通风口（孔）必须保持畅通，注意防止杂物进入机壳内。

⑩ 工作结束后，切断电源，并搞好场地卫生。清除废物时要用毛刷等工具，不得用手直接清理或用嘴吹。

（三）防止烫伤

电烙铁是电子焊接中的常用工具。为了防止烫伤人和损坏电子元器件，在使用中应注意以下几点。

① 掌握正确握法，并认准元器件的待焊接位置，不要烫伤自己的手指。

② 烙铁头上焊锡过多时，可用布擦掉或轻轻刮在烙铁盒里，不可乱甩，以防烫伤他人。

③ 焊接过程中，烙铁不能到处乱放；不焊时，应放在烙铁架上。电源线不可搭在烙铁头上，以防烫坏绝缘层而发生事故。

④ 使用过程中不要任意敲击烙铁头，以免损坏或甩出烫伤他人或物件。

⑤ 焊接时注意时间与温度，不要烫坏元器件。

⑥ 使用结束后，应及时切断电源，拔下电源插头；冷却后，再收拢电源线，并放在实训指定工位。

【讨论题】

1. 自主阅读该学习情境，并进行相关文献查阅，以医用电子设备为讨论方向，撰写该学习情境的绪论与结论。绪论可包括安全文明生产管理的内涵、实施必要性、基本内容三个部分；结论可围绕基本内容总结或回顾、撰写安全文明生产管理的意义、不足或展望三个部分来简要叙述。

2. 在班级里以4~8人为单位自由组成小组，课前学习本学习情境的内容后，发挥各组员特长查阅资料或进行调研，结合所学专业的医用电子设备，制作一个以"安全文明生产管理"为主题的PPT，在课堂上进行汇报。

3. 以本学习情境为主要资料，写一篇以医用电子设备为主题的"安全文明生产管理"报告。要求提取本文前三级标题，三级标题以下的内容简要概括，并结合所学专业，至少举两个医用电子设备的实例，较详细地佐证说明相关内容。

附　录

附录一　电子装配工艺指导卡

如附表 1-1 所示，电子装配工艺指导卡是企业生产电子产品的重要技术文件，是组织生产管理的工艺规程文件，是各类工艺资料的集中反映，是指导一线工人进行正确操作的技术文件，是技术人员检查并验收产品质量的交流依据之一。

附表 1-1　工艺指导卡

产品名称：		型号：	作业名称：		编号：
材料名称、规格与数量		操作图		作业步骤	
1.				1.	
2.					
3.					
4.					
5.					
6.					
7.					
8.					
使用仪器与工具					
1.					
2.				注意事项	
3.				1.	
4.					
5.					
6.					
7.					
8.					
编制者：		确认者：	作业者：		
年　月　日		年　月　日	年　月　日		

电子装配工艺指导卡的设计与编制决定着电子产品装配的效率与质量，尤其是对印制电路板装配影响重大，且具有生产法规的效力，故通常情况下，从编制到生产一线中执行有如下三部曲：

① 审核　一般工艺由工艺设计人员负责编制并自校后，经专职工艺标准员与产品主管工艺师审查，关键工艺如附表 1-2 所示爬行器装配的典型工序，还需由工艺主管审核，履行所有审核批准手续；

② 会签　由某电子产品的生产线负责人和有关部门共同认可；

③ 批准　如果是企业的关键电子产品，需征得总工艺师批准。

在编制过程中，应按照一定条件选择电子产品最合理的生产过程，将实现该过程的装配流程名称、工序编号、内容、方法、工具、设备、材料等，用文字、图表形式简练、清晰、规范地表现出来。

附表 1-2　工艺指导卡示例

<table>
<tr><td>产品名称:爬行器</td><td>型号:单电机后驱动型</td><td>作业名称:声敏传感器 BM 安装</td><td>编号:15</td></tr>
<tr><td>材料名称、规格与数量</td><td colspan="2">操作图</td><td>作业步骤</td></tr>
<tr><td>1. 声敏传感器 BM　1 个
2. 控制电路主板　1 块
3. 焊锡丝 ϕ1.0　适量

使用仪器与工具

1. MT-2017 指针式万用表　1 块
2. 20W 内热式电烙铁　1 把
3. 配套烙铁架　1 个
4. 镊子　1 把
5. 手动吸锡器(备用)　1 把</td><td colspan="2">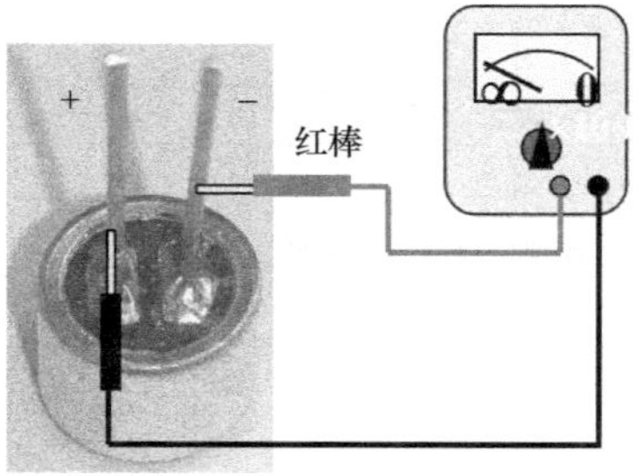

图 1　区分极性
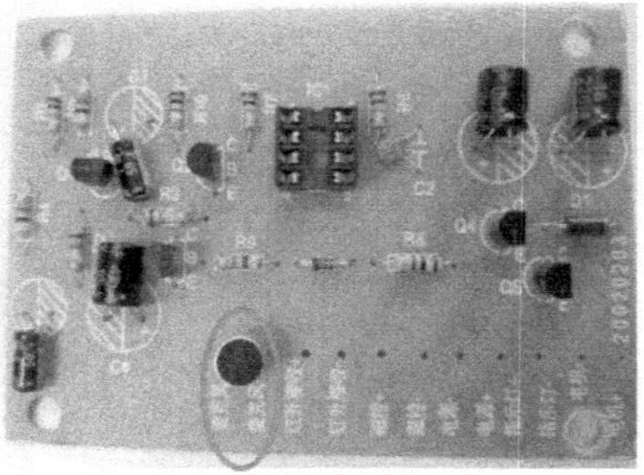
图 2　插装
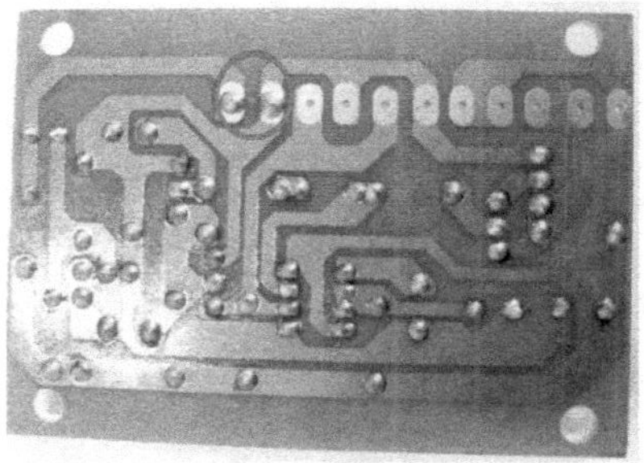
图 3　焊接</td><td>1. 认清声敏传感器正、负极性,见图 1
2. 将声敏传感器插装到控制电路主板,声敏传感器正极接麦克风+,负极接麦克风−,见图 2
3. 在控制电路主板焊接面进行焊接,见图 3
4. 剪掉引脚,保留合适长度

注意事项

1. 应仔细分清声敏传感器正极与负极,可通过外形识别或万用表检测。Ω×100 挡正向检测时,用嘴轻轻吹,阻值迅速减小;反向无变化,见图 1
2. 麦克风与主板极性不要插错
3. 不要虚焊或漏焊</td></tr>
<tr><td>编制者:×××</td><td>确认者:×××</td><td>作业者:×××</td><td></td></tr>
<tr><td>2017 年 05 月 16 日</td><td>2017 年 05 月 18 日</td><td>2017 年 06 月 08 日</td><td></td></tr>
</table>

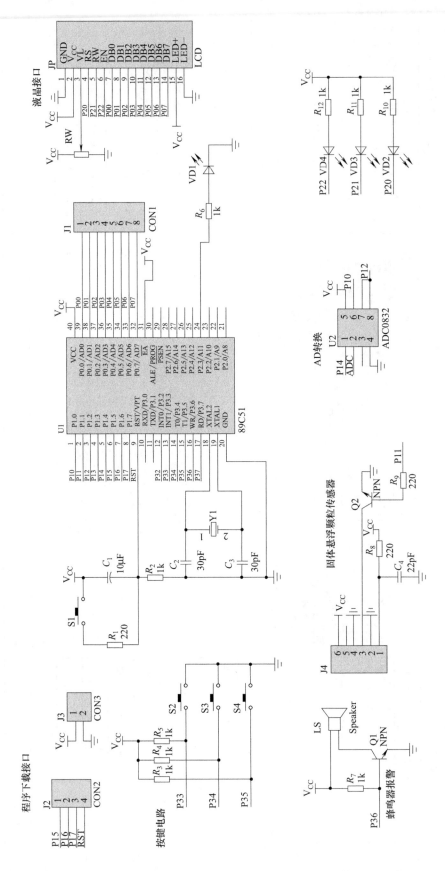

附录二　PM2.5 检测仪电路原理图

附录三　PM2.5 检测仪源程序

```c
#include <AT89X52.h>
#include <intrins.h>
#define uint unsigned int
#define uchar unsigned char              //宏定义
sbit RS=P2^5;                            //液晶接口
sbit RW=P2^6;
sbit EN=P2^7;
sbit  LED1 = P2^3;                       //指示灯接口
sbit  LED2 = P2^0;                       //绿灯接口
sbit  LED3 = P2^1;                       //黄灯接口
sbit  LED4 = P2^2;                       //红灯接口
sbit  LED = P1^1;                        //粉尘传感器控制接口
sbit ADCS = P1^4;                        //ADC0832 接口
sbit ADCLK = P1^0;
sbit ADDI = P1^2;
sbit ADDO = P1^ 2;
sbit SET= P3^3;                          //按键接口
sbit ADD= P3^4;
sbit DEC= P3^5;
sbit BEEP=P3^6;                          //蜂鸣器接口
uchar set_st;
uchar tab[4];
uint DUST_SET=35;                        //固体颗粒的阈值
bit shanshuo_st;                         //闪烁间隔标志
bit beep_st;                             //蜂鸣器间隔标志
uchar x=4;                               //计数器
//定义标识
uchar FlagStart = 0;
float DUST_Value;
uint DUST;
uchar num=0;
uchar mm;
uchar abc;
uchar ADC_Get[10]={0};                   //定义 AD 采样数组
uchar str[5]={0};

/* * * * * *初始化定时器 0 * * * * */
void InitTimer(void)
{
    TMOD=0x01;
```

```
        TL0=(65536-10000)/256;              //定时 10ms
        TH0=(65536-10000)%256;
        TR0=1;
        ET0=1;
        EA=1;
}
/* * * * * * * * * * * * * * *lcd1602 程序* * * * * * * * * * * * * * * */
void delay1ms(uint ms)                    //延时 1ms(不够精确的)
{   uint i,j;
      for(i=0;i<ms;i++)
        for(j=0;j<100;j++);
}
unsigned char rolmove(unsigned char m)
    {

    unsigned char   a,b,c,d,e,f,g,h;
a=(m&0x01)<<7;
b=(m&0x02)<<5;
c=(m&0x04)<<3;
d=(m&0x08)<<1;
e=(m&0x10)>>1;
f=(m&0x20)>>3;
g=(m&0x40)>>5;
h=(m&0x80)>>7;
m=a|b|c|d|e|f|g|h;
return m;
    }
void wr_com(uchar com)                    //写指令//
{ delay1ms(1);
      RS=0;
      RW=0;
      EN=0;
      P0=rolmove(com);
      delay1ms(1);
      EN=1;
      delay1ms(1);
      EN=0;
}

void wr_dat(uchar dat)                    //写数据//
{ delay1ms(1);;
      RS=1;
```

```
        RW=0;
        EN=0;
        P0=rolmove(dat);
        delay1ms(1);
        EN=1;
        delay1ms(1);
        EN=0;
}
/* * * * * * * * * * * * * * *液晶初始化
* * * * * * * * * * * * * * * * * * * * * * * */
void lcd_init()//初始化设置//
{    delay1ms(15);
    wr_com(0x38);delay1ms(5);
    wr_com(0x08);delay1ms(5);
    wr_com(0x01);delay1ms(5);
    wr_com(0x06);delay1ms(5);
    wr_com(0x0c);delay1ms(5);
    wr_com(0x80);
        wr_dat('P');//
    wr_com(0x81);
        wr_dat('M');//:
    wr_com(0x82);
        wr_dat('2');//
    wr_com(0x83);
        wr_dat('.');//:
    wr_com(0x84);
        wr_dat('5');//:
    wr_com(0x85);
        wr_dat(':');

    wr_com(0x8b);
        wr_dat('m');
    wr_com(0x8c);
        wr_dat('g');
    wr_com(0x8d);
        wr_dat('/');
    wr_com(0x8e);
        wr_dat('m');
    wr_com(0x8f);
        wr_dat('3');

    wr_com(0xc0);
```

```
        wr_dat('A');
    wr_com(0xc1);
        wr_dat('1');
    wr_com(0xc2);
        wr_dat('a');
    wr_com(0xc3);
        wr_dat('r');
    wr_com(0xc4);
        wr_dat('m');
    wr_com(0xc5);
        wr_dat(':');

    wr_com(0xcb);
        wr_dat('m');
    wr_com(0xcc);
        wr_dat('g');
    wr_com(0xcd);
        wr_dat('/');
    wr_com(0xce);
        wr_dat('m');
    wr_com(0xcf);
        wr_dat('3');

}
/* * * * * * * * * * * * *显示函数 * * * * * * * * * * * * * * * * * * * * */
void disp(unsigned int Data)                    //PM2.5值显示
{
  uint Temp;
    Temp=Data%10000;
    str[0]=Temp/1000+0x30;                      //千位
    Temp%=1000;
    str[1]='.';
    str[2]=Temp/100+0x30;                       //百位
    Temp%=100;
    str[3]=Temp/10+0x30;                        //十位
    str[4]=Temp%10+0x30;                        //个位

    wr_com(0x87);
    wr_dat(str[0]);
    wr_com(0x88);
    wr_dat(str[1]);
    wr_com(0x89);
```

```
        wr_dat(str[2]);
        wr_com(0x8a);
        wr_dat(str[3]);


}
/ * * * * * * * * * * * * * 报警值显示 * * * * * * * * * * * * * * * * * * /
void baojing()
{
    wr_com(0xc7);
        wr_dat(tab[0]+0x30);
    wr_com(0xc8);
        wr_dat(tab[1]);
    wr_com(0xc9);
        wr_dat(tab[2]+0x30);
    wr_com(0xca);
        wr_dat(tab[3]+0x30);
}
/ * * * * * 延时子程序 * * * * * /
void Delay(uint num)
{
while( --num );
}
/ * * * * * * * * * * * * * * * * * * 按键检测
 * * * * * * * * * * * * * * * * * * * * * * * * * * * * * * * * /
void checkkey()
{
    if(SET==0)
        {
            Delay(2000);
            do{}while(SET==0);
            set_st++;
            if(set_st>1)set_st=0;
        }
    if(set_st==0)
        {


        }
else if(set_st==1)
    {
            if(DEC==0)
            {
                Delay(2000);
```

```
                    do{}while(DEC==0);

                    if(DUST_SET>0)DUST_SET--;
                    if(DUST_SET==0)DUST_SET=0;
                }
            if(ADD==0)
            {
                Delay(2000);
                do{}while(ADD==0);
                DUST_SET++;
                if(DUST_SET>80)DUST_SET=80;
            }
        }

tab[0]=DUST_SET/100;
tab[1]='. ';
tab[2]=DUST_SET%100/10;
tab[3]=DUST_SET%100%10;
}
/*****报警子程序*****/
void Alarm()
{
if(x>=10){beep_st=~beep_st;x=0;}

if(DUST/10>DUST_SET&&beep_st==1)BEEP=1;
    else BEEP=0;
if(DUST/10>0&&DUST/10<10){LED2=0;LED3=1;LED4=1;}
if(DUST/10>=10&&DUST/10<30){LED2=1;LED3=0;LED4=1;}
if(DUST/10>=30){LED2=1;LED3=1;LED4=0;}
}
/********************ADC0832 转换程序
**************************/
uchar ADC0832(bit mode,bit channel)        //AD 转换,返回结果
{
    uchar i,dat,ndat;

    ADCS=0;                                //拉低 CS 端
    _nop_();
    _nop_();

    ADDI=1;                                //第 1 个下降沿为高电平
    ADCLK=1;                               //拉高 CLK 端
```

```c
    _nop_();
    _nop_();
    ADCLK=0;                    //拉低 CLK 端,形成下降沿 1
    _nop_();
    _nop_();

    ADDI=mode;                  //低电平为差分模式,高电平为单通道模式
    ADCLK=1;                    //拉高 CLK 端
    _nop_();
    _nop_();
    ADCLK=0;                    //拉低 CLK 端,形成下降沿 2
    _nop_();
    _nop_();

    ADDI=channel;               //低电平为 CH0,高电平为 CH1
    ADCLK=1;                    //拉高 CLK 端
    _nop_();
    _nop_();
    ADCLK=0;                    //拉低 CLK 端,形成下降沿 3

    ADDI=1;                     //控制命令结束(经试验必需)
    dat=0;
    //下面开始读取转换后的数据,从最高位开始依次输出(D7~D0)
    for(i=0;i< 8;i++)
    {
        dat <<=1;
        ADCLK=1;                //拉高时钟端
        _nop_();
        _nop_();
        ADCLK=0;                //拉低时钟端形成一次时钟脉冲
        _nop_();
        _nop_();
        dat |=ADDO;
    }
    ndat=0;                     //记录 D0
    if(ADDO==1)
    ndat |=0x80;
    //下面开始继续读取反序的数据(从 D1 到 D7)
    for(i=0;i< 7;i++)
    {
        ndat >>=1;
        ADCLK=1;                //拉高时钟端
```

```
        _nop_();
        _nop_();
        ADCLK=0;                              //拉低时钟端形成一次时钟脉冲
        _nop_();
        _nop_();
        if(ADDO==1)
        ndat |=0x80;
    }
    ADCS=1;                                   //拉高 CS 端,结束转换
    ADCLK=0;                                  //拉低 CLK 端
    ADDI=1;                                   //拉高数据端,回到初始状态
    if(dat==ndat)
    return(dat);
    else
    return 0;
}
/ * * * * * 定时器 0 中断服务程序 * * * * * /
void timer0(void) interrupt 1
{
    uint j;
    TL0=(65536-10000)/256;                   //定时 10ms
    TH0=(65536-10000)%256;
        LED=1;                                //开启传感器的 LED
        x++;
    for (j=0;j<30;j++);                       //延时 0.28ms
    abc=ADC0832(1,0);                         //开启 ADC 采集

    FlagStart=1;
    TR0=0;                                    //先关闭定时器 0
    EA=0;
    LED1=~LED1;                               //工作指示灯

    LED=0;                                    //关闭传感器 LED
}
//中值滤波
//算法:先进行排序,然后将数组的中间值作为当前值返回
uchar Error_Correct(uchar * str,uchar num)
{
    unsigned char i=0;
    unsigned char j=0;
    uchar Temp=0;
```

```
    //排序
    for(i=0;i<num-1;i++)
      {
      for(j=i+1;j<num;j++)
        {
          if(str[i]<str[j])
          {
              Temp=str[i];
              str[i]=str[j];
              str[j]=Temp;

          }

        }
      }
    //去除误差,取中间值
    return str[num/2];

}
/******主函数*****/
void main(void)
{
    InitTimer();                        //初始化定时器
    LED=1;
    LED2=1;
    LED3=1;
    LED4=1;
    BEEP=0;
    lcd_init();                         //初始化显示
    delay1ms(100);
    lcd_init();                         //初始化显示
    delay1ms(100);
while(1)
{
checkkey();                             //按键检测
if(set_st==0)
{
    wr_com(0x0c);
      if(FlagStart==1)                  //1次数据采集完成
      {
          num++;
          ADC_Get[num]=abc;
```

```
        if(num>9)
          {
                num=0;
                DUST=Error_Correct(ADC_Get,10);      //求取 10 次 AD 采样的值
                DUST_Value=(DUST/256.0)*5000;         //转化成电压值 MV
                DUST_Value=DUST_Value*0.17-0.1;       //固体悬浮颗粒浓度计算
                Y=0.17*X-0.1                          X--采样电压 V
                if(DUST_Value<0)        DUST_Value=0;
                if(DUST_Value>760)      DUST_Value=760;//限位
                DUST=(uint)DUST_Value;
          }
        TL0=(65536-10000)/256;
        TH0=(65536-10000)%256;
        TR0=1;                                        //开启定时器 0
        EA=1;
        FlagStart=0;
      }
      Alarm();                                        //报警检测
  }
  disp(DUST);                                         //显示粉尘浓度值
  baojing();                                          //显示报警值

  if(set_st==1)                                       //报警值闪动
  {
      wr_com(0xca);
      wr_com(0x0d);
      delay1ms(150);
  }

}
}/ * * * * * END * * * * */
```

附录四   心电监护使用中易忽略的问题

随着 ICU 科的全面组建和抢救仪器的广泛应用，心电监护仪以其不可替代的优越性越来越受到 ICU 监护人员的喜爱，并成为工作中不可替代的一部分。但在其使用中有一些细微方面容易被护理人员忽视，造成不必要的麻烦。

1   血压监测中易忽略的方面

1.1   袖带应多备，数量充足，型号齐全，且消毒备用，并做到专人专用。即使仪器不足，相邻床位之间共用一台监护仪，袖带也需固定应用，测量时更换袖带接头部分即可。这样操作，可有效避免交叉感染，且防止由此给患者及其亲属造成的心理上不适。

1.2　连续监测的患者，必须做到每班放松 1～2 次。病情允许时，最好间隔 6～8h 更换监测部位一次。防止连续监测同一部位，给患者造成不必要的皮肤损伤。

1.3　连续使用三天以上的病人，注意袖带的及时更换、清洁与消毒，这样既可防止异味，又能增加舒适度。

1.4　袖带尼龙扣松懈时，应及时更换、补修，以防增加误差。

1.5　成人、儿童测量时，注意袖带、压力值的选择调节，避免混淆。

1.6　病人在躁动、肢体痉挛时所测值有很大误差，切勿过频测量。严重休克、心率小于 40 次/分或大于 200 次/分时，所测结果需与人工测量结果相比较，并结合临床观察。

2　血氧饱和度、心率测量中易忽略的方面

2.1　尽可能专人专用，每班用 75% 酒精棉球消毒一次；每 1～2h 更换一次部位；防止指（趾）端血液循环障碍引起的青紫、红肿现象发生。尽量测量指端，病情不允许时才测趾端。血压监测与探头最好不在同一侧肢体为佳，否则互有影响。

2.2　注意爱护探头，可用胶布固定，以免碰撞、脱落、损坏，造成不必要的浪费。

3　体温监测中易忽略的方面

3.1　肛温探头应用时病人颇感不适，非必需时可用水银体温计。

3.2　不用时，与监护仪应及时分离，并严格清洁消毒。

4　心电导联监测中易忽略的方面

4.1　电极片长期应用易脱落，影响准确性及监测质量，故应 3～4 日更换一次，并注意皮肤的清洁、消毒。

4.2　监护中发现严重异常时，最好请专业心电图室人员复查、诊断，以提高诊断准确率。

附录五　医院专用电子设备一览

1. 医用电子仪器：如心电图、脑电图、肌电图、监护仪器、起搏器等。

2. 光学仪器及窥镜：如验光灯、裂隙灯、手术纤维镜、内窥镜等。

3. 医用超声仪器：如 B 超、UCT（Ultrasonic Tomography 超声层析成像 CT）、超声净化设备等。

4. 激光仪器设备：如激光诊断仪、激光治疗机、激光检测仪等。

5. 医用高频仪器设备：高频手术、高频电凝、高频电灼设备等。

6. 物理治疗及体外设备：如电疗、光疗、体疗、水疗、蜡疗、热疗等。

7. 医用磁共振设备：如永磁型、常导型等。

8. 医用 X 线设备：如普通 X 光线机、CT、造影机、数字减影机、X 光刀等。

9. 高能射线设备：如直线、感应、回旋、正电子加速器等。

10. 医用核素设备：核素扫描仪、SPECT（Single-Photon Emission Computed Tomography 单电子发射计算机断层成像 CT）、钴 60 机等。

11. 生化分析仪：如电泳仪、色谱仪、自动生化分析仪等。

12. 化验设备：如血氧分析仪、蛋白测定仪、肌酐测定仪、酶标仪等。

13. 体外循环设备：如人工心肺机、透析机等。

14. 手术急救设备：如手术台、麻醉机、呼吸机、吸引器等。

15. 口腔设备：如牙钻、牙科椅等。

16. 病房护理设备：如病床、推车、通信设备、供氧设备等。

17. 消毒设备：如各类消毒器、洗刷机、冲洗机等。

附录六　万用表的检测

在电学实验与实训中，万用表是最常用的仪表之一，因此快捷、方便地检测万用表是值得实验教师重视的一个问题。为叙述方便，下面将以 MF-368 型指针式万用表为例，说明检测方法。

1　准备工作

准备一块性能好、新装电池的万用表作为检测表（下面称其为①表），要求其电阻各挡精度必须准确；查阅说明书，找出该表电阻各倍率挡的内置电源电压参数、能向外提供的电流值、直流电压挡及交流电压挡的内阻参数，如 MF-368 型表各项参数见附表 6-1 和附表 6-2。

附表 6-1　电阻挡参数

电阻倍率挡	$\Omega \times 1$	$\Omega \times 10$	$\Omega \times 100$	$\Omega \times 1k$	$\Omega \times 10k$
电流值	150mA	15mA	1.5mA	150μA	60μA
电源电压	3V				3V+9V

附表 6-2　直流、交流电压挡内阻参数

量程挡	0.5～250V DC	AC 和 500～1500V DC
内阻	20kΩ/V	9kΩ/V

2　电压挡检测原理及方法

2.1　检测原理

由附表 6-1 可知，①表电阻各挡均有内置电源电压，即它可向外提供电压，当把待检测万用表（以下称其为②表）的功能转换开关拨到电压挡且与①表并接时，若②表指针摆动到正确位置，说明②表能测量电压，可正常工作；或①表指针摆动到正确位置，也可说明②表电压挡内阻值精确，可正常工作。

2.2　DCV 挡检测方法及正确结果

把①表与②表的红、黑表笔反向对接，即①表红表笔→②表黑表笔，①表黑表笔→②表红表笔。各挡测量结果见附表 6-3。

检测时还有两个注意事项：

附表 6-3　DCV 挡测量正确结果

②表被检测直流电压挡	①表所用电阻倍率挡	②表显示电压值	①表所测内阻值
0.5V	$\Omega \times 1k$	迅速超过满偏值	无法读数
2.5V	$\Omega \times 100$	缓慢超过满偏值	不读数
	$\Omega \times 1k$	2.3V 左右	50kΩ
10V	$\Omega \times 1k$	3V	200kΩ
50V	$\Omega \times 10k$	12V	1MΩ
250V	$\Omega \times 10k$	12V	5MΩ
500V	$\Omega \times 10k$	12V	4.5MΩ
1500V	$\Omega \times 10k$	12V 左右	13.5MΩ 左右

第一，在检测②表的 0.5V 与 2.5V 挡时，应用点测量法，即将两块表各一只表笔接触，而另两只表笔仅碰接的同时，眼睛观察万用表指针变化；

第二，测②表 1500V 挡时，其红表笔从"+"孔改插到"1500V"孔中。

2.3　ACV 挡检测方法及检测结果

两块表连接方法及注意事项同上。但因①表提供的是直流电压量，而②表待测的是交流电压挡，故不能从②表读出准确的电压值，只能观测其偏转量。各挡检测结果见附表 6-4。

附表 6-4　交流电压挡检测结果

②表被检测交流电压挡	①表所用电阻倍率挡	②表电压偏转量	①表所测内阻值
2.5V	Ω×1k	迅速超过满偏	22.5kΩ
10V	Ω×1k	有较大偏转	90kΩ
50V	Ω×10k	有偏转	450kΩ
250V	Ω×10k	较少偏转	2.25MΩ
500V	Ω×10k	有少许偏转	4.5MΩ
1500V	Ω×10k	有一丁点偏转	13.5MΩ

3　直流电流挡检测原理及方法

3.1　检测原理

由附表 6-1 可知，万用表电阻各挡与外电路串接时，均能向外提供固定的直流电流，因此，当把②表功能转换开关拨到电流挡并与①表串接起来时，从②表的电流读数即可判断该万用表是否能正常工作。

3.2　检测方法及正确结果

两块表的红、黑表笔颜色反向连接，但需注意测②表 $50\mu A$ 挡时应用点测法；测②表的 2.5A 挡时，②表红表笔从"＋"孔改接到"DC2.5A"孔中。各挡测量正确结果见附表 6-5。

附表 6-5　直流电流挡测量正确结果

②表被检测直流电流挡	①表所用电阻倍率挡	②表显示电流值
$50\mu A$	Ω×10k	迅速超过满偏值
2.5mA	Ω×100	1.5mA
25mA	Ω×10	15mA
0.25A	Ω×1	150mA
2.5A	Ω×1	150mA

这种万用表互相检测的方法，避免了将万用表通电检查的麻烦，可大大提高工作效率。而且此法可推广到其他型号的指针式万用表上，非常方便，读者不妨一试。

参 考 文 献

［1］　邓木生，张文初. 电子技能训练［M］. 北京：机械工业出版社，2016.

［2］　胡宴如. 模拟电子技术. 第 5 版［M］. 北京：高等教育出版社，2015.

［3］　刘科建. 电子技能实训［M］. 北京：北京理工大学出版社，2015.

［4］　韩雪涛. 电子产品装配技术与技能实训［M］. 北京：电子工业出版社，2012.

［5］　邓木生. 电子技能实训指导书［M］. 北京：中国铁道出版社，2008.

［6］　李世英，易法刚. 电子实训基本功［M］. 北京：人民邮电出版社，2006.

［7］　孙蓓，张志义. 电子工艺实训基础［M］. 北京：化学工业出版社，2007.

［8］　王天曦，李鸿儒，王豫明. 电子技术工艺基础［M］. 北京：清华大学出版社，2009.

［9］　谢自美. 电子线路设计实验测试［M］. 武汉：华中科技大学出版社，2002.

［10］　阎石. 数字电子技术基础［M］. 北京：高等教育出版社，2014.

［11］　黄庆恋. 模拟心电信号发生器的研制［J］. 厦门大学学报，1992（31）.

［12］　莫国民. 医用电子仪器分析与维护［M］. 北京：人民卫生出版社，2011.

［13］　杨欣. 51 单片机应用从零开始［M］. 北京：清华大学出版社，2008.

［14］　徐爱钧. Keil C51 单片机高级语言应用编程技术［M］. 北京：电子工业出版社，2015.

［15］　谢维成，杨加国. 单片机原理与应用及 C51 程序设计［M］. 北京：清华大学出版社，2009.

［16］　钟富昭等. 8051 单片机典型模块设计与应用［M］. 北京：人民邮电出版社，2007.

［17］　邹任玲，胡秀枋. 医用电气安全工程［M］. 南京：东南大学出版社，2008.

［18］　杨红艳，谷雪莲，宿传青. 心电监护仪使用中易忽略的几个问题［J］. 医疗保健器具，2007（12）.